Stars of Guanghua
Reflections on the Journey Toward
High Quality Scholarship

博雅光华

在国际顶级期刊上讲述中国故事

张志学 徐淑英 / 主编

北京大学出版社
PEKING UNIVERSITY PRESS

图书在版编目(CIP)数据

博雅光华:在国际顶级期刊上讲述中国故事/张志学,徐淑英主编. —北京:北京大学出版社,2018.6

ISBN 978-7-301-29525-0

Ⅰ. ①博… Ⅱ. ①张… ②徐… Ⅲ. ①学术研究—中国 Ⅳ. ①G322

中国版本图书馆CIP数据核字(2018)第083201号

书　　　名	博雅光华:在国际顶级期刊上讲述中国故事 BOYA GUANGHUA: ZAI GUOJI DINGJI QIKAN SHANG JIANGSHU ZHONGGUO GUSHI
著作责任者	张志学　徐淑英　主编
策划编辑	贾米娜
责任编辑	贾米娜
标准书号	ISBN 978-7-301-29525-0
出版发行	北京大学出版社
地　　　址	北京市海淀区成府路205号　100871
网　　　址	http://www.pup.cn
电子信箱	em@pup.cn　　QQ:552063295
新浪微博	@北京大学出版社　@北京大学出版社经管图书
电　　　话	邮购部 62752015　发行部 62750672　编辑部 62752926
印　刷　者	北京宏伟双华印刷有限公司
经　销　者	新华书店
	730毫米×1020毫米　16开本　19印张　298千字
	2018年6月第1版　2023年5月第4次印刷
定　　　价	66.00元

未经许可,不得以任何方式复制或抄袭本书之部分或全部内容。
版权所有,侵权必究
举报电话: 010-62752024　电子信箱: fd@pup.pku.edu.cn
图书如有印装质量问题,请与出版部联系,电话: 010-62756370

作者简介

(以论文发表的时间先后为序)

庞隽,中国人民大学商学院市场营销系副教授。2000年进入北京大学光华管理学院市场营销系攻读学士学位,2004年保送至光华管理学院硕博连读项目,2006年进入IPHD项目攻读博士学位,其间获得美国富布莱特联合培养博士生项目资助赴美国纽约大学斯特恩商学院学习一年。2010年获得博士学位,同年入职中国人民大学商学院任教。主要研究方向为社会因素对消费行为的影响、感官营销、怀旧营销以及跨文化消费心理和行为。在读博士期间和导师郭贤达教授合作在 *Journal of Marketing* 上发表论文"Customer Reactions to Service Separation"。这是国内博士生首次在国际A类期刊上发表论文。

李瑜,对外经济贸易大学国际商学院教授,博士生导师。2003—2009年在北京大学光华管理学院攻读博士,其中2007—2009年在美国莱斯大学交流访问。进入学术领域以来,已经在 *Academy of Management Journal*、*Strategic Management Journal*、*Strategic Entrepreneurship Journal* 等刊物上发表多篇论文。主持国家自然科学基金青年项目、面上项目以及自然科学基金重点项目子课题。参与国家自然科学基金青年项目、面上项目、重点项目以及国家社会科学基金项目等十余项。2012年以来一直担任国家自然科学基金面上项目、青年项目、地区项目的评委。2014年获得对外经济贸易大学杰出青年基金。2016年主持的国家自然科学基金青年项目获国家自然科学基金后期评估特优。

〔韩〕崔成镇，韩国汉阳大学管理学助理教授。2004年毕业于首尔大学经济系，2006年在首尔大学获得战略管理硕士学位，2012年在北京大学光华管理学院获得战略管理专业博士学位。博士毕业后，在香港大学进行博士后研究。主要研究领域为企业的政治战略、中国的风险企业生态界、战略基础理论。研究成果发表在 Organization Science、Journal of Business Ethics、Management International Review 等学术期刊上。对本科生和研究生的统计软件教育十分感兴趣，也非常关心学生创业，正在与学生们一起开展与创业相关的项目。

张燕，北京大学心理与认知科学学院副教授。在北京大学光华管理学院组织管理系获得博士学位。研究方向主要为矛盾管理、领导力、团队动力和跨文化管理。在 Academy of Management Journal、Journal of Organizational Behavior、Leadership Quarterly、Management and Organization Review、Human Relations、Journal of Cross-Cultural Psychology、Group Process and Intergroup Relations、International Journal of Human Resource Management、Human Resource Management 等主流管理学期刊上发表过论文。担任 Journal of Management 编辑委员会成员，是 Management and Organization Review 的评审委员会成员。主持国家自然科学基金青年项目1项、面上项目1项，获得优秀青年科学基金项目资助，同时还参与了国家自然科学基金重大项目1项、重点项目2项，国家社会科学基金重点项目1项。主要讲授社会心理学（本科生）、领导学和研究方法（研究生）课程。

秦昕，中山大学管理学院工商管理系常任轨副教授（终身教职）。北京大学光华管理学院管理学博士，哈佛大学商学院中美富布莱特联合培养博士生。入选中山大学"百人计划"人才引进项目。研究兴趣包括组织公平、创造力、伦理、交叉学科等。已在 Academy of Management Journal、Strategic Management Journal、Journal of Applied Psychology、Personnel Psychology、Organizational Behavior and Human Decision Processes、Human Relations、

Journal of Business Ethics、*Journal of Organizational Behavior*、*Journal of Occupational and Organizational Psychology*、*Management and Organization Review*、《管理世界》《心理学报》等国内外顶尖或一流学术期刊上发表二十余篇论文。曾获中山大学管理学院何氏杰出科研贡献奖、何氏杰出教学贡献奖,中山大学教职工年度考核校级优秀(连续两年),第三届广东省卓越人力资源研究成果奖(学术类)一等奖,北京市优秀博士毕业生,北京大学第十六届研究生"学术十杰"(社会科学组第一名),国家奖学金(博士生、本科生),富布莱特奖学金,中国管理研究国际学会(IACMR)李宁博士论文奖一等奖,北京大学优秀博士论文奖,北京大学优秀博士毕业生,北京大学研究生最高荣誉——校长奖学金(连续四年),北京大学创新奖(学术类)(连续四年),Emerald 研究生优秀论文展第一名,Emerald/IACMR 中国管理研究基金奖高度赞扬奖,中国管理学年会优秀论文奖(两次),光华管理学院院长科研基金等荣誉。

魏昕,对外经济贸易大学国际商学院副教授。2005 年获得北京大学经济学学士学位,2011 年获得北京大学管理学博士学位,2009 年 10 月至 2010 年 7 月在美国华盛顿大学福斯特商学院担任访问学者,2014 年 2 月至 8 月在美国马里兰大学史密斯商学院担任访问学者。研究兴趣包括创造力与创新、员工进言、冲突管理等,在 *Journal of Applied Psychology*、*Journal of Occupational and Organizational Psychology*、*Management and Organization Review*、《管理世界》等国际、国内顶级期刊上发表多篇论文;主持多项国家自然科学基金项目。目前为《管理学季刊》的编委会成员,在多家知名期刊担任匿名评审。讲授组织行为学、人力资源管理、管理沟通、社会心理学等课程。曾获 2016 年、2015 年对外经济贸易大学国际商学院科研标兵,2014 年对外经济贸易大学国际商学院双语教学标兵,2012 年对外经济贸易大学教学基本功大赛二等奖、最佳教学演示奖,2012 年 IACMR 双年会最佳论文奖(微观方向),2010 年北京大学学术创新奖。

林道谧,中山大学岭南学院商务管理系助理教授。本科毕业于中山大学,2014 年在北京大学光华管理学院获得管理学博士学位,毕业论文被评为北京大学优秀博士学位论文。博士毕业后,作为中山大学"百人计划"二期引进人才,进入岭南学院商务管理系任教。曾访问英国拉夫堡大学,研究兴趣包括创新创业、国际人才流动(如海归现象)、知识溢出以及新兴市场企业国际化。在 *Journal of International Business Studies*、*Management and Organization Review*、*International Journal of Technology Management* 等国内和国际学术期刊上发表多篇论文。目前主持国家自然科学基金青年项目"海归创业的过程、挑战及其促进机制——基于跨国知识转移视角的分析"(71502180)。主要讲授战略管理(本科、硕士、博士、MBA)和创新管理(本科、硕士)课程,获2017年岭南(大学)学院董事会最佳教学贡献奖。

曲红燕,中央财经大学管理科学与工程学院投资系助理教授(讲师)。浙江大学管理学院2004级本科生,北京大学光华管理学院2008级直博生(IPHD项目),曾于2011年8月至2012年7月在美国莱斯大学进行访问。2014年博士毕业后,在中央财经大学管理科学与工程学院投资系担任助理教授(讲师)。研究兴趣主要为新兴市场中的公司治理、高管、私募股权和风险投资。在 *Academy of Management Journal*、*Asia Pacific Journal of Management*、《经济管理》等国内和国际学术期刊上发表论文,也曾在多个高水平国际会议上报告过学术论文。此外,还在多家国内和国际期刊担任匿名评审。目前主持国家自然科学基金青年项目1项,作为主要参与人参与国家自然科学基金项目5项。曾获得Emerald/IACMR中国管理研究奖、IACMR李宁博士论文奖、中央财经大学教学基本功大赛优秀奖、中央财经大学管理科学与工程学院优秀科研奖等奖项。主要讲授公司治理(本科、研究生)、投资学(本科)、组织行为学(本科)、经济学和管理学前沿(博士生)、研究方法与论文写作(博士生)等课程。

丁瑛,中国人民大学商学院市场营销系助理教授(讲师)。北京大学光华管理学院2004级本科生,2008级直博生(IPHD项目),博士毕业后在中国人民大学商学院市场营销系担任助理教授(讲师)。博士在读期间曾荣获博士研究生国家奖学金、院长科研奖学金等殊荣。研究兴趣包括消费者行为、决策心理以及与自我概念相关的购买行为等。曾在 *Journal of Consumer Research*、*Journal of Consumer Psychology*、*Journal of the Academy of Marketing Science* 等市场营销国际高水平学术期刊上发表过研究成果,并曾在多个高水平国际会议上报告过研究论文。除此之外,还担任《营销科学学报》编委。曾多次获得中国营销科学年会最佳论文奖、中国营销科学年会优秀博士生论文奖等。此外,参与编著的《消费者心理与行为》入选"十二五"普通高等教育本科国家级规划教材。

刘海洋,北京大学光华管理学院组织与战略系博士生,2013年入学,2018年博士毕业,将加入伦敦政治经济学院任助理教授。2013年在中国人民大学获得管理学学士。2016—2017年曾到美国佛罗里达大学沃灵顿商学院访问。研究兴趣为领导性格、领导-员工交换关系、员工职业发展。致力于将人格心理学最新理论在管理学,特别是领导力研究领域进行应用。已在 *Journal of Applied Psychology*、*Journal of Vocational Behavior*、*Journal of Leadership and Organizational Studies*、*European Journal of Work and Organizational Psychology*、*Journal of Career Assessment*、《南开管理评论》等国内外期刊上发表学术论文近10篇。攻读博士学位期间,主持北京大学翁洪武科研原创基金1项,荣获教育部国家奖学金、北京大学研究生最高荣誉——校长奖学金、北京大学学术创新奖。美国管理学会(AOM)、IACMR会员。

姚晶晶,法国IESEG管理学院助理教授。2016年在北京大学光华管理学院组织管理系获得博士学位。研究兴趣主要包括谈判、信任、跨文化研究以及中国管理。以第一作者的身份在 *Organizational Behavior and Human Decision Processes*、*Journal of Organizational Behavior*、*Management and Organization Review*、*Negotiation Journal* 等英文期刊以及《管理世界》等中文期刊上发表过学术论文。在研究中喜欢有机结合多种研究方法,例如将行为实验和实地研究相结合,同时从微观的决策机制和宏观的社会现象来研究管理与组织中的问题。同时,擅长将最新的研究发现融入日常教学中,在中国、美国、法国和西班牙等国教授过本科、硕士、博士、MBA以及高管培训等不同课程。在研究和教学之外,也积极参与学术服务活动,例如为多个英文和中文期刊担任审稿人,担任IACMR的欧洲区代表(representative-at-large)等。

推荐序：一个学院的学术坚持

北京大学光华管理学院的口号（slogan）是"因思想，而光华"，在我的理解中，完整的表述还应该在前面加上六个字，"因学术，而思想"。

现在看来，学术研究对一个以"创造管理知识，培养商界领袖，推动社会进步"为使命的管理学院而言，意义已经不言自明。但是，在中国商学教育最近三十年的发展过程中，我们对以科学的理性精神为基础的学术研究的价值的认知，经历了一个不断摸索和逐渐深化的过程。

学术研究对商学教育究竟有什么重要意义？如何营造一个有利于学术研究的氛围？怎样真正推进中国具体的经济和管理问题的研究，最终形成中国的经济学和管理学理论？……光华管理学院过去三十三年走过的摸索之路，已形成了以"学术为本"的价值观，对于聚焦研究中国经济社会发展及商业前沿实践重大关键问题，能提供很多启示。"浮云一别后，流水十年间"，张志学教授和徐淑英教授主编的《博雅光华：在国际顶级期刊上讲述中国故事》一书，更是透过一个项目十多年的发展历程，不仅折射出一个学院经年累月的学术坚持，也彰显了学术研究的价值所在。

中国改革开放波澜壮阔的四十年，在取得骄人成就的同时，也不断产生新的问题和挑战。宏观层面上，一个积贫积弱、人口众多的国家应该采取什么样的国家发展战略、遵循什么样的发展路径？中国经济改革的突破口在哪里？怎样构建适合中国经济发展的金融体系？在对外开放不断深入的背景下，政策制定者如何采取进退有据的货币政策和财政政策，建立审慎的宏观经济管理框架，为我国经济社会发展营造出相对稳健的宏观政策环境？等等。微观层面的问题更是林林总总，不一而足，涉及财务会计、市场营销、企业战略、组织行为、领导力等诸多方面。与中国改革开放同步的光华管理学院的发展，很大程度上就是一个以学术研究来破解具体问题，然后用研究成果反哺商学教育的过程。

植根于北京大学"循思想自由原则，取兼容并包之义"（蔡元培语），致力于追求真理但宽容异见的科学精神传统，光华管理学院一代又一代的研究者和教育者直面中国经济社会发展及商业实践前沿的重大关键问题，他们敏锐的观察、严谨的研究对国家经济社会政策制定和中国管理前沿实践产生了巨大的影响，逐渐形成光华管理学院"以国际通行的学术规范和学术方法，做具有国际水准的中国学问"这样一个独特定位。最近几年，学院在大量的外部调研和内部研讨的基础上，更是形成一个共识——用十年时间，把光华管理学院发展成中国的世界级商学院。在我们的理解中，"中国"两个字包含着两层意义：一是地理位置意义上的，确确实实是在中国；二是研究意义上的，研究问题扎根于中国，这与北京大学一贯的家国情怀是联系在一起的。的确，对于研究者，中国是个富矿，一个如此大体量的国家，在短时间内发生这么多事情，而且未来还会发生很多事情。这个过程中沉淀下来很多问题需要去思考，很多经验需要去总结，很多新的挑战需要去应对。怎样通过学术坚守研究透中国问题，讲好中国故事，对于像光华管理学院这样国人心目中的"国之重器"，既是应尽的职责，也是巨大的挑战。如果成功做到了，这样的商学院必然能在全球顶级商学院的序列中找到一席之地。

虽贵为显学，现代经济学和管理学在中国发展的时间其实并不长。这个过程中，来自政策制定和前沿实践的巨大需求给了供给端极大的生存和发展空间。与严肃的学术研究并存的，是各种怪力乱神粉墨登场：经验主义者四处分享他们极度褊狭的经验，江湖郎中兜售以权谋为核心的"管理思想"，大量背景不一的"经济学家"和"管理学家"把经济学和管理学直接定位为"炼金术"，兜售各式各样的药方或者心灵鸡汤。在一个缺乏科学理性精神的市场环境里，逆淘汰盛行，

"炼金术"和心灵鸡汤更容易被接受。然而,真正的力量是理性的力量。商学教育和研究的实质不在于迎合,而在于引领。建立在逻辑推理和实证分析基础上的科学研究范式,能够真正帮助我们建立起对那些穿透时间、具有普适性的商业规律和经济规律的基本认知,让我们在同一个地方不会反复跌倒——这也正是学术研究的真正价值。

光华管理学院为什么能够形成"注重学术"的价值观,始终把学术研究作为立院之本?光华的学者们为什么会选择学术研究这样一种相对寂寞、注定辛苦的方式?光华的这种卓尔不群很大程度上是个"谜"(myth)。感谢张志学教授和徐淑英教授,使我们有了《博雅光华:在国际顶级期刊上讲述中国故事》这本书,帮助我们来破解这个谜。在书中,两位教授以光华管理学院的IPHD(国际博士生)项目作为分析的切入角度,邀请这个项目的直接"产品"——国际博士生项目前后十来年培养的学生——和培养的参与者们,一起来讲述学术之路的苦与乐。透过他们不同角度的讲述,我们得以知道这些优秀的年轻人是如何在博士学习期间为自己的学术生涯打下坚实基础、脱胎换骨成长为优秀的研究者、成功地向国际学术界讲述"中国故事"的。他们的讲述不仅能够激发中国学术界更多的年轻学者,在世界上讲述更多的中国故事,也提供了一个个可以深入思考的案例,理解光华管理学院"坚持学术"这个风气是怎样建立起来的。这本书记载的不仅是一个项目的学术坚持,更是一个学院的学术坚持。

透过本书作者们所讲述的研究成果及研究过程,我们看到中国的管理学者们是怎样顽强地坚持用国际通行的研究方法做具有国际水准的中国学问;我们看到这些年轻学者是怎样成长成熟,逐渐培养出学术自信的。我们相信,这一代的管理学研究者不会仅仅满足于用现有的理论来解释中国现象,他们正尝试着从中国故事中提炼出中国的管理学理论。

这个目标显然不会一蹴而就。我们需要有使命感的学者更多地参与,我们需要营造更有利于产生重大、原创成果的学术氛围,我们需要更多的有针对性的举措。光华管理学院在2017年推出了一个叫"光华思想力"的研究平台,把我们认为与中国经济社会发展和商业前沿实践关系最密切的关键性问题和结构性问题梳理出来,有针对性地以研究课题的形式去破题。我非常欣慰地看到书中的很多讲述者正以饱满的热情参与"光华思想力"的研究。我也借这个机会发出邀请,期盼更多的研究者参与到这些重大问题的研究中来。所有这一切的努力都在实实在在地向中国经济社会发展注入正面、理性的力量。其结果,不论以何种方式体现,都有助于中国的经济学和管理学理论的诞生。

刘 俏

2018 年 2 月

前言：登堂顶级期刊的回顾与感悟

张志学　徐淑英

　　众多的中国社会科学工作者都希望在国际顶级期刊上发表研究成果，这既有利于知识的传播，也有助于对学科的理论做出贡献。然而，由于训练范式、处于学术的非主流地区和语言等多方面的原因，中国的社会科学工作者在国际顶级期刊上发表成果存在非常大的困难。为了培养高水平的青年学者，加快他们走向国际学术舞台，从而在国际学术舞台上向世界讲述中国故事，光华管理学院在2003年启动了IPHD（国际博士生）项目。该项目为全英文的，对标美国主流研究型大学的博士生培养方案训练学生，包括组织管理、战略管理和市场营销三个方向。第一届学员于2008年毕业，到目前为止累计有近五十位毕业生在中国、美国、澳大利亚、英国、法国、日本等国的大学任教。他们当中的大部分都在国际主流期刊上发表过研究成果，更有一批人以主要作者的身份在国际顶级期刊上发表过学术论文。这些期刊接受文章的比率通常在10%左右。那么，这些年轻人是怎么做到在国际顶级期刊上发表论文的？他们最初的想法是如何产生的，又是如何继续发展的？他们与合作者怎样开展合作？他们又是怎样将研究想法予以实施的？他们如何解决在理论建构和实施过程中遇到的种种挑战和困难？他们怎样回应评审人的质疑和挑战？我们可以从他们的经验中学到哪些东西？

为了让国内学者尤其是青年学者和博士生们了解这些优秀学者的成长过程,我们邀请光华管理学院组织管理、战略管理和市场营销三个方向的博士毕业生中以主要作者身份在顶级期刊上发表过论文的同学,回顾他们的论文创作过程以及作为博士生的学习心得。读者既可以从他们的回顾中体会如何从事高水平的学术研究,也可以更多地了解光华管理学院IPHD项目的培养模式。从这些随笔中,读者也可以体悟到如何充分利用博士学习的时间,为未来的学术生涯打下坚实的基础。我们还邀请了部分论文的责任编辑,对论文的评审和接受过程进行评论。我们也特别邀请这些作者在博士学习时的论文指导教授或者合作教授,对他们在攻读博士期间的表现和特点进行评论,以便读者对这些年轻学者的发展有更加全面的了解。

全书正文部分共分为14章。在第1章中,张志学回顾了自己加入光华管理学院之后,在学术研究中面临的困惑。光华管理学院选派他去西北大学凯洛格商学院学习,使得他在教学和研究上受到很大的冲击,更由此学到了凯洛格商学院博士生培养的优秀经验。之后,他回顾了国际著名管理学家徐淑英教授在光华创办IPHD项目的过程、该项目的理念和设计,以及光华管理学院所给予的大力支持。读者可以从中体会到从事高水平社会科学研究所需要具备的条件和付出的艰辛。第2章到第13章由光华管理学院的博士毕业生或在读博士生撰写,他们各自叙述了自己在国际顶级学术期刊上发表论文的历程,回顾了从想法的产生和发展、确定理论基础、开展实证研究到撰写论文并投稿、根据评审团队的意见对文章反复进行修改直到最终被接受发表的完整过程,这些生动的回顾有助于读者理解如何从事高水平的学术研究,如何才能与资深学者进行有效的合作。每一位作者也就他们读博期间的学习情况进行了回顾,并就博士生和青年学者在学习与研究过程中存在的疑惑分享了自己的见地和心得。在这12篇随笔之后,我们要么邀请了某篇论文的责任编辑就文章的评审和修改过程撰写文章,要么邀请作者的论文指导教授或合作者就作者的学习情况或者与作者的合作过程撰写评论,以便使读者对于论文的创作和评审过程有一个更加全面的理解,也有助于读者了解这些年轻学者的学习和研究习惯。在结语中,我们从更广的视野,对本书中的这些年轻学者的成长和发展进行了解读,包括光华管理学院的总体环境、IPHD项目的几个特色以及他们所具有的共同特点。最后还结合当前中国知名商学院的状况,提出了有关学者学术生涯和专业发展的一些问题,供本书中涉及的青年学者和国内同行们思考。

我们编写本书的重要目的在于,读者通过阅读作者们的回顾以及责任编辑和导师的评论,可以了解在中国情境下从事高水平研究的三个关键点。第一,要发现、发展和实施有意思和有意义的研究想法;第二,要具备与成功实施研究项目有关的一些重要的个人品质;第三,要理清有助于青年学者在学术上走向成功的学术关系。我们也希望本书展现出一个博士生项目怎样才能更好地培养学生恰当的技能和价值观,从而使得他们成为真正能够创造知识的优秀社会科学研究者。我们还希望本书能够帮助读者了解学者应该具备的技能和基础,从而使模糊的想法逐渐变得清晰起来,并通过严谨的过程,最终成为国际一流学术期刊的编辑愿意接受的论文。最后,也希望本书能够启发读者了解如何有效地学习博士生的课程,以及导师怎样培养学生才能使学生学有所成。

本书各章所揭示的只是我们过去15年的实践,虽然取得了不俗的成绩,但我们丝毫不敢怠惰,更无意夸耀。我们深知,目前取得的成绩距离国际顶级大学学术队伍的成就仍然存在很大的距离。我们在取得进步的同时,还要看到世界顶级大学中的学者们,不仅具有很高的智商和专业水准,还占有比我们好得多的学术平台和大得多的话语权。我们没有看到这些学者们表现出自满,相反,他们在高水平的专业道路上一路狂奔,从不停歇。作为商学教育和管理研究的后来者,我们只有拼命奔跑,才能缩小与世界一流商学院之间的差距。借用电影《爱丽丝梦游仙境:镜中奇遇记》中红皇后对爱丽丝说的话:"现在你看,你已经尽了全力奔跑,却仍然停在一个地方。如果你想去别的地方,必须跑得比现在快一倍!"

为此,我们在诚惶诚恐地将博士生们的感悟结集出版的同时,更加意识到我们自己、这些年轻的学者以及我们的博士生项目还有太长的路要走。我们也清楚地意识到,学者成长的道路并不是单一的,对于博士生和青年学者的培养也存在不同的模式。我们无意向外界推销或强加这些培养方式,只是希望能够给读者和同行们一些启迪,让管理学界的队伍更加壮大和强大。我们希望,通过同行们的共同努力,推动中国管理研究迈向更高的水平,更好地为中国的经济和社会发展做出贡献,并能够在国际舞台上讲述精彩的中国故事,从而产生更大的影响力。

目 录

第1章 见证卓越,亲历变化
　　张志学 001

第2章 回望一段旅程,不忘年少初心
　　庞 隽 020
　　附录 两段旅程的回想:服务可分离性项目以及我在光华管理学院的经历
　　　　郭贤达 035

第3章 困惑与选择
　　李 瑜 042
　　附录 谱写学术生涯的美好乐章
　　　　武常岐 058

第4章 从想法到发表:论文创作的过程与学习心得
　　〔韩〕崔成镇 062
　　附录 崔成镇同学的学术发展
　　　　路江涌 075

第5章 遇见矛盾
  张 燕 078

 附录 从新手到成熟的学者：回顾与张燕的共同学习之旅
  徐淑英 095

第6章 五年博士生，JAP论文竟成
  秦 昕 101

 附录1 国内博士生在国际顶级期刊上发表论文之可行性
  任 润 117

 附录2 对秦昕等人论文评审过程的回顾
  Deidra J. Schleicher 121

第7章 旧文为镜，砥砺新知
  魏 昕 127

 附录 在顶级期刊上发表论文所需要了解的背景
  David Day 142

第8章 学海茫茫，载舟远行
  林道谧 147

 附录 选择自己有优势的研究方向，并持之以恒
  路江涌 160

第9章 志存高远，厚积薄发
  曲红燕 163

 附录 接受张燕和曲红燕的论文在AMJ上发表
  Laszlo Tihanyi 177

第10章 风雨过后方见彩虹
  丁 瑛 182

 附录 年轻的学术之星丁瑛：最柔和即最闪亮
  徐 菁 196

目录

第 11 章 欲穷千里目,更上一层楼
    刘海洋 200

 附录 关于刘海洋等人论文评审的回顾
    Mark Griffin 214

第 12 章 读万卷书,行万里路
    姚晶晶 217

 附录 对姚晶晶等人论文评审过程的回顾
    陈昭全 230

第 13 章 再出发:散作满天星,聚是一把火
    秦 昕 235

 附录1 勇气与执行力:与团队一同登高
    黄鸣鹏 253

 附录2 在 AMJ 上发表论文的感受
    ——一名女性研究者的思考
    鞠 冬 256

 附录3 一个博士生的"奇幻漂流"
    胡琼晶 259

 附录4 回顾秦昕等人论文的修改过程
    Prithviraj Chattopadhyay 261

第 14 章 结语:为什么是他们?
    张志学 徐淑英 264

后记 283

第1章 见证卓越，亲历变化

张志学

十年，对任何一个人、一个机构，乃至一个国家，都是至关重要的量的积累。2018年，距离北京大学光华管理学院的IPHD（国际博士生）项目迎来首批毕业生已经整整十年了。倒推下来，首批学生的入学时间是2003年。

大约是在2002年秋天，光华管理学院院长厉以宁教授向国内各大商学院院长发出亲笔信，亲自推介这个项目，诚挚地希望兄弟院校推荐优秀学生加入，这是最初的缘起，如同厉以宁教授本人的风格，真诚而低调。接下来，无非是在北京和上海的几所高校张贴该项目招生的海报，除此之外，这个项目很少做宣传。它就这样悄悄萌芽、开花、结果了。

近些年，人们总是在不经意间注意到这个项目出来的学生：2010年8月，在蒙特利尔的美国管理学大会上，当我们的一名博士生报告完论文之后，长居海外的人士激动地当场表示"你们真的让人骄傲"；2015年6月，在南京大学举行的《组织行为与人类决策过程》（*Organizational Behavior and Human Decision Processes*）为"利用基于中国现象的研究发展理论"的特刊举办的工作坊上，在我们的两位博士生用英文报告自己的研究之后，中国科学院心理学所的一位专家问我们是如何培养博士生的，在听了我的介绍之后，他说"你们应当将这个经验介绍给同行"；2016年2月23日，《光明日报》发表了题为"本土经管博士缘何屡获海外教职"的署名文章，报道光华管理学院毕业的博士生赴海外大学任教几乎成为常态，其中特别提及了光华管理学院全英文授课的IPHD项目。

其实，早在2006年，光华管理学院就开始资助博士生开展国际学术交流活动，使得博士生在国际学术会议上宣讲论文成为常态。如今，光华管理学院的博士生已经将参与国际学术交流当成学术修炼中的固定日程表：每年12月份大家都会特别忙碌，因为要赶次年1月美国管理学大会的投稿截止日期；每年3月份，不少同学会获得大会录用论文的通知，开始整理自己的报告，在所在研究小组中预演；每年8月份，他们又会去美国或加拿大的美国管理学年会上报告论文，回到校园后彼此讨论这次收到了什么样的反馈，在会议期间与哪些学者进行了交流，未来可能与谁有什么合作，如此周而复始……

就这样，时间来到了2018年。从2008年的首届毕业生开始，十年来，光华管理学院的IPHD项目始终以美国主流的管理学博士生项目的标准培养学生，使得从事高水平学术研究成为同学们的坚定志向，也使得他们习得了成为优秀学者的素养，而这些，远比文凭和学位本身重要得多：让具有良好学术潜质的学生找到终生志向并为之孜孜不倦，这正是这个时代的高等教育需要强化的精神。

光华管理学院为什么要开创这个项目？这个项目是如何运作的？项目究竟产生了什么样的影响？我在此首先分享一下自己对于世界顶级商学院教育方式的理解，以及我所见证的光华IPHD项目创办的历程；接下来，各章的作者（他们都是在这个项目中毕业或者在读的博士生）将从不同的侧面做出各自的解读。我们全部的分享，将汇成一个系统的答案：如何在国际顶级学术期刊上讲述中国故事。

20世纪80年代中国实施改革开放政策之后，很多大学陆续恢复或建立商学院，最早从培养企业管理专业的本科生开始。到了1990年，国务院学位委员会批准设立工商管理硕士（MBA）专业学位，1991年首批9所院校开始招收MBA学生，这成为中国MBA教育的起点。十多年后，国家又批准了若干院校开展高级工商管理硕士（EMBA）教育。于是，自90年代开始，中国大学的管理学院或商学院进入蓬勃发展的时期。然而，彼时的相关师资大多来自管理学和经济学领域的学者，尽管这些学科与工商管理密切相关，但他们与以美国著名商学院为代表的世界顶级商学院在教学理念和培养模式上尚存在很大的差别。为了确保MBA的教学质量，一些商学院开始聘请海外的学者执教MBA课程，一些海外华人也被邀请到国内举办各种师资培训班,以北京大学光华管理学院为代表的几所著名商学院则开始全面地与国外的商学院开展交流和合作。我的感慨由此引发。

冲击:在凯洛格商学院的访问

唐纳德·雅各布(Donald Jacobs)在1975—2001年担任西北大学凯洛格商学院院长,并将这所商学院打造成为世界最顶尖的商学院之一。西北大学校长、教育家莫顿·夏皮罗(Morton Schapiro)这样评价他:"唐纳德·雅各布是凯洛格、西北大学乃至整个美国高等教育的改革者。他对当下由丰富的MBA课程、卓越的博士生项目和集中的高级管理人才培训组成的商学教育模式的形成,有着重大影响。"从20世纪90年代末开始,雅各布院长便在全世界寻找优秀的合作伙伴与凯洛格商学院合作办学,相继与以色列特拉维夫大学雷卡纳蒂商学院、中国香港科技大学商学院、加拿大约克大学舒立克商学院和德国法伦达尔WHU管理学院形成亲密的合作伙伴关系,推广凯洛格的国际教育模式。1998年10月,雅各布院长率团访问光华管理学院,两院共同签署了MBA教育合作项目协议,此举后来被誉为"完成了美国顶级商学院与亚洲一流商学院之间的一次跨越海洋的握手"。此后,凯洛格商学院与光华管理学院的合作不断加强,开展各类学术交流和项目合作,1998—2003年间,光华有三十余位教师曾到凯洛格访问交流。这项交流计划大大促进了光华管理学院的教学水平。

我于2000年6月上旬加入北京大学光华管理学院。在此之前,我在内地和香港的院校所进行的学习、研究和教学工作均与心理学相关,尽管到管理学院来从事组织行为或者领导学研究也是顺理成章的,但是我从纯粹的社会心理学转到组织管理研究上来,还是面临困难和挑战的。这一点我在后面再谈。

得益于光华管理学院与凯洛格商学院的合作计划,我非常幸运地被学院选派,于2001年9月至2002年3月在凯洛格商学院访问。这期间我经历了两个完整的学期,即秋季和冬季两个短学期(quarter)。我在每个学期都选了两门MBA课程和两门博士课程。我经常开玩笑地说,我在凯洛格期间,差不多又修了一遍博士学位所需要完成的课程。通过体验和引入凯洛格商学院针对MBA

学生和博士生的训练,我从中体会到一流商学院的教学和研究之间的紧密联系。

2001年9月中旬秋季学期开始,我选修了Jeanne Brett教授针对MBA学生的谈判课程,课上包括我在内共有30名学员,来自美国、欧洲、亚洲和南美不同地区。每次谈判课都从真刀真枪的模拟谈判开始,有一对一、二对二、多对多等不同形式的谈判。我们通常在一周之前拿到谈判材料,包括双方共享的资料,以及自己的秘密资料。阅读两种资料之后,谈判各方要完成自己的准备文档(preparation document),确定己方在各个事项上要达到的目标、预估对方的目标并制订相应的备选方案等。谈判有时在上课期间完成,有时则需要利用课外时间完成。学生完成谈判后,将达成的协议张贴在教室四周的墙上,此时Jeanne会引导大家进行课堂讨论,学生分享自己在谈判过程中的行为、策略和感受。针对学生的发言,Jeanne提供相应的研究结果和发现,其中多数研究都是出自她本人,而且很多是出自她已经在国际顶级期刊上发表过的论文。由于谈判结果是可视的,而准备充足与不充足的确影响谈判收益,因此我与其他的同学一样,对待每次模拟都特别认真。而教授引导的分析和提供的研究发现,的确让我们醍醐灌顶,慢慢地掌握了谈判之"道"。

在2002年1月初开始的春季学期上,我选修了Keith Murnighan教授为MBA开设的谈判课程。与Jeanne注重分析谈判情境中的行为过程不同,Keith则是从博弈论和行为决策的视角分析谈判策略。他从最初的博弈游戏逐渐过渡到多事项谈判。临近整个课程的尾声,Keith利用两次课让学生模拟美国曾真实发生的一次事件,把MBA学生分成不同的小组,分别模拟校董和教师工会进行谈判。学生在谈判时,他、助教和我在中央监控室观看每个房间中进行的谈判的全过程,Keith细心观察、记下各组在某个时间出现的行为以及有趣的表现,并向我和助教解释。我就这个案例向Keith请教了不少问题,他不仅耐心解答,而且提供了很多额外的资料。我阅读了MBA学生以小组为单位提交的准备文档,每份文档约30页,均非常详细地列出了要谈的问题、自己的观点、谈判的人员安排,并分析了对方的观点、可能出现的问题等。在最后一次谈判课上,Keith给学生放映了他们过去两周谈判的录像剪辑,包含很多非常有意思的片段。当然,他也针对各组的表现提供了自己的观察和分析。在总结课程时,Keith让学生汇报本学期从这门课上学到的谈判技巧帮自己赚了多少钱,有个学生居然说

第1章 见证卓越，亲历变化

赚了12万美金！不过，这还不算最多的，据说曾有学生称这门谈判课帮自己赚了300万美金。教学与实践如此紧密地结合，给我留下了极其深刻的印象。商学院的教育，难道不理当如此吗？

彼时的我，虽然资历浅，倒也不是毫无经验。我在香港工作期间曾深度接触华为公司，这让我对教学相长有了深刻认知；此外，在北京师范大学多年学习和教学的经历也让我对教学技巧有所掌握，入职光华第一年便获得北京大学2000—2001年度的优秀教学奖。尽管如此，凯洛格商学院几位教授的MBA教学还是带给我巨大的震撼。凯洛格商学院的MBA学生来自世界各地，而且都在优秀企业中任职，具有丰富的运营和管理经验。怎样才能让这些重新走进校园的优秀管理者觉得学有所值、学有所获，这是非常有挑战性的。在中国，管理学曾与心灵鸡汤一样热门，行色匆匆而又野心勃勃的人们在机场书店买各种成功秘籍，以为这就是管理学；各行各业的人们也都侃侃而谈管理与领导，仿佛只要在企业里做过，或者会讲故事、口才流利，就能讲管理学。Jeanne 和 Keith 两位教授的 MBA 课堂，完全不是简单地讲授管理常识，而是淋漓尽致地启迪学生开阔思维，同时又基于学术研究将学员的课堂讨论即时归纳出理论当场奉还给学生，而精妙设计的课堂活动使得学生不由自主地联想起自己在工作中遇到的问题。这才是国际一流的商学院教学模式，它令学生真正懂得学术研究的原创性和深刻意义所在。

凯洛格的博士生研讨课同样对我产生了深刻的启迪。秋季，我选修了 Leigh Thompson 教授的"微观组织行为"（Micro Organizational Behavior）博士研讨课，涵盖了组织行为领域从个人到团队的重要知识话题。每次课聚焦一个主题，如个人决策、团队过程等，通常有四到五篇必读文献，也包含若干篇选读文献。Leigh 在每次课的开始，高屋建瓴地将所指定的几篇阅读材料贯穿起来，介绍理论的起源和演进。之后，她训练大家将几篇阅读文献中的主要概念画在一张图上。这些概念之间的联系有些是既有文献已经探讨过的，而另一些则非常有趣且既往研究并没有探讨过。这种研讨方式既让博士生了解了每一个重要话题的脉络和重要的里程碑式的研究，又启发了他们进一步探讨的空间。我后来发表在 *Journal of Applied Psychology* 上关于交互记忆系统的论文，就是在 Leigh 的课堂上受到启发而逐渐发展出来的研究。

在冬季学期,我选修了每周二下午 Katherine Philips 教授主持的针对组织管理博士生的"组织中的群体行为"(Group Behavior in Organization)课程,以及每周三上午 Alice Tybout 教授主持的针对市场营销博士生的"消费者的信息加工"(Consumer Information Processing)课程。每门课每周的阅读材料有 100—200 页,Kathy 要求参加者在上课前一天下午四点之前将讨论的问题放在专设的课程讨论区里,这要求每个学生必须仔细、及时地阅读文章并提出问题。博士生的研讨课通常只有五六个人,如果不提前认真阅读文献,研讨时根本无法发言。我那时每个工作日都在为下一周的两门博士生研讨课做准备。这门课上布置的阅读文献中就有徐淑英(Anne Tsui)教授等人 1992 年发表在 *Administrative Science Quarterly* 上关于 Relational Demography(关系人口学特征)的论文,是这门课程中唯一由华人学者发表的论文。其中一次课由 Keith 主持讨论群体规范的研究。他没有直接回答学生提出的问题,而是启发他们思考什么是群体规范。针对学生的讨论,他画龙点睛般地解答了这个看似简单却又非常复杂的难题。那一周,需要预习的几篇阅读文献都是他的作品,他介绍了每篇文章的起源及与合作者的讨论,还让自己的博士生和博士后与大家一起研讨并分享心得。Keith 的行为颇有意思:博士生在讨论问题或提问时,他常常在纸上画画,看似心不在焉,但到关键时刻总会抬起头来准确地解答学生的问题。他拥有常人当中罕见的敏捷思维。有一天下课后,我给 Keith 发去邮件,表示对他的研究非常感兴趣,并希望读到他更多相关的文章。他很快将自己的学术履历发给我,让我从中挑选出一些感兴趣的文章。我记得那时他发表在顶级期刊上的论文已经有 80 多篇,仅仅在 2002 年投出去或准备投出去的论文就多达 12 篇。他很快将 15 篇论文的抽印本(reprint)交给我。这门研讨课的某一次课是由 Jeanne 主持的,她带领大家讨论一篇发表在 *Administrative Science Quarterly* 上有关冲突的论文。她根据论文中报告的统计数据指出其中的问题,认为评审人没有发现这些问题,作者也没有讲清楚。Jeanne 让几个学生在黑板上各自用图画出各个假设,然后逐一点评。最后她带领大家讨论了一篇已经被某顶级期刊接受发表的论文,是她的学生与人合作的,而这个学生已经在某知名大学获得终身教职。她再次指出文章中存在的概念含糊的严重瑕疵,并开玩笑地说看完这篇论文后恨不得把这个学生的博士学位收回来。这些教授的思维非常缜密犀利，与他们交流真可谓"听君一席话，胜读十年书"。

Jeanne 和 Keith 两位教授对我的学术影响非常大。多年来，我和 Jeanne 教授合作发表了六篇论文，与两位教授共同合作的论文 2017 年年底发表在 *Organizational Behavior and Human Decision Processes* 上。本书中姚晶晶的随笔就是关于这篇论文的回顾。遗憾的是，这篇论文被接受的时候，Keith 已经离我们而去。我们在修改这篇论文的过程中，两位教授总是及时回复，再次让我领略到世界一流学者的做事风格。当 Keith 重病时，竟然还像往常一样回复邮件。后来 Jeanne 私下给我发邮件说 Keith 已经重病住院了。看到邮件时，我在办公室里潸然泪下，并回忆起我们之前共度的最后的时光。2016 年 1 月下旬，Keith 和我在光华的深圳校区给光华-凯洛格 EMBA 项目的学生上课，他上前面两天半，我上后面两天半。此时，Keith 已经得绝症几个月了，但还是向凯洛格商学院的院长要求自己去世之前正常授课。1 月 22 日，我在他课程结束时与他一起吃午餐，他谈笑风生地讲起当年做伦敦四重奏乐队研究时的趣事。他最后对我说："志学，我活不久了，你继续努力。"我到楼下目送他乘车去香港。他原本计划在香港科技大学继续完成凯洛格商学院与香港科技大学 EMBA 项目的教学，但到那里不久就倒下了，只好紧急返回美国。

在 Alice 的研讨课上，Brian Sternthal、Bobby Calder 和 Angela Lee 几位著名教授也都参加了。当 Alice 主持讨论时，另外几位教授则向学生提问，学生回答之后，几位教授再谈自己的经验和看法。记得某次研讨课由 Brian 主持，他从方法、理论建立、实验技巧等方面分析了那一周的几篇阅读文献，总结出每篇文献的主题，并展示这几篇文献是如何逐渐演进的。另外一次课上，Bobby 教授先花了一个多小时讲解态度理论，随后一位来自中国的二年级的博士生向大家介绍她与 Bobby 和 Angela 两位教授合作的研究，几位教授和博士生当场提出了很多问题。在凯洛格商学院，博士生从二年级起便开始与教授们合作，所合作的研究往往是在教授主持的研讨课上逐渐发展出来的。在探讨过程中，当你提出某个观点时，别的同学就会提出质疑，如果想不清楚的话，就很难继续下去。此外，博士生会根据自己的理解，对文章进行点评。有时教授把自己的文章拿出来供大家评论，博士生的点评使教授承认自己也有没想到的地方。

我在加入光华管理学院之前，一直从事社会心理学研究。进入管理学院之后,很长时间都处于从社会心理学转到组织管理研究的困惑期。访问凯洛格商学院之后,我发现组织管理系和市场营销系的不少教授的背景都是社会心理学,他们能够将社会心理学的理论和方法运用到与管理相关的研究中。凯洛格商学院的学者在谈判、团队和消费者决策领域做出了学界公认的成就,以至于在谈判领域很难找到一篇不引用凯洛格商学院学者文章的论文。更难得的是,他们将原创的谈判研究开发成针对MBA和企业高管的课程,成为全球最受欢迎的谈判训练基地,也影响了全球很多知名商学院的谈判教学。

一些人认为研究和教学是相互冲突的,然而,在凯洛格商学院,我看到二者是协同的。我将其成功总结为如下的闭环系统:国际一流的教授队伍,吸引到聪明好学的博士生,高水平的博士生研讨课程又促进了师生之间的合作研究,而教授的研究往往源于实践中的问题,从而使得以研究为基础的教学能够引发学生的共鸣。在凯洛格商学院,从事行为科学研究的教授队伍可谓群星璀璨、大牌云集,他们既从事严谨的实验室研究,又与现实商业世界紧密联系,做到理论与实践结合、研究的严谨性与现实的关联性并举,又使得他们吸引到更好的教授和博士生加入,学术上不断推陈出新,使得学院的教学项目也更加卓越。

可想而知,我在学术研究上受到怎样的震撼。2000年,我加入光华管理学院的时候,已经在国际期刊上发表过论文,而且自信地认为今后还会有更多的SSCI(社会科学引文索引)论文发表。然而,近一年过去后,2001年夏天我的心态完全变了。来光华访问的徐淑英教授介绍我到香港科技大学参加了她为中国内地学者举办的管理方法研讨班,之后又介绍我参加了美国管理学年会中的青年学者发展营(junior faculty consortium)。也是在那次年会上,我参加了徐淑英教授主持的中国管理研究国际学会(IACMR)的成立大会。在上述几个场合,学者们讨论的全是 *Academy of Management Journal*、*Administrative Science Quarterly* 之类的国际顶级期刊,而周围来自世界各地、与我年龄相仿的年轻学者们都渴望在这些顶级期刊上发表论文,在交流中不停地向资深学者讨教。而我,如果还满足于在SSCI期刊上发表文章,就实在太不"开眼"了。可以说,那个夏天的经历让我立志要在高水平的国际顶级期刊上发表论文。

然而,这条路是艰难的,我一直在苦思冥想从哪些题目上突破。2001年9月初,在访问凯洛格商学院前夕,我向徐淑英教授报告自己的计划。她让我把问

第1章 见证卓越，亲历变化

题想清楚，并且要聚焦。她提醒我，即便当年就将论文投出去，最快也要两年后才能被国际一流期刊接受，因此必须要想清楚今后六个月的工作计划。那时我已经认识徐老师有一年了，尽管过去一年我与她讨论了很多，但显然在研究上并没有实质性的进展，徐老师此言其实是在委婉地批评我。我到达凯洛格商学院后，向徐老师兴奋地汇报自己的选课情况，她则提醒我不要选课太多，让我更加专注于研究，而非仅仅去那里上课。一个月后，她又主动写信询问我的近况，我则向她报告了自己跟 Jeanne Brett 教授学习谈判过程中的心得和感受，并觉得自己的社会心理学背景似乎适合谈判领域的研究。徐老师让我与 Jeanne 讨论谈判中的回报谨慎（reciprocation wariness）问题。我立即查找这方面的文献，由于这个概念涉及人际互动中的预期（即人们担心在人际交往中被他人利用，因而要在回报别人的恩惠时小心谨慎的一种信念），我立即意识到回报谨慎对于谈判过程一定会产生影响，便开始思考谈判者的回报谨慎对谈判者的动机倾向、谈判行为及谈判结果的影响。由于当时 Jeanne 的课仍在持续，我便结合自己与外国学生谈判的经历，思考理论架构，初步提出研究团队成员（group membership）以及回报谨慎对谈判的影响。为此，我专门约 Jeanne 讨论，她给了我很大的帮助和支持，针对我的研究计划提出若干宝贵的意见，并建议每个假设中的自变量和因变量如何操作、数据的分析水平、用何种统计方法检验谈判过程中的中介效应等，她还把自己手头的研究材料和文献给我参考。直到我 2002 年 3 月中旬回国前夕，我一直在与 Jeanne 探讨，最后一个月几乎每周五都见面讨论。离开西北大学回国的前一天下午，我给 Jeanne 展示了我回国后的研究计划，其中列出了八项课题，我逐项向她请教是否有潜力、是否值得做，她觉得大部分都非常有意思、值得做。我们由此确定了今后的合作关系。

访问凯洛格商学院期间的另外一件事情也让我深有感触。2002 年 2 月底 3 月初，我应加州伯克利大学心理学系彭凯平教授的邀请赴伯克利访问。其时恰逢他们心理学系举行博士生开放日，邀请那些已在面试中被教授们选中且有意来伯克利攻读博士的学生前来参观。要知道，这些学生通常也会得到美国其他顶级博士项目的邀请，心理学系举行这个开放日旨在帮助申请人更好地了解本校的学术环境和特点，有助于促进那些优秀的人才最终选择本校。候选人来访期间，除了聆听系里的教授介绍学术发展之外，还会与教授以及往届高年级的博士生见面,获得更为真实的感受。我出席了心理学系社会心理学组为博士申请人举行的招待午宴,晚上则参加了该组著名学者 Shelton Zedeck 教授的家宴,依旧是为了招待博士生申请人,在读的博士生和教授们也都作陪。这些即将攻读博士的年轻人,通过入学前的校园访问,能够精准地了解自己是否适合该所大学。这并不是个案,这样的良苦用心在国际顶级博士项目中普遍存在。这也恰恰验证了我在前面总结的凯洛格的成功闭环:对于学术机构而言,伯克利的博士生开放日是获取和保持国际学术竞争力的重要一环。

变化:光华创办 IPHD(国际博士生)项目

仅有感受是远远不够的。幸运的是,我所在的光华管理学院在感受到差距后,动真格地奋起直追了。

这一追就是十年。其实,光华管理学院在过去二十多年间都保持着全方位的进步,学术水平的持续提高支撑着这种全方位的改变,而学术水平是一流院校的立身之本。学术水平的提高首先需要提升师资:让教员对高水平的学术研究有共识,并提供适宜人才培养、引进和发展的环境;而只有一流师资和一流的学术水平,才能吸引一流的博士生。光华管理学院的 IPHD 项目,就诞生在这样的大背景下。

提到光华的 IPHD 项目,就必须先了解创办者徐淑英教授的履历。这位学术界杰出的华人女性,出生于中国上海,幼年时移居中国香港,后赴美留学,获得管理学博士学位之后先后在美国的几所大学任教,并获得终身教职。1995 年,她回到中国香港,担任香港科技大学商学院组织管理系的创始主任。一路走来,她的学术成就在国际管理学界享有盛誉:1992 年发表在 *Administrative Science Quarterly* 上的论文,使她荣获 1993 年组织行为杰出成就奖和 1998 年的学者成就奖;1997 年发表在 *Academy of Management Journal* 上的论文,使她荣获 1998 年美国管理学会最佳论文奖和人力资源领域学者成就奖;1993—2003 年全球商业与经济领域被引用排名第 87 位,1981—2001 年管理学领域被引用排名第 21 位,1981—2004 年被引用排名第 49 位。她在 1996—1999 年间担任 *Academy of Management Journal* 的主编,也是该刊创办以来唯一一位不在美国本土大学任教的主编。这是一位特别致力于培养中国本土后辈的师长,1998年,她在香港科技大学创立了恒隆企业研究中心,先后举办了多期"中国企业管理研究方法培训班",为中国内地培养了几百名组织管理研究学者。

2000年9月,在光华管理学院副院长张维迎教授的邀请下,徐淑英教授来到北京大学进行了为期一年的学术访问,为光华的博士生和硕士生开设管理研究方法课程。当时我正处在从社会心理学向组织管理研究转型的困惑期,经常向徐老师请教。她非常热心地指导我们这些青年教员,并想办法为我们多提供机会,例如前述的进入香港科技大学的"中国企业管理研究方法培训班"、参加美国管理学年会中的青年学者发展营,等等。从2002年开始,徐老师作为特聘教授每年定期到访光华管理学院,并给硕士生和博士生们上研究方法的课。她工作非常投入,从早到晚都不离开办公室。2003年北京爆发"非典",光华一度停课,当时接受邀请来光华任教的海外教授纷纷写信推迟一年到访,而徐老师为了完成预先安排好的课程,如期在5月底来到光华,直到7月初完成全部教学任务后才离开北京。徐老师在正式受聘光华之后,着手开始有关中国管理研究的全新领域:除了开创IPHD项目,她还创办了中国管理研究国际学会以及学会的英文国际学术期刊《组织管理研究》(*Management and Organization Review*),这个学会和这份刊物目前已经成为凝聚全球中国管理研究领域学者最重要的学术交流平台。

关于徐老师的介绍暂时先到这里。继续前述,我于2002年3月17日结束在凯洛格为期半年的访问回到北京,第二天下午就到光华向徐老师汇报我的巨大收获和受到的冲击。我告诉她,自己感到凯洛格商学院不仅仅有世界一流的MBA和EMBA项目,印象更深的还是那里极高水平的博士生项目。访问期间与我相识的组织管理方向的几位博士生和博士后,进入了诸如哈佛商学院、哥伦比亚商学院以及加州伯克利大学、密歇根大学、多伦多大学等著名大学的商学院任教。相比之下,国内的博士生项目训练强度太小,博士生没有阅读精选出来的经典文献,课堂上还像中学生那样被动地听课,缺乏师生互动和研讨。此外,博士生的待遇太低,奖学金与那些没有攻读博士的同学的薪水相比低了很多,不少人迫于生活的压力,上课之余从事兼职工作赚些外快。由于缺乏高水平的训练,学生在学术动力和能力上都有很大的欠缺,就这样熬完博士三年,有些人毕业之后就去政府机关或者企业工作（尽管他们或许也曾坚定地怀有学术抱负）。

一周之后，当我再见到徐老师时，她竟然说准备向学院申请经费做一个国际标准的管理学博士项目！我不由得又惊又喜。到了4月上旬，徐老师发给我一份她用英文起草的国际博士生项目（International Ph. D. Program）的建议书，提出按照国际标准培养博士生，还特别提到要给这个项目中的博士生提供比当时普通博士生高得多的补贴，以便他们安心读书和做研究。当我把这一章的初稿发给她审阅时，徐老师回顾了她当年休假时在光华管理学院开设的管理研究方法课程。她把这个课程看作IPHD项目的"序曲"。她发现那时光华的硕士生和博士生就已经能够适应她的全英文授课。她在香港科技大学和美国的几所大学都给博士生开设过这门课，每次课或者每个话题通常有六到七篇阅读文献。她让光华的学生阅读两到三篇。当时对于那些学生来说已经很有挑战性了，不过他们还都能够应对，所以徐老师从那时就看到光华管理学院已经具备办一个像美国大学中的博士生项目那样的条件和基础了。这样一个争分夺秒制订出来的方案，受到院方的高度重视，我会永远记住那一天：2002年4月19日下午，光华管理学院召开教员大会，会上正式宣布将实施国际博士生项目，设立组织管理、战略管理和市场营销三个方向。5月13日上午，徐老师召集张维迎、涂平、武常岐等多名资深教授讨论国际博士生项目的具体课程设置，时任副院长的张维迎教授邀请她担任该项目的主任，而徐老师则当场指定我作为她的助理。

根据项目规划，该项目实施全英文授课，并提供比普通博士生高得多的待遇，光华在组织管理、战略管理和市场营销三个专业方向上从此实施普通博士和国际博士双轨制。为了不与普通博士生项目发生冲突，光华还明确规定国际博士生项目不占普通博士生项目的名额，这在当时是颇有远见的。这里简单介绍一下IPHD项目的设计。学生入学后的前两年需要完成相关课程的学习，刚一入学，就会有一到两位教员担任他们的研究导师，帮助他们从一开始就学习如何开展实证研究。第一、第二学年结束时，学生必须要完成一篇学年论文，所有人带着论文参加一个论文展示比赛（poster competition），将论文贴在展板上。多位教员听取学生介绍自己的论文，并给予评价和反馈。最终从组织管理、战略管理和市场营销方向上各评出一位获奖者，学院为获奖者提供一定数量的奖金。完成两年的课程学习之后，学生参加一个为期两天的综合考试（包括笔试和面试),通过综合考试之后成为博士候选人。读者可以从本书作者的随笔中了解到IPHD项目的具体运作以及他们的体会。

从2002年5月底开始,我便根据徐老师的计划书撰写具体的项目规划,6月下旬与徐老师讨论项目的招生宣传工作。我们需要在7月上旬将广告文本交给设计公司,7月下旬印刷出来寄往我们选定的院校。这些工作主要由我来承担,作为一个年轻教员,教学任务非常繁重,同时,正如我在前文中所说的,我在研究上也存在困惑和极大的压力。当时学院人手少,机构不如现在这么齐全,资源配置也没有制度化,往往在我上完课后,又被通知去参加这样那样的会议,会议之后还要撰写必要的文案。虽然我对国际博士生项目充满热情和向往,但由于时间和精力上的限制,尤其加上研究上的压力,经常感到心力交瘁。我记得有一次梦见自己到美国进修,周围人的研究做得特别好,而自己却什么成果都没有。醒来时一身冷汗,凌晨又跑到办公室工作。这反映了我那段时间因非常忙碌而无暇顾及研究的焦虑。面对工作上的巨大压力,我给张维迎教授写邮件,请求学院给予资金和人力支持。学院为了缓解我的工作压力,委派在院长办公室负责外事工作的王冬霞女士帮助我开展工作,给了我很大的支持。7月1日下午,经我牵线,Keith Murnighan教授来光华给EMBA学员授课,晚上偕夫人出席了徐淑英教授主持的工作晚宴,席间大家均认为国际博士生项目对于光华将来培养学界精英至关重要。在那次晚宴中,大家一致建议将项目名称简称为IPHD,从此光华就多了一个独特的博士生项目名称,并且很快在学院内传开。Keith答应将来给这个项目的学生上课,两年后他的确又来学院给IPHD项目的学生做讲座了。

对于IPHD项目这样一个新鲜事物,光华的领导们非常支持。时任院长厉以宁教授特别关注到这个项目的学制:如果属于硕博连读,就应该是五年;而如果仅仅是博士,在北京大学则是三年制,但我们当时定为四年制。我于是又去咨询时任副院长并主管本硕博项目的朱善利教授。他觉得由于申报IPHD项目的学生可能是本科起点,因此至少需要四年才能完成博士阶段的学习,建议学制定为四年,延期毕业的费用则由学生自理。由于这个项目的申请者可以是本科生,也可以是硕士生,那么学生入学考试时究竟参加硕士还是博士的考试呢?我又去求助朱善利教授和负责硕博项目的教务人员,最终学院与北京大学研究生院商议后决定实施双轨制,即本科起点的申请人参加硕士入学考试,硕士起点的申请人参加博士考试,录取后都以博士生的名义培养。北京大学的博士生学制三年,这些学生可延长一年。本科生起点进来的学生属于硕博连读,学制则是五年。经过这番细致的人性化和学术规范处理,使得项目既符合北京大学的规定,又体现了国际博士生项目的要求。最终,IPHD项目第一届录取的七名学生中,既有本科起点参加硕士统考的,也有硕士起点参加博士统考的,还有从本科面试推荐的。我与王冬霞在7月底将IPHD项目的小册子定稿付印。8月上旬,光华管理学院信息技术中心的负责人吴安及其团队帮助制作了IPHD项目的网页。10月上旬,我们又印出IPHD项目的海报,便于更大范围的张贴和发放。我们安排将IPHD项目的手册和海报寄往若干所商学院,并附上院长厉以宁教授的亲笔签名信,详细阐述了光华创办IPHD项目的意图,诚邀各个商学院推荐学生报考这个项目。我又安排组织和人力资源方向的在读硕士生们在北京和上海的几所高校张贴海报。今天回过头来看,北京大学相关领导和同事、光华管理学院的领导们、行政系统的同事们以及参与的学生们给予了极其慷慨而高效的支持。大家都怀着美好的愿望和激情,希望学院培养出学术卓越的学生,扩大在学术界的影响力。

为了让尽可能多的潜在候选人了解该项目,我们还仿照我在前面提及的加州伯克利大学心理学系的开放日,于11月29日在光华管理学院举行了首次招生信息发布会(information session)。我介绍了IPHD项目的由来、目标、课程设计、教授阵容以及报考程序等,有一批学生当场表示了强烈的兴趣。12月中旬,徐淑英教授与我共同面试了由秀军,她从此成为IPHD项目的高级行政主管。一个小的花絮是,面试结束后我们让小由提出她希望的薪酬,她提出的数额比我们预期中低了很多。由于这个项目是全英文授课,将有大量外国教授前来,学生在初期会很难适应,作为该项目的行政负责人,可以想象她的工作量将会有多大。最终我们决定提供给她远高于她预期的薪酬。这也显示出当年光华创办IPHD项目的决心:不只是找到最好的师资和学生,更要不惜成本保证每个岗位上的人都是合适的人。

自2003年3月开始,我们陆续面试了IPHD项目的申请人。我们当时要求学生英文很好,有TOEFL或者GRE成绩者优先。可想而知,适合这个要求的

第1章 见证卓越，亲历变化

人选并不多。在选择学生时，我们特别注重考查学生对于研究的兴趣以及从事研究的潜力。我们给学生提供一篇顶级期刊上的论文，让他们单独阅读一个小时，之后至少两位教员用英文与其讨论这篇论文，顺便了解这个学生过去的学习情况、未来的打算等，对个人优缺点进行评估，尤其看重候选人的学术动机和学术志向。当时有曾在北京大学交换学习的外国留学生申请加入，但该学生在北京大学学习时并没有显示出明确的学术动机，因此我们并没有录取他。有的学生英文和专业素养都不错，可是在面试中却表明毕业后会到企业中去工作，最终也没有被录取。当时光华管理学院的本科生邱静，已经被保送到组织和人力资源系读硕士，她连续三年位居班级第一名，TOEFL 考了 657 分，而 GRE 则考了满分，在校园内被传为佳话。我劝她转到 IPHD 项目中来，她自己也表示有兴趣。于是我立即给涂平教授和徐淑英教授打电话，他们两人也觉得这样的学生适合 IPHD 项目。我立马又通知邱静第二天参加面试。第二天上午，我们安排邱静阅读一篇发表在 *Academy of Management Journal* 上的关于领导力对企业业绩影响的论文，之后，徐淑英教授、孔繁敏教授和我共同与她讨论这篇论文。邱静虽然没有学过组织行为学，但对我们提出的问题却做出了非常到位的回答，英语口语也特别出众。我们觉得这样的学生如果受到好的训练，今后将会成为非常优秀的学者。邱静是 IPHD 项目第一届的学生，目前担任埃森哲（中国）研究部总监，带领团队从事商业趋势方面的研究，工作非常出色。

到了 2003 年 5 月下旬，北京仍是"非典"肆虐的时候，我们基本上完成了第一届学生的录取工作。后来徐老师从香港打电话给我，跟我讨论几个月后首届学生的课程设置和学习要求等。2003 年 9 月 8 日上午 9:00，IPHD 项目开学典礼举行，张维迎教授和前来光华访问的彭凯平教授等纷纷致辞，欢迎首届的七名学生（其中六名是本科起点，一名是硕士起点）。他们入学之后，就开始接受类似美国研究型大学的博士生培养方式。与中国传统的导师制不同，IPHD 项目采取指导委员会制度，鼓励博士生不同学期或学年接受不同教授的指导。尤其重要的是，参与 IPHD 项目的教授，并非局限于传统的"博士生导师"，而是尽可能让学术研究表现活跃的中青年教师参与到培养过程中来。

2003 年秋季，徐老师离开香港科技大学到美国亚利桑那州立大学任教，我们经常通过电话就 IPHD 项目的进展进行沟通。开学后第一周我开始给同学们讲授"管理研究方法"（Seminar on Research Design and Methods in Management），课程是全英文的，互动性很强，对于教员和学生都是一种挑战。为了确保教学达到预期的效果，我准备课程所花的时间比中文课多了不止一倍，而且会在课后听取助教的反馈和建议。我清楚地记得，课程开始刚刚三周，由于采用英文讲授，每周学生们仅这门课上需要阅读的文章和经典的方法论作品就至少上百页，这些大部分都是本科毕业的学生，在本科时期基本上没有接受过研究方法的训练，也很少阅读英文论文或者经典章节，他们感到课程太难，个个情绪低落，有些学生甚至写信希望老师用中文授课。为此，我专门召集学生们见面，教他们如何尽快地阅读一篇论文，如何把握论文的主要论点，并告诉他们只要能够读懂论文就不要太关注文中的英文生词（那时不少学生边阅读论文，边拿着"快易通"查询生词，这样既干扰了对于文章整体立意的理解，阅读速度也慢）。我还专门挑出两篇论文作为示范，引导他们如何快速阅读。沟通的效果立竿见影，学生们很快就能够轻松地阅读英文论文，并抓住文章的要点了。随后的课上，大家越来越积极地参与文献的讨论，课堂氛围迅速热烈起来。此外，我每隔两三周就用中文做一次集中辅导，有时还召集学生一起吃午餐，了解他们学习的进展和困难。

徐老师始终与我保持电话沟通，传授英文教学经验。她是这个项目的发起人、创办人，更是最给力的哺育者。她虽然身在海外，却一直在为IPHD项目工作，包括思考并解决项目运营过程中出现的问题，联络并说服海外教授到光华给IPHD项目授课，等等。例如，第一届IPHD项目开办的那个学期，除了光华的许德音、孔繁敏和我等教授承担不同课程的教学工作，彭凯平教授也在光华访问并给学生们上课。从那个时候开始，光华决定每月为海外来访的教授支付较高的报酬。尽管如此，愿意每年来光华授课几个月的海外教授也还是很少的。在徐老师的建议和光华领导的大力支持下，越来越多的海外知名学者先后来光华给IPHD项目授课，包括陈昭全、陈晓萍、王晓田、赵志裕、康萤仪、罗胜强、谭劲松、邹绍明、陈宇新、Marilynn Brewer、Jay Barney、Jeffery Reuer、Peter Golde等，前来做讲座的海外教授就更多了。徐老师一旦回到光华，就会第一时间召集学生和教员见面，听取师生对于项目的反馈和意见。有时她会到某个教员的课堂上，听取学生个人或者小组报告研究计划，并现场进行评论或者提出建议。

学生接受了高强度的专业训练后,也开始参与国际交流。从 2006 年开始,得益于光华管理学院启动的博士生参加国际学术会议资助计划,IPHD 项目的学生开始参加国际学术会议,现场宣讲论文和做报告。此后,学院进一步支持这些学生到国外访问学习一年,这些学生通过与国际知名教授的合作,完成了高质量的研究,他们得到的训练及其素养获得海外合作教授的高度认可。

硕果:IPHD 项目的成效及影响

光华管理学院的 IPHD 项目通过对博士生进行高强度的学术训练,为其打下了坚实的基础,他们也逐渐在研究上取得了优异的成绩。2008 年夏天,战略方向的博士生曾玉萍赴美国南伊利诺伊大学商学院任教,开创了光华管理学院培养的博士赴海外大学任教的先河,也是中国本土商学院首位博士毕业生赴美国大学任教。曾玉萍在 2016 年成为该校的终身教授。她是在 IPHD 项目创办的前一年进入光华管理学院学习的,她与 IPHD 项目中的博士生们一起学习了很多课程。

曾玉萍接受的培养与国际主流的规范是一致的,也体现了那个时期光华博士生项目的培养理念。她的导师武常岐教授告诉她,博士毕业论文要做前沿的研究,遇到困难要向系里和院里的其他老师请教,如果还有解决不了的问题,还可以请教校外乃至国外的教授。当时她在做论文的过程中,战略管理系的青年教师许德音博士和周长辉博士、商务统计系的王汉生博士,都给过她无私的帮助。进行论文的预答辩和最终答辩时,香港大学的陶志刚教授受邀担任答辩委员会成员。武常岐教授曾说:"导师不可以把学生当作自己的财产,更不应以'老板'自居,让学生成为劳动力;导师最主要的责任某种意义上是为学生服务、引导他们成功,包括论文指导、推荐出国,当然也要严格要求学生。"曾玉萍的博士毕业论文研究的是中国啤酒行业的横向并购,武常岐教授就帮助她去青岛啤酒集团协调调查研究,但也要求她聚焦于学业,不许在外面兼职挣钱。从这里可以看出,光华之所以能够成功兴办 IPHD 项目,是因为大批教授和博士生已经具备了与国际学术界接轨的理念。

曾玉萍为 IPHD 项目的学生以及光华管理学院所有的博士生树立了榜样。

自她之后,从 IPHD 项目中毕业的多位博士先后赴荷兰、澳大利亚、英国、韩国、法国、日本等地的知名大学任教。自 2008 年以来,光华管理学院组织管理、战略管理以及市场营销方向的博士毕业生,在中国著名大学任教的有近 50 位,他们以其优秀的研究和教学表现成为所在商学院的中坚力量。此外,当时在光华攻读学术硕士或者硕博连读的学生,也在 IPHD 项目中接受了训练,他们当中有一批获得去美国名校攻读管理类博士的机会,包括西北大学凯洛格商学院、哥伦比亚大学商学院、多伦多大学商学院、芝加哥大学商学院、哈佛商学院等,这些学生毕业后在美国、欧洲和澳大利亚等地的著名商学院任教,累计也有近二十人。他们的成长直接或间接地受到了 IPHD 项目的影响。

相比国内很多管理学院,光华管理学院管理口的博士和硕士生的规模是比较小的。所以,就实现培养学术人才的目标而言,IPHD 项目所取得的成绩是令人骄傲的。为此,光华管理学院 IPHD 项目被评为 2004 年度北京大学教学成果一等奖,获奖人为徐淑英、涂平、武常岐教授和我。今天看来,这个项目的确取得了丰硕的成果,从项目中走出来的学生已经成为国际和国内管理学研究社区中的活跃成员。从这个意义上说,该项目对于北京大学迈向世界一流大学做出了一定的贡献。

IPHD 项目起到了示范作用。通过总结 IPHD 项目的经验,光华管理学院逐渐在全院所有专业方向上推动高水平的博士生培养模式,采取的新措施包括:加强博士生的数理分析和方法性训练,增加有助于博士生了解学科前沿的专题课,提高博士生的补贴,引导博士生理解学术生涯,培养他们的研究兴趣。为了加大学生赴海外交流的幅度,光华的博士生除了可以申请国家公派留学基金之外,学院还特别设立"博士生长期出国资助"计划,资助优秀学术研究生前往国际知名大学学习和做研究。光华管理学院也率先推行院内选拔博士生导师制度。自 2005 年起,新加入学院的年轻教员,经过两年的教学和研究适应期之后,可以向学院申请独立指导博士生,经过学院的评审即可成为博士生导师。这样做的原因在于:一是新加入的教员都毕业于海外名校,他们是学院精心挑选出来的,精通于某个研究领域;二是让教员和学生双向选择,学生可以选择真正能够给自己提供学术支持和指导的导师,而教员也可以选择对自己领域感兴趣或学术兴趣与自己专长比较契合的学生。2012 年,在北京大学的支持下,光华管理学院博士招生开始实施"申请审核制",从过去以考试为基础的应试选拔机制转向申请审核机制,由教授组成的专家委员会对申请人进行细致的考察,从专业素养、研究潜力、好奇心、思维能力、创新能力、英文水平等多个角度考查学生是否适合在光华攻读博士学位。在新的招生政策下进入光华攻读博士学位的学生们正在顺利成长。

从 IPHD 项目毕业的学生们,不仅在海内外知名大学获得了教职,更形成了有志于学术研究的价值观和人生态度。他们以优秀的研究和教学表现获得了所在机构的高度认可。近几年来,随着中国管理问题越来越受到关注,若干知名国际学术期刊都增设了与中国专题有关的特刊(专刊)。在这些特刊(专刊)中都可以看到光华管理学院 IPHD 项目毕业生的名字。例如,2015 年 *Academy of Management Journal* 关于"东西荟萃:新概念和理论"的专刊上,共刊登了六篇论文,张燕等人的矛盾领导行为论文是其中之一;2017 年 *Organizational Behavior and Human Decision Processes* 关于"利用基于中国现象研究发展理论"的专刊上,共刊登了七篇论文,姚晶晶等关于中国人的信任和秦昕参与的关于中国企业家的信念是其中的两篇;2017 年 *Management and Organization Review* 关于"纪念和发展梁觉的学术研究"的专刊,共刊登了七篇论文,姚晶晶关于文化规范的测量和魏昕参与的关于工作中的冲突回避是其中的两篇。在常规的顶级期刊上,也越来越多地看到光华管理学院 IPHD 项目毕业生的名字。例如,在 2015 年的 *Journal of Applied Psychology* 上,第 100 卷的第 3 期和第 5 期,相继有秦昕和魏昕的论文;更有趣的是,在第 5 期中,除了魏昕的论文,还有她在读光华 IPHD 项目时的同班硕士同学董韫韬的一篇论文。我们的学生正在国际上接龙一般此起彼伏地讲述中国的学术故事。

为了让学者,尤其是青年学者和博士生了解这些优秀学者的成长过程,我们特意选择以主要作者身份在顶级期刊上发表论文的同学,邀请他们回顾论文的创作过程。在本书中的 12 篇随笔中,他们回顾了自己撰写这些论文的过程,读者可以从中体会如何从事高水平的学术研究。此外,各位作者从不同侧面回顾了他们在光华管理学院攻读博士学位期间的经历,读者不仅可以从中更多地了解 IPHD 项目的培养模式,还可以体会到这些优秀的年轻学者是如何在博士学习期间为自己的学术生涯打下坚实基础的。这些年轻的学者们都成功地向国际学术界讲述了中国故事,希望他们的回顾可以启迪中国学术界更多的年轻学者,在世界上讲述更多的中国故事。

第 2 章　回望一段旅程，不忘年少初心

庞　隽

Hean Tat Keh，Jun Pang（2010）. Customer reactions to service separation. *Journal of Marketing*，74（2）：55—70.

编者导言

庞隽是光华管理学院 IPHD 项目兴办以来，第一个在国际顶级期刊上发表论文的学生。不同于本书其他撰写回顾文章的绝大多数作者，庞隽发表这篇论文时博士还没有毕业。在国际顶级期刊上发表论文，评审周期短则一年多，长则三年，还有更长的。如果加上想法的提出、研究设计和实施、论文的撰写和投稿，再加两年也不为过。所以，即便在特别注重高质量发表的美国的很多大学里，博士生在毕业之前就在顶级期刊上发表论文的情况也是极为少见的。高年级博士生在求职演讲(job talk)时论文往往处于投稿前或者评审中的状态。多年来，光华管理学院在招收新教员时，带着已发表的论文前来求职的即将毕业的博士生屈指可数。正因为如此，我们更加看重求职者是否有论文正在高水平学术期刊上接受评审、是否完成了即将投稿的论文，或者了解他们目前正在进行的研究，根据这些信息评判前来申请教职者的研究潜力。记得当年光华管理学院的师生得知庞隽在顶级期刊上发表论文时，都非常惊讶。其重要原因就在于论文在顶

级期刊上发表的难度,以及博士生毕业前就发表论文的速度。此外,根据庞隽攻读博士期间的论文导师郭贤达教授的说法,这篇论文是中国内地高校的学者在没有海外合作者的情况下第一次在 *Journal of Marketing* 上发表论文。因此,庞隽创造了两个纪录。

IPHD 项目中的很多课程采用研讨方式进行,光华管理学院的教员和海外的教员让学生大量阅读发表在英文顶级期刊上的论文,以开阔学生的视野,培养他们独立思考的能力,并启迪他们找到有潜力的研究方向。庞隽在郭贤达教授的研讨课上听到"服务可分离性"的想法,进而对此产生了兴趣。正如她自己所说,她很早就希望能够像所研读的那些文章的作者一样,在国际顶级期刊上发表论文。显然,这个梦想引导她与郭贤达教授就服务可分离性开展了合作。由于她在刚刚进入硕博连读项目学习阶段就开始了这个研究,所以才能够在博士尚未毕业时就在顶级期刊上发表论文。

在庞隽的这篇回顾文章中,她强调了研究思想的重要性。显然,他们的这篇论文最终能够被接受也是因为其原创的思想打动了主编和评审人。他们的研究对于服务可分离性做出了显著的理论贡献,发表至今已经在谷歌学术(Google Scholar)上被引用了 122 次。此外,她所分享的关于学术论文写作的经验,对于如何巧妙地阐述一个学术想法,以便让读者感兴趣或者说服读者,都是非常有启发的。

由于这篇论文发表的时间太久,我们没能请到接受论文的主编撰写评论,不过我们邀请到庞隽的合作者,也是他的论文导师郭贤达教授回顾了与这篇论文相关的经历,从中可以了解到庞隽在博士学习阶段表现出的"先知先觉"。

序曲

接到张志学老师的电话是几个月前在出租车上。电话里张老师说学院正在策划一本书,邀请我们每人写一篇短文回忆当年发表高水平论文的经历和感受,以此回顾和展现光华管理学院的 IPHD 项目在培养优秀青年学者方面的成功经验与点滴成就。我有幸被选中,将在书中分享当年我和我的导师郭贤达教授在 *Journal of Marketing* 上发表论文的体会。

挂掉电话,我努力地试图回忆起那篇论文发表的前后经过,却发现自己都快记不起论文发表的确切时间,更不用提论文从诞生,历经几番修改,到最后被接受的经过和细节了。对此我颇有些懊恼。毕竟对博士生而言发表学术生涯中的第一篇高水平论文是一件相当值得庆贺的事情;它曾给我带来无限荣耀,也在我后来的求职过程中发挥了关键的作用。但此时此刻,我对这位"功臣"却已经记忆模糊了。这也许在一定程度上印证了心理学中关于情绪体验的"焦点效应":我们总是倾向于高估某一事件将给自己带来的情绪体验。但是当事件真正发生的时候,我们才发现自己并没有感受到预想中那么强烈的情绪。其中一个重要的原因是,当我们在预估某一事件所能带来的情绪体验时,我们将全部的注意力集中在这一事件上。但是当目标事件真正发生的时候,我们的注意力却被分散在很多其他事件上,从而导致所感受到的情绪体验也随之减弱。我相信每一个博士生在想象自己的论文被国际一流期刊接受的那一瞬间都是欣喜若狂的,但是当那一刻真正来临时也许更多的是如释重负。多年以后,那篇论文的发表经历早已被淹没在我日常繁忙的工作和生活中,直到接到张老师的那个电话。

感谢张老师的电话!它让我端坐在电脑前,重新点开了那个修改日期停留在2009年9月的文件夹。我将所有文件按时间排序,然后从2006年12月的第一个文件开始,一点点重拾记忆,并记录下自己从那篇论文中获得的点滴感悟。

论文的前世今生

我和郭老师的这篇论文讨论了服务的可分离性对消费行为的影响。传统的服务营销理论指出,服务具有无形性、异质性、不可分离性和不可储存性。这四大特性将服务与产品区分开来,并指导服务营销的实践工作。在这四大特性中,不可分离性是指与产品先生产后消费的模式不同,服务的生产和消费过程往往是同时进行的。消费者出现在服务现场,并通过与服务人员的互动,共同完成服务的消费和生产过程。我们的研究提出,随着现代化服务模式的兴起,生产与服务的不可分离性不再是定义服务的一个重要特性,很多服务的生产和消费过程可以在时间(比如银行通过自动柜员机提供的金融服务)或者空间维度(比如银行通过电话银行提供的金融服务)上相分离。

第2章 回望一段旅程，不忘年少初心

服务可分离性的思想最早由郭老师提出。在我们认识之前，郭老师已经独立完成了一篇相关的论文并先后向 *Journal of Service Research* 和 *Journal of Marketing* 投稿。可惜两次投稿均以失败告终。尽管如此，郭老师仍然对这一想法情有独钟，在给我们博士生的一次研讨课上跟我们分享了他的研究。记得当时是 2006 年下半年，我刚从光华的硕博连读项目中的硕士转为一年级博士（IPHD 项目），郭老师是我的指导老师，是一位会说和读中文但不会写的马来西亚华裔，之前在新加坡国立大学工作。也许跟我在北大长时间的学习生活有关（本科四年加上硕士两年），我喜欢打破传统、挑战权威。在生活中这并不是什么招人喜欢的性格，但对学术研究而言拥有这样的性格似乎也并不是一件坏事。我对郭老师的这个想法产生了浓厚的兴趣，因为它挑战了服务营销的传统理论模型，回应了现实生活中服务模式不断创新的趋势，并有助于营销管理者从一个新的视角去思考什么是服务、服务和产品的本质区别究竟在哪里，以及如何针对服务的特性提升服务营销的效果。于是我找到郭老师表示愿意和他一起把这个研究项目继续做下去，合作的序幕就此拉开。

我们将原来的研究推倒重来，从研究问题到理论模型再到研究方法，一切从零开始。完成论文之后，我们先把它投到 *Journal of Marketing Research*，结果再次无情被拒。但是，这次的反馈意见比郭老师之前两次投稿的反馈意见更加积极。评审人肯定了我们的研究问题的价值和潜力，这让我们倍感兴奋，感觉黑暗中出现了一线曙光。接下来又是大量的修改工作，完成后我们把新论文投到 *Journal of Marketing*，最终在 2009 年 9 月收到他们的录用邮件，此时我刚结束在美国纽约大学斯特恩商学院为期一年的学习回到北京。论文正式见刊于 2010 年 3 月，并于 2011 年获得 AMA SERVSIG 最佳服务营销论文二等奖。

回顾从项目开始到论文最终被接受的近三年时间，部分工作的细节已经记忆模糊，但一些体会和感受却随着文件一个个被打开而在我脑海中逐渐清晰起来。我相信，这些时隔多年仍能被重新激活的记忆，对我当时以及后来的研究工作产生了重要的影响。接下来，我将试着对它们一一进行梳理，并分享给读者。

点滴感悟

梦想还是要有的，因为它可以让你走得更远

我脑海中浮现出的第一个片段，大约是在2006年郭老师的某次研讨课的课间。那是一个非常普通的课间休息，却在几年之后对我的学术生涯产生了深远的影响。研讨课的日常活动就是学生在课前预先阅读四五篇发表在顶级国际期刊上的论文，然后在课堂上对论文的优缺点和未来可拓展的方向进行深入探讨。课间郭老师跟大家聊天，我开玩笑说自己最大的梦想就是在国际A类期刊上发表一篇论文，然后赶紧强调"但这只能叫梦想，不能叫理想或者目标，因为估计也就只有做梦的时候才能实现"。教室里哄堂大笑。客观地说，当时国内在营销领域的学术研究水平与国际（以北美为主）前沿研究水平相比仍有较大的差距，国内学者在国际A类期刊上发表论文的寥寥无几。光华管理学院开创的IPHD项目作为国内第一个国际化的博士生项目，试图通过聘请国外优秀的学者来华授课，以及采用全英文教材和课堂讨论的授课方式，培养具有国际化视野、能与国际前沿研究接轨的高水平的青年学者，并通过这些年轻的力量逐渐缩短与国外一流商学院在研究水平上的差距。尽管目标远大，但当时项目才刚刚起步。

对大多数博士生而言，在国际A类期刊上发表论文是一个可望而不可即的目标。作为进入这个项目才几个月的一年级博士生，我刚开始接触学术研究，对那些在顶级期刊上发表论文的大师自然无比崇拜。他们的研究对我而言如若远在天边的灿星，只能在每周的阅读任务中细细品味其中的精妙，却不敢奢望自己有一天也能写出这样高水平的论文。所以，我当笑话讲，同学们当笑话听。不过作为老师，郭老师还是表示了鼓励，大意是有这样的梦想是好事，不想在国际A类期刊上发表论文的博士生不是好博士生。短短的课间休息在轻松愉快的聊天中很快过去，但是在国际顶级期刊上发表一篇论文的想法却悄悄在我心里埋下了种子。尽管当时我并未把它作为一个明确的奋斗目标，但自信和骄傲的个性还是为这颗种子准备了肥沃的土壤，希望有一天它能够生根发芽。

不久之后，我和郭老师就开始了关于服务可分离性的研究。我们在一年半

的时间内先后完成了一个定性研究、两个实验和一个市场调查,并在把论文初稿来回修改了 13 遍之后,于 2008 年 4 月将论文投到营销领域的 A 类期刊 *Journal of Marketing Research*(JMR)。我信心满满地将这视为自己迈向在 A 类期刊上发表论文的第一步,并幻想着很快就能迈出第二步、第三步。可惜,再美妙的梦想也敌不过骨感的现实。两个月的评审期过去了,主编的邮件如期而至。我怀着忐忑的心情打开,眼睛立刻捕捉到最关键的一句话 "Accordingly, I'm rejecting this paper"(因此我拒绝了这篇论文)。这个结果既在预想之外,又在意料之中。毕竟在自信和骄傲之外,我还是一个十分理性的人,对任何事情总会期待最好的结局,同时准备最坏的结局。读完主编的邮件和三位评审人以及一位副主编的反馈意见,我意识到主编在拒绝邮件里的措辞已是万分温柔。在反馈意见里,我们的论文从研究意义到理论模型再到研究方法都被批得一无是处,我的心情也随之经历了从失望到愤怒,进而到羞愧,最后到茫然的复杂过程。我迈向在 A 类期刊上发表论文的步伐就这样在两个月后戛然而止。

之后我便和郭老师反复讨论这个研究将何去何从。在我们面前有两条路。第一条可谓是捷径:尽我们最大的努力逐一解决 JMR 评审人提出的问题,然后把论文投向一个 B 类期刊,成功的概率超过五成。第二条是荆棘之路:结合评审人的反馈意见,重做部分研究,在修改论文之后投向另一个 A 类期刊 *Journal of Marketing*,成功的概率不到五成。毋庸置疑,第一条捷径对我而言具有无比的诱惑。毕竟当年对国内博士生而言在国际 B 类期刊上发表论文已实属罕见,而且这样的选择意味着更少的付出、更大的胜算,"性价比"很是诱人。然而此时,在课间的一个玩笑中埋下的种子却已经不知不觉地在我心中生根发芽。我发现自己并不甘心就这样放弃在顶级期刊上发表论文的梦想。而且,两年的博士训练早已激发出我强烈的批判精神。凭着初生牛犊不怕虎的劲头,我认为评审人的意见并不完全正确(尽管他们是我所仰望的学术"大牛")。在郭老师的鼓励和支持下,我们最终选择了那条荆棘之路,并一路披荆斩棘,坚持到了最后。

回望这一段经历,我无比庆幸当时做了正确的选择。在这个选择的背后,是我对在顶级期刊上发表论文的向往。最初,这种向往只是源于自己的骄傲和自信,直到后来我在美国纽约大学学习,跟那边的合作者 Durairaj Maheswaran 讨论投稿策略时,Mahesh 跟我说:"为什么要在二流期刊上发表论文?这样的发表不会为你的简历增光添彩，反而会成为污点。它们会向外界传递一个信号——你甘于做低质量的研究。如果你想在学术上有所成就，这可不是什么积极的信号。"那句话如醍醐灌顶，让当初那颗梦想的种子在瞬间抽枝发芽。从此，我将自己在学术道路上的目标设定为尽自己最大的努力去做最高质量的研究，只向一流期刊投稿，以此与在学术金字塔顶端的学者进行思想的交流与碰撞。在毕业之后，我依然朝着这个目标努力。尽管这意味着我需要付出极大的勇气去接受自己在很长一段时间内产出不高，没有论文发表的事实，去应对学校、学院对研究成果数量的考核压力，去说服自己不急于完成职称评定，应该为自己规划可持续发展的未来并为此做好充分的准备，哪怕必须牺牲短期利益。直到现在，我依然不是一位高产的学者；在毕业后的很多年里我依然像一位博士生那样在不断地学习和积累。但是我内心却无比充实和愉悦，因为我看到自己正在朝那个目标一步一步踏实前进。十年前，那颗梦想的种子让我放弃了捷径，在一条荆棘之路上艰难前行但最终收获成功。十年后的今天，它已成为我明确的目标，引导我在一条充满艰辛但更为长远的道路上奋斗，并已依稀看到前面的曙光。

思想比方法更重要，因为它决定了一个研究的高度

在开始写这篇短文之前，我再一次打开论文，把它从头到尾认认真真地看了一遍。这次阅读，距离上一次已经快十年了。事实上，论文在见刊之后我再也没有读过。一是因为经过无数遍的修改之后，对论文早就从最初的敝帚自珍变成后来的眼不见心不烦，实无半点兴趣和耐心再重读一遍。二是因为经历了坎坷的评审过程之后，自己对论文的缺点了如指掌。即便论文最后成功发表，心里依然觉得它尚有很多不足之处，因此多少有点不敢再看。时隔多年，现在的我终于可以站在一个旁观者的立场重新审视这篇论文，并冷静地分析它的优缺点。看完之后，我最大的感受是这篇论文胜在思想而不在方法。在方法上，我们的论文包含了一个定性研究和两个实验研究。前者为我们的研究问题提供了初步的答案并为我们建立的理论模型提供了支持；后者用于正式检验我们的研究假设。当时我才刚开始学习实证研究方法，无论是定性研究还是实验研究都处于学习阶段，并没有太多的经验。在论文里，我们的研究设计中规中矩、科学严谨，但也没有任何闪光之处。真正的制胜关键是我们的思想，即研究问题。

在当时的服务营销领域，不可分离性一直被视为区分服务和产品的四大关键属性之一。尽管科学技术的发展不断带来服务模式的创新，在日常生活中像自动柜员机和电话银行这样的可分离式服务早已普及，但是服务营销领域的学者并未开始系统探讨分离式服务和不分离式服务的优缺点。我们的研究首次对服务的不可分离性进行深入探讨，并从时间和空间两个维度定义服务的可分离性。之后，我们又从消费者的角度研究分离式服务的优点（增强便利性）和缺点（增强风险感），并讨论这些优缺点在不同服务类型中的变化。因此，从理论上看我们的研究直接挑战了服务的传统定义，提出服务可分离性的观点，并考察了服务的可分离性对消费者的影响。从现实意义上看，现实生活中的很多服务（如金融服务、教育服务等）既可以通过不分离模式也可以通过分离模式传递给消费者。我们的研究告诉服务营销管理人员，他们应该根据服务类型考虑两种服务模式的相对利弊，然后决定以何种模式向消费者传递服务，以最大限度地提升消费者的满意度。正因为我们的研究问题具有足够的理论贡献和现实意义，所以即便我们的研究方法平淡无奇，研究结果也没有出乎意料的惊喜，但论文仍然受到了评审人和主编的肯定。

这一感受在我重温这篇论文的评审意见时得到了印证。事实上，从第一轮审稿开始一位评审人就对我们的研究方法提出了诸多质疑，并建议拒绝。但主编在参考两位评审人的意见并在自己通读论文之后认为我们的研究问题有足够的新意和潜力，因此给了我们修改（风险较大的修改）的机会。在第二轮审稿中，那位评审人依然没有改变想法，建议拒绝。但是另一位评审人和主编再次给了我们一个修改的机会，尽管那还是一个风险较大的修改机会。但我们已经意识到这篇论文的最大价值即在于思想。主编和另一位评审人始终认为我们提出了有价值的研究问题，且理论模型综合考虑了分离式服务的利与弊，因此一再给我们机会让我们尽量弥补方法上的不足。想明白了这一点，我们在第二轮的修改中就有了明确的目标。除了尽量按照评审意见改进研究方法，我们在论文中还用了更多的篇幅来讨论研究问题的创新性和必要性，以此强化论文的学术价值和现实意义。最终，我们的努力赢得了主编的肯定。在第三轮评审之后论文被有条件地接受，并在再次修改研究方法中的一些问题之后很快获得了正式的录用邮件。

回顾这一段历程,我再次意识到,对一个研究而言,思想有多远,我们就能走多远。这并不是说方法不重要。方法很重要,没有方法的支撑,再好的思想也只能飘在空中无法落地。它永远只是一个想法,而不会变成一篇论文。但是思想和方法,是道与术的关系,是灵魂与皮囊的关系。前者直接决定了你的目的地在哪儿,也就是你的研究最终能做到什么水平,你的论文最高能够刊登在什么期刊上。后者则决定了你该如何走向这一目的地,有人走得轻松,有人走得艰难,但我们总能想到办法让自己朝着那个目的地前进。它是工具,能锦上添花,却不能雪中送炭。一个没有思想的研究,就像一个没有灵魂的皮囊。哪怕皮囊再好看,只要有人拨开这身皮囊,就会发现里面空无一物。

思想的重要性,在我后来的研究工作中不断地被强化。投稿的时候,一个好的研究问题往往能赢得评审人和主编的欣赏,哪怕研究方法上有所不足,只要不是严重失误,他们仍然愿意给一个修改的机会。有些善意的评审人还会直接给出关于如何改进研究方法的具体建议。但是,一个不够好的研究问题却是致命的。一句"没有足够的理论贡献",或者"研究问题缺乏新意",就足以让评审人拒掉一篇论文。有的评审人在批判研究问题之后甚至不愿再对研究方法进行过多的讨论。因为在他们看来,指出的问题已然致命,无论后面的方法用得多漂亮,都难以挽回。思想的重要性在与他人合作时也有诸多体现。一个好的研究问题是最好的黏合剂。它能让你迅速找到对这个问题有共同兴趣的合作伙伴,并往往能让你成为项目的主导者和论文的核心作者,因为你的价值无可替代。毕业后,我的研究方向逐渐转向消费者行为,擅长的方法是行为实验。但是,我有几个项目却是采用定量模型的方法,虽然我对此一窍不通。项目的缘起,恰恰是因为我有一些研究想法,却发现很难用行为实验的方法解决,怎么办?于是试着向模型方向的同行去兜售自己的想法,得到他们的认可之后,我们就开始了合作:我出思想和理论,他们出方法和数据。于是,我很"不务正业"地做了几个定量模型的研究,觉得十分有趣。

坚持思想的重要性对我的科研工作产生了深远的影响。首先,在时间和精力有限的情况下,研究问题的质量无疑是我挑选研究项目首要也是最重要的标准。找到一个研究问题很容易,但是找到一个好的研究问题却很难。在确定一个问题具有足够的研究价值之前,我不会轻易动手。因为任何一个项目的开始都意味着巨大的机会成本。如此宝贵的时间和精力,为什么要一开始就浪费在注定不可能走得太远的研究项目上呢?其次,我不再固守传统的实验方法。没有了方法上的约束,我的研究视野豁然开朗。只要有好的研究想法,我都愿意去尝试。如果自己所擅长的研究方法不能解决问题,我便去寻找擅长所需方法的学者一起合作。事实上,好的研究想法总是很容易吸引到志同道合的合作者。尽管到今天我依然对定量模型的方法一窍不通,但这并不妨碍我通过兜售自己的思想实现跨领域的合作,并从中获益匪浅。

勤于写作,因为高超的写作技巧能让你的研究事半功倍

重温这篇论文之后的另一个感受,就是心中不由地感慨:作者真能写!原谅我的自吹自擂和背后小小的得意,但这样的得意多少是有底气的。因为后来我和不同的学者合作,写作水平经常受到对方的称赞,投稿的论文也时常会收到"The paper is well written"(论文写得不错),"I really enjoy reading this paper"(阅读论文的过程让我很享受)之类的评审意见。这也许得益于我的文科背景和曾经的文青经历。可能是受家庭的影响,从小我就喜欢阅读和写作。从小学开始,我的作文就经常被作为范文在班上朗读,也曾在当地的报纸上发表过豆腐块文章。这一技能使我的语文成绩一直遥遥领先,并一直保持到了高考阶段,并最终助我顺利考入北大。

在刚开始做研究的时候,我并未意识到写作技能跟学术研究会有多大的关系。虽然学术成果的常见形式也是文章(论文),但在我的印象里毕竟一个是风花雪月,一个是学术八股,实在是八竿子打不着的关系。第一次隐隐感觉到写作技能的重要性,是在研讨课上阅读大量文献之后,我发现即便都是八股,有的论文行云流水,阅读过程让人兴趣盎然,颇为享受;而有的论文却晦涩难懂,枯燥无味,必须停停歇歇才能坚持看到最后。只是当时的我并未完全掌握评判论文水平高低的标准,还觉得晦涩难懂的论文方能彰显作者思想的深奥与精妙,非凡人所能轻易理解的研究才是高水平的研究。幸好,这一愚蠢的想法并没有存活很久,就很快在各种研讨课上被老师纠正了过来。那时我才深知学术论文并不等于枯燥无味,写作技巧高超的学者可以通过通俗易懂但又科学严谨的语言,把一个博大精深的思想阐述得深入浅出、淋漓尽致,并通过合理而巧妙的逻辑布局让论文引人入胜:读者往往读了开头便兴趣盎然,然后一气呵成看到最后,合上论文时已然对作者的思想和研究结果心悦诚服。而且,恰恰因为学术论文所要求的科学性和严谨性限制了作者发挥的余地,所以能在有限的发挥空间里妙笔生花才能真正体现出作者高超的写作技巧。

在完成想法建构、研究实施以及数据分析之后,我和郭老师的研究项目也到了写作阶段,作为博士生自然由我来撰写初稿。直到那时,我才第一次切身体会到写作在学术研究中的重要性。首先,同样的研究问题可以从不同的角度切入,而切入的角度往往决定了研究贡献的大小。这听起来也许有点不可思议,因为照理说研究问题本身才是决定贡献大小的关键因素。但事实上,选择合适的角度切入的确可以起到鬼斧神工的效果。举一个最简单的例子,假如一个研究考察了变量 A 对变量 B 的影响,我们在论文中提出此研究问题时,既可以说本研究想探讨变量 A 的一个新的结果变量,也可以说本研究想探讨变量 B 的一个新的影响因素。两种说法都没有错,但前一种是从变量 A 的文献切入,而后一种则是从变量 B 的文献切入。哪一个切入角度让论文的理论贡献更加显著?这取决于 A、B 两个领域的研究现状。这就是写作技巧的精妙之处。记得当时我写了无数个版本的引言,尝试从不同的角度提出我们的研究问题,然后细细比较究竟从哪个角度看我们的研究贡献最大。后来有了更多的研究经验之后,我知道这个过程还有一个通俗易懂的叫法——"讲故事"。的确,写论文就像是讲故事,我们把一个研究从问题的提出到最终解决的经过娓娓道来。故事讲得有趣,读者才愿意听下去,你的论文才有机会被人看到并被欣赏。所以说,论文写作的一个技巧是要学会讲故事。

其次,同样的研究假设可以采用不同的逻辑进行推理。有的逻辑让读者心悦诚服,有的逻辑则让读者疑窦丛生,并因此质疑你所提出假设的合理性。初学者经常犯一个错误:因为对自己的研究和相关领域十分熟悉,所以会不自觉地认为有些逻辑理所当然,无须多言。结果往往是评审人觉得你的推理过程思维跳跃,逻辑不够严密。我仔细看了当时我和郭老师在来回修改时的不同版本的论文,发现在早期的版本中郭老师经常留下"Why so? Clarify it"(为什么是这样?进一步阐述清楚),"Please elaborate on this point a little more"(请对这部分稍加解释)这样的批注。现在回过头去再看,这就是新手常犯的错误:把读者理所当然地视为对这个研究和相关领域十分熟悉的人,就像自己一样。所以认为只要自己能读懂,读者就能读懂。殊不知,在审稿过程中,尽管期刊主编会尽量寻找相关研究领域的专家对论文进行评审,但研究领域细分起来何止百千,你无法保证每一位评审人恰巧都是同一个细分领域的专家,且能对你的思想心领神会。至于论文发表之后,你更不能假设所有的读者都对相关的研究领域了如指掌。所以,我们在写作时需跳出以自我为中心的思维惯性,站在读者的角度审视推理过程,判断逻辑是否严密、假设是否合理。所以说,论文写作的另一个技巧是要学会讲道理。

论文写作的技巧还有很多,在这里我只强调其中比较重要的两点——讲故事和讲道理。也许有人会说,写作技巧的确能让研究事倍功半,但这得益于你天生就擅长写作。我在前面回忆了自己小时候的写作经历,并不是为了炫耀自己与生俱来的写作技巧。恰恰相反,通过这段回忆我想说的是,写作训练是一个日积月累的漫长过程。只有勤于练习,你才会慢慢地感受到自己写作水平的提高。小时候的我勤于阅读只是出于对文学的热爱,勤于写作也只是为了表达,从未刻意练习所谓的技巧。但是慢慢地,我对文字越来越敏感,阅读时能逐渐体会到不同表达方式所带来的不同阅读体验,并因此在写作时开始用心选择措辞和表达方式,翻来覆去地比较、选择,并试着站在读者的角度来评判自己的表达是否流畅、准确以及引人入胜。这是一个潜移默化的过程。不知道经过了多少年我才意识到自己似乎很擅长写作,但我相信这一定是一个漫长的积累过程,不可能一蹴而就。

于我而言,学术论文只是另一种文体,与小时候写的小说、散文有异曲同工之妙。尽管一开始我并没有意识到这一点,也犯了新手常犯的错误。但是在收到郭老师的几次修改意见后,我很快意识到这是写作技巧的问题。于是,我抛弃了论文就是学术八股的想法,开始试着在有限的发挥空间里尽量把文章写得漂亮。慢慢地,之前养成的写作习惯在不知不觉中恢复过来,我开始在写论文的时候思考措辞和表达方式,开始顾及读者的感受并努力站在对方的立场审视自己的论文。在后来的整个评审过程中,我们对这篇论文前前后后修改了几十遍。尽管过程辛苦,但我却对学术论文的写作越来越有感觉,并能明显感觉到自己的进步。直到今天,我依然保持着勤于写作的习惯。在与其他学者合作时,我会主动要求完成论文初稿的撰写。在与学生合作时,尽管学生会完成初稿,但每一篇论文我都会细心修改,也常常会在对学生的写作不满的情况下直接重写。我相信写作能力是一种技巧,勤加练习必会有所收获。尽管这个过程无比漫长,但是高水平的写作的确可以给我们的研究锦上添花,并改变人们对学术论文晦涩枯燥的刻板印象,让阅读学术论文变为一场有趣的智力游戏。

回望 IPHD

如果说考上北大是我学习生涯中第一件令人骄傲的事,那么加入光华管理学院的 IPHD 项目则是仅次于它的第二件。直到今天,我在各种履历表中里填写教育背景时都会不厌其烦地写明这是一个国际博士生项目,以区别于普通的博士生项目。我人生中第一篇发表在国际顶级期刊上的论文就是在我作为 IPHD 项目的在读博士时发表的,所以在结束本文之前,我想最后再跟大家分享一些关于 IPHD 项目的感受。其实这些感受更多的是我在毕业之后才逐渐体会到的。还未毕业时我以学生的身份身在其中,并未识得庐山真面目。毕业后,我刚入职中国人民大学商学院就参与了营销系的博士项目改革,现在自己也开始带博士生做研究。站在一位老师和一个旁观者的角度,我才逐渐体会到这个项目的意义和深远影响。

从字面意义上理解,IPHD 项目区别于普通博士生项目的最大特点就是"I",即所谓的国际化(international)。在我看来,它主要体现在以下几个方面:

首先是国际化师资。当时项目的主要授课老师都有海外留学的背景。他们学成归国,教会我们最前沿的研究方法并跟我们分享最前沿的学术成果。尽管那时我们还没有能力做出高水平的研究,但是知道什么是高水平的研究同样重要,因为它提高了我们对论文的鉴赏能力,并因此导致我们常常对自己的论文有诸多不满。这种不满恰恰成为我们不断努力的动力源泉。

其次是国际化教学,包括阅读英文论文和用英文进行课堂讨论。说实话,作为学生,我们一开始对此颇有微词。如果说阅读英文论文尚能理解(因为当时国际一流水平的论文主要发表在英文期刊上),那么我们对用英文进行课堂讨论多多少少是有抵触情绪的。毕竟当时同学们的英语水平,尤其是口语水平,都比较一般。英文讨论在一定程度上抑制了我们表达想法的意愿,也降低了沟通效率,课堂上的冷场时有发生。这时老师往往会使出点名回答问题的杀手锏,未被点到的同学则一边暗自庆幸,一边无限同情地看着被点到的同学结结巴巴地说着英文。这样的日子过了两年,我和郭老师以及营销系的另外一位老师——彭泗清老师合作的一篇论文被美国的 Society of Consumer Psychology 年会接受,我第一次独自一人参加国际学术会议。记得当时我战战兢兢地走进会场,害怕自己听不懂英文报告,也害怕自己不知道该如何跟外国同行交流。但事实证明,这些害怕完全是多余的。我听懂了会上报告的所有论文,在茶歇时跟外国同行聊得热火朝天,甚至还在一个报告中举手提问并与报告者辩论了一番。直到那个时候,我才意识到在过去的这两年时间里自己的英语水平有多大的进步。这种进步是潜移默化的,它悄悄潜伏在令我们痛苦万分的每一节课里,却在关键的时候给了我自信和勇气。

更重要的是,我逐渐养成了用英文思考的习惯。无论是阅读他人的论文,还是构思自己的研究,我的脑海里总是直接蹦出英文而不再是中文。尽管这样的英文可能存在语法错误或者表达得不够地道,但它让我能够更加直观地理解论文作者的思想(不再需要先把它翻译成中文),也方便我最终把自己的研究成果转变成英文论文,这对于提升英文写作水平大有裨益。现在,我自己也成了博士生导师。虽然目前我们学院并未要求对博士生进行英文授课,但我总是要求自己的博士生从一年级开始就用英文给我写邮件讨论研究,并要求高年级的博士生在组会上用英文汇报自己的论文并进行讨论,以此培养他们用英文思考的习惯。

最后是国际化训练。在中国,传统的授课方式是老师讲课,学生听讲。受中国儒家思想和社会规范的影响,学生对老师往往又敬又怕,虚心接受老师传授的一切知识。但事实上这样的师生关系和沟通方式并不利于培养学生的批判精神,而批判精神恰恰是科学研究的必备要素之一。如何改变这一传统的教学模式,让学生养成独立思考的习惯?第一步也许只是简单地改变教室布局。我读 IPHD 项目时光华管理学院还在百年讲堂对面的老楼(光华 1 号楼)里,里面大多数教室的布局都遵循传统模式,即老师在(讲台)上,学生在(讲台)下。从心理学的角度看,这一点点物理高度的不同已经帮助老师树立起高高在上的权威,无形中增加了学生的心理压力。与此不同,我们的研讨课被安排在地下一层的一间教室里。教室里没有讲台,只有一张椭圆形的长桌和均匀排列在长桌周围的椅子。其中一面墙上有黑板和用于投影的幕布。去国外交流过的同学都知道,这是国外大学里非常典型的研讨课教室的布局,但当时在国内却极为少见。每次上课,老师和学生一起围坐在桌边。没有了高低之分便减少了权威感,跟老师并排而坐更是增进了师生之间的对等关系。这种对等关系是让学生敢于和老师平等对话甚至质疑和挑战权威的基础。

第二步自然是老师的引导。至今我仍清楚地记得一位老师曾经跟我们说:"你们是我的学生,但更是未来的同行。我们的关系是潜在的合作关系。"这样的师生关系于我们而言是陌生的,更是激励人心的。当我们能够以相对平等的视角去看待老师,也就会以更加开放的心态去对待他所传授的知识,从而减少盲目崇拜。现在,我每次给一年级的博士生上课时就会说这句话,希望借此能够帮助他们开启"青出于蓝而胜于蓝"的学术人生。在课堂上,各位老师也是不断地鼓励我们发表自己的看法,通过师生、同学之间你来我往的争论和思想上的碰撞,完成对一篇论文的深入剖析。也许在旁人看来,这样的授课方式让老师特别轻松,因为他在课堂上说的话往往还没有学生说的多。但只有上过研讨课的老师才明白,看似轻松的授课方式背后是大量的备课工作:紧跟前沿的研究主题、精挑细选的经典文献、启人心智的讨论问题,以及为现场回答和引导所准备的大量阅读。当然,这些都是我自己开始上博士生研讨课之后才领悟到的。由衷地感激当年曾经教过我的各位老师,当时的我并未体会到你们的良苦用心;直到现在我也成为你们中的一员,才深知每一门课程背后所包含的心血。

回望自己在IPHD项目中学习和生活的四年,是痛并快乐着的四年,在此期间我完成了从学术小白到能够在顶级期刊上发表论文的优秀青年学者的华丽转身。感谢IPHD这个项目,能够在当时很多学校扩大招生规模、批量生产博士的时候逆流而上,每年每专业只招收3—5名博士生,从而让博士生项目回归精英教育,集全院的学术力量致力于培养顶尖的青年学者。我想,本书就是该项目所取得的成就的最好证明。

尾声

不知不觉已经写了这么多,到了该收笔的时候了。特别感谢光华管理学院对这本书的策划和张老师的电话,让我重拾那段记忆,重温十年前的发表经历,并记录下自己内心的感受。那是我学术生涯中第一次在国际顶级期刊上发表论文,它曾经给我带来无限的掌声和荣誉,并让我对自己的学术之路充满信心。但是,直到今天我才意识到,它对我的影响远不止于此。昔日的掌声和荣誉早已淡去,但它教会我勇于拥抱自己的梦想,坚持做有思想的研究,并在日复一日的练习中收获进步与成长。这些经验与教训将使我终生受益。同时,我想借此机会感谢光华管理学院的IPHD项目,那是我学术生涯的起点。如今,我和我的同学们,以及比我们更加优秀的学弟学妹们,就职于国内外高水平的研究型大学,依然活跃在相关领域的学术第一线,并继续发表高水平的研究。如果说,曾经的我们因为自己身为IPHD项目的一员而倍感骄傲,那么现在的我们始终在努力,让IPHD项目因为曾经拥有过我们而倍感骄傲!

附录 两段旅程的回想:服务可分离性项目以及我在光华管理学院的经历[*]

郭贤达

服务分离性项目的起源(1998—2004)

1998年10月,我获得西雅图华盛顿大学的博士学位。我的博士毕业论文研究的是零售中的投入产出比问题,也就是我的导师David Gautschi教授与其他学者提出的分销服务理论(distribution services theory; Betancourt and Gautschi, 1988, 1990, 1993, 1998)。具体来说,我对比了一家连锁超市多个商铺十年间的投入产出比数据(其后发表为Keh and Chu, 2003)。就这样,我以"实

---

[*] 编者注:作者在文中引用了大量的文献,为了保持全书各章风格的统一,没有将文献目录附在文后。读者可以非常容易查找到这些文献。

证模型学者"而不是"消费者行为"或者"战略"学者的身份开启了自己的学术生涯。

尽管零售业是服务业的重要组成部分,但是当时我还不认为自己是一名研究服务营销的学者。事实上,在我以新加坡国立大学助理教授的身份开始我的学术生涯时,我对服务营销领域的文献还不太熟悉。2000年左右,新加坡国立大学的同事Jochen Wirtz邀请我为亚洲的读者改编Christopher Lovelock的《服务营销》一书(其后出版为Lovelock,Wirtz,and Keh,2002)。Jochen将书给我之后,我反复阅读,发现服务营销令人着迷并且让我想到了许多研究问题。尽管我随后发现一些问题已被前人解决,但仍然有一部分不错的研究问题尚未被探索。

例如,大多数服务营销学者早已接受了IHIP范式(见Lovelock and Gummesson,2004)。具体而言,服务相对于产品的区别体现在四个方面:无形性、异质性、不可分离性以及不可储存性(Zeithaml,Parasuraman,and Berry,1985)。尽管有学者试图证明这四个特性是"误区"(Lovelock and Gummesson,2004;Vargo and Lusch,2004),但是这种观点仍然被大多数的营销文献采用,其中就包括Kotler和Keller(2016)的《营销管理》教科书。

我对不可分离性产生了兴趣,其含义为服务的产生和消费是同时发生的,顾客往往也参与其中。这样的特点对于某些服务而言是成立的(例如,理发、牙医诊疗以及Spa),但是对于另外一些服务而言两者却是可分离的(例如,顾客将电脑送修后,修理的过程发生在他们离开之后)。仔细研究这个问题后,我想到了一种相似的应用。2003年,包括新加坡国立大学在内的一些高校已经开始使用线上教学。那就是说,学生可以自主选择到教室上课或者在其他的时间和地点观看录像课程(例如,晚上在宿舍观看)。这么一来,到教室上课就是一种不可分离的服务,而观看录像课程就是一种可以分离的服务。

我对服务可分离性的了解源于Betancourt和Gautschi(2001)的一篇论文,他们认为服务的产生、分销以及消费既可以是分离的也可以是合并的。我第一次读到这篇文章的初稿时,还是一位博士研究生,并没有对其仔细探索。但是当我在新加坡国立大学任教时,我对服务可分离性的兴趣日渐浓厚。2003年,一位优秀的本科生Eugin Lee邀请我作为他的毕业论文导师,我自然而言地就建议他在校内做一个调查研究,探索服务可分离性在线上和线下教育环境中的差异。当 Eugin 在 2003 年年底完成他的本科论文时,我正考虑从新加坡国立大学转到北京大学。

服务可分离性项目的继续(2004—2010)

2004 年 7 月,我以副教授的身份在光华管理学院开始了新的工作。那个时候,我的孩子们还很小,我们需要尽快适应北京的新环境。作为一位马来西亚籍的第三代华裔,我的普通话说得并不是非常流利,因此我还花了一些时间学习普通话(我的祖父母来自福建)。

我在光华开设的第一门课程是面向本科生的市场营销研究,这是我第一次上这门课,并且我需要用中文讲授。在此之前,我所有的学术工作语言都是英文。我用了很长时间练习普通话,而助教陈可(他现任对外经济贸易大学的副教授)帮我把学术名词翻译成汉语。因为以上的原因,这门课程对我而言是一个挑战。接下来的一个学期,我给 MBA 学生讲授营销管理课程,我同样花了很长时间去做准备。

行政方面,在徐淑英教授的领导下,我成了光华 IPHD 项目团队的一员。具体而言,我负责设计 IPHD 项目营销专业的研讨课和资格考试。接下来,我承担了更多的服务工作,包括系内的讲座协调人(2004—2006)、副系主任(2007—2010)、招聘主管(2005—2008,连续四年在美国营销协会年会上面试应聘者)、MBA 项目指导委员会委员(2008—2010)以及中国营商项目的学术主管(2007—2010)。

只要我有时间,我就会研究服务可分离性并撰写论文。2005 年年底,我第一次把论文投到了 *Journal of Service Research*。之所以选择该刊是因为我认为服务营销可以在 IHIP 范式的基础上得到进一步的发展,此外,Lovelock 和 Gummesson(2004)以及 Vargo 和 Lusch(2004)的两篇论文也发表在了 *Journal of Service Research* 上。然而,我的论文被 *Journal of Service Research* 拒绝了,主要原因是该刊对论文理论基础的质疑和我们将研究背景设定为某种特定(教育)的研究情景。事实上,有一位评审人写道:"我并不能被作者可分离性的基础假设说服。"这说明这位评审人尚不接受服务是可以分离的。

尽管这样，我依然坚信服务的可分离性具有重要的贡献。经过深思熟虑，2006年5月我将修改后的论文投到了 *Journal of Marketing*。不幸的是，论文再一次被拒绝了。*Journal of Marketing* 当时的主编 Roland Rust 写道："这篇论文最大的问题是……难以推广……因为对不同的服务而言，偏好的异质性以及服务的组成元素都是不同的，所以论文中的例子很难推广到所有可分离的/不可分离的服务。"因此，仅仅依靠一个服务情境（亦即线上教学相对于线下教学）构建一篇文章是不够的。我必须想到其他办法来解决这个问题。

这段时间，我正在给光华的硕士研究生上服务营销研讨课。这门课的内容包括阅读、讨论以及批判性地思考服务营销领域的文献。课上有一个学生叫庞隽，她刚刚从光华本科毕业。我在课上与同学们分享了这篇服务营销可分离性的论文。庞隽对服务可分离性的项目很感兴趣，我们多次就如何拓展文章中的研究问题展开讨论，这直接促成了新的框架的产生。之前的文章仅仅关注了线上和线下的教育服务，我们计划研究其他生产和消费过程既可以分离也可以不分离的服务情境。更重要的是，我们提出，消费者在面对分离抑或不分离的服务模式时，会对这种服务模式的便利性和风险性进行权衡。这种权衡决定了服务的感知价值并最终影响消费者的购买行为。这篇经过修改的论文最初被投到2007年10月在上海举办的JMS中国营销科学学术年会上，并且获得了会议最佳论文奖。也就在此时，庞隽从光华的硕士项目转入了硕博连读项目。

此后，庞隽和我继续丰富这篇文章，我们做了更多的实验，并把它写成了一篇完备的文章。2008年4月，我们将该文投到了 *Journal of Marketing Research*。在收到主编 Joel Huber 的拒稿信后，我们有些失望，他写道："他们（评审人和副主编）并不认为可分离性是一个二元分类变量，他们强烈建议你们把它作为连续变量；此外，他们也不认同你们实验中的分类并且怀疑你们能否从实验中得到有价值的实践意义和有深度的理论贡献。"于我而言，很显然评审人没有完全接受或者理解服务可分离性的概念。可是，我们还能怎样理解餐厅堂食和外卖服务呢？这些难道不是内在相同的服务同时又具有分离模式和不分离模式的例子吗？

尽管这样，我们仍然希望把文章投给顶级期刊。在基于 *Journal of Marketing Research* 的反馈做出调整后，我们在2008年6月把论文投到了

Journal of Marketing。这次,我们得到了相对较好的"接待"。第一轮评审中,两位评委建议修改但是第三位评委建议拒稿。我们很庆幸 *Journal of Marketing* 当时的主编 Ajay Kohli 看到了我们研究问题的价值并且鼓励我们进行修改。大约在这时,庞隽获得了 2008/2009 年富布莱特奖学金到纽约大学深造。就这样,我在北京而庞隽在纽约,"时间和空间的分离"使得我们在论文接下来的两轮修改中的速度有所放慢。尽管如此,我们仍然缓慢但是稳步地予以推进。2009 年 7 月,我们从编辑那里收到了有条件接受的邮件。最后的要求是说明实验中采用的操控检验方式,这很容易解决,不久后论文就被接受了。这篇论文最终于 2010 年 3 月发表在 *Journal of Marketing* 上(Keh and Pang,2010)。据我所知,这是第一次在没有海外合作者的情况下,中国内地学者在 *Journal of Marketing* 上发表文章。

在研究服务分析项目的同时,庞隽也在撰写她的博士毕业论文。论文研究了态度的矛盾性对心理不适的影响及其接下来对消费者判断和选择的影响(其后发表为 Pang,Keh,Li,and Maheswaran,2017)。值得一提的是,我们发表在 *Journal of Marketing* 上的论文和庞隽的博士毕业论文几乎没有任何重叠。此外,在我和光华的同事彭泗清的指导下,庞隽还发表了另一篇有关消费者品牌关系的文章(Pang,Keh,and Peng,2009)。依靠所发表的这些优质的论文,庞隽获得了中国人民大学的教职。这是一项卓越的成就,因为中国人民大学往往只聘用海外毕业,尤其是北美毕业的博士生,而她却毕业于距离中国人民大学几里外的北京大学。庞隽于 2010 年成为中国人民大学的助理教授,并在 2016 年晋升为副教授。

服务可分离性项目的影响和后续进展(2011 年至今)

这篇服务可分离性的论文在 2010 年发表后,就产生了深远的影响并受到了同行的广泛关注。特别值得一提的是,这篇论文获得 2011 年 AMA SERVSIG 最佳服务论文二等奖。更为重要的是,许多研究服务科技(例如自助科技和网络科技)领域的学者都运用了我们这篇论文的框架和成果。在发表 7 年后,这篇论文被引用了 118 次。

我不仅担任庞隽的导师,还是孙瑾等光华博士生的导师。孙瑾的论文运用结构匹配模型检验了属性可比性对服务评价的影响。这篇文章发表在 *Journal of Consumer Research* 上(Sun, Keh, and Lee, 2012),并且荣获第七届高等学校科学研究优秀成果奖(人文社会科学)三等奖。孙瑾在 2016 年晋升为对外经济贸易大学的教授。

就像之前提到的,IHIP 范式阐述的无形性、异质性、不可分离性以及不可储存性现在已经被服务营销领域广为接受。尽管也有学者提出了该范式的缺陷(Lovelock and Gummesson, 2004; Vargo and Lusch, 2004),但是并没有很多实证研究关注其他几个特性。这也激发了我探索除服务可分离性之外的特点。具体而言,我和丁瑛一起发表了两篇论文,其一研究了服务异质性(服务标准化以及服务定制化;Ding and Keh, 2016),其二研究了解释水平如何调节服务的有形性以及无形性对消费者评价的影响(Ding and Keh, 2017)。尽管我不是丁瑛博士毕业论文的指导老师,但是她也参加了我在光华的博士生研讨课并且深深地为服务营销所吸引。巧合的是,丁瑛在获得博士学位后,成为庞隽在中国人民大学商学院的同事。

2010 年对我的事业而言具有里程碑式的意义。我不仅和庞隽一起在 *Journal of Marketing* 上发表了论文(Keh and Pang, 2010),还在另外两个顶级期刊 *Journal of Marketing Research* (Bolton, Keh, and Alba, 2010) 和 *Journal of Consumer Research* (Wang, Keh, and Bolton, 2010) 上发表了不同主题的论文。这几年来,我的研究兴趣和方法从实证模型转移到消费者心理学和实验方法,主要课题包括服务营销、可持续消费、医疗保健营销和食品营销。此外,2007—2009 年,我连续三年获得光华管理学院"MBA 最喜爱的老师"奖项。而这些研究、教学和行政工作都对我在 2010 年晋升光华管理学院的终身教授有所帮助。

在我的论文发表后,我很荣幸地受邀在数个国内外大学的研讨会上进行汇报。此外,我还担任了英国高级管理研究所(Advanced Institute of Management)国际访问学者,借此机会我在埃克塞特大学和剑桥大学汇报了我的研究。另外,2010 年 5 月,我被邀请作为 ANZMAC 国际访问学者在澳大利亚的三座城市的五所大学里分享了我的研究。这件事也成了我职业生涯中另一个重要的转折点。有些意外的是,澳大利亚之行后我收到了数所大学的工作邀请。

直到那时,我已经在北京大学光华管理学院任教七年。在那段时间里,我很荣幸能够教授和指导许多杰出的年轻学者,如庞隽、孙瑾、丁瑛、王文博、王夏、谢毅、孙鲁平、纪文波、余嘉明、张丽君以及杜晓梦等人。除了本文先前提到的发表的论文,我与上述几位光华学生发表的成果还包括:Keh 和 Sun(2008);Keh 和 Xie(2009);Wang,Sun 和 Keh(2013);Keh,Ji,Wang,Sy-Changco 和 Singh(2015);Keh,Park,Kelly 和 Du(2016);以及 Xie 和 Keh(2016)。我也认识了许多光华以及中国其他大学的学者,并且与他们中的一些人成了好朋友和合作者。在光华的工作使我在知性和专业上得到进步,在北京的生活以及在中国许多城市的旅行使我感到自己与中国的血脉之情更为亲近。我和我的家人都感到在北京的生活如同在家乡般温馨。

因而,面对来自澳大利亚几所大学诚挚的工作邀请,我很难抉择。我喜爱光华、北京大学以及在北京的生活。所以,我 2011 年先在北京大学申请了停薪留职,第二年才正式辞职。也就是在 2011 年,我加入了昆士兰大学。后来在 2013 年,我又以杰出学者的身份加入蒙纳士大学。

旅程还在继续。

郭贤达(Hean Tat KEH),澳大利亚蒙纳士大学商学院市场营销学教授。2004—2011 年任教于光华管理学院市场营销系。研究集中在服务营销情境、绿色或可持续营销、食品营销和健康保健营销中的消费者心理。作品发表在 *Journal of Marketing*、*Journal of Marketing Research*、*Journal of Consumer Research*、*Journal of the Academy of Marketing Science*、*Journal of Consumer Psychology*、*Journal of Retailing*、*International Journal of Research in Marketing*、*Organizational Behavior and Human Decision Processes* 等著名期刊上。

第 3 章　困惑与选择

李　瑜

Yan "Anthea" Zhang，Yu Li，& Haiyang Li (2014). FDI spillovers over time in an emerging economy: The roles of entry tenure and barriers to imitation. *Academy of Management Journal*，57(3)：698—722.

编者导言

　　李瑜是光华管理学院第一位在 *Academy of Management Journal* 上发表论文的毕业生，也是极少数在 AMJ 上发表过论文的中国战略学者之一。可以说，她代表了中国战略管理领域最优秀的青年学者。正因为她的卓越表现，她也是 IPHD 项目兴办以来很早晋升为正教授的博士毕业生之一。

　　李瑜与合作者从事这篇论文的研究是有基础的，因为她与合作者此前已经在 *Strategic Management Journal* 上发表过论文，探讨外资国家来源的多样性如何影响国内企业向外资企业学习。在已有研究的基础上，他们采用组织学习的视角，提出外资进入中国的时间长短会影响国内企业对于它们的技术和管理的学习，而当国内企业面临的模仿壁垒比较低的时候，外资企业进入中国的时长对于国内同行企业的影响会更大。这篇论文首次明确考察了时间在外资技术溢出上的作用，以动态分析的视角分析外资技术溢出效应。李瑜在这篇随笔中回顾了论文从创作到发表的历程,可谓一波三折。但正是在与学术期刊的评审同行的互动中,使得论文的视角越来越凸显,理论越来越明晰,最终成为一篇对于本领域做出显著贡献的论文。

李瑜在随笔中分享的发表论文的启示,可谓学术真经;而她关于学术道路上的感悟则是一位成熟学者的有心劝告。她关于"用长期观点看问题""把生活塑造为适合学术创造的方式""不要重复做容易的事情"等看法,不仅对于博士生、青年学者,甚至对于资深的学者都是非常适用的。我们从中可以理解她对于高质量学术研究的追求和坚持。今天的学术界甚至中国社会的很多领域,很多人都在哀叹这个时代太浮躁,看到别人专心专注工作取得成就后也希望自己拒绝浮躁,然而在工作中又不由自主甚至自我辩解为身不由己地表现出浮躁来。李瑜的肺腑之言有助于学者们从新的视角去看待自己的事业,踏踏实实地做好自己认为有意义的工作。

李瑜2003年进入光华攻读博士学位的时候,也是IPHD项目第一届学生入学的时候。正如张志学在本书第1章中所描述的,光华从那时开始在战略管理、组织管理和市场营销三个方向上,采用北美主流的博士生培养方式培养自己的博士生。虽然李瑜不是IPHD项目的学生,但当时的普通博士生基本上都与IPHD项目的学生一起上课,学院也基本上以IPHD项目的方式要求和对待普通的博士生。李瑜记录了那个年代光华管理学院博士培养的探索,我们读到她的回顾时,深有共鸣和感触,想起了那段令人激动的、师生们对未来都充满希望的岁月。经过那个岁月的洗礼之后,李瑜和她的同学们目前已经成为学术领域中的佼佼者。我们实现了当初的愿望和梦想!

从李瑜在光华攻读博士期间的论文导师武常岐教授的分享中,可以了解到导师眼中的李瑜都具有哪些特点。

2017年秋天,张志学老师找到我,说徐淑英老师和他在编一本书,内容是光华发表了高水平论文的学生的经历,包含思路的发展过程、文章的发表过程和在光华的学习经历。在写这篇文章的时候,我在想,由于研究领域的不同,对这本书的读者而言,所发表论文的具体内容可能并不是他们所关注的,而我们每个个体在研究、发表和成长中所遇到的一些具有共性的困惑、选择,或许能给后来的博士生和年轻学者提供些许借鉴。

> "困难"就是花点时间就能做到的事,"不可能"则是要多花点时间才能做到的事。
>
> ——弗里乔夫·南森

我们这篇论文发表在 2014 年的 Academy of Management Journal (AMJ) 上。这篇论文首次明确考察了时间在外资技术溢出上的作用;将外资技术溢出研究从"快照"(snapshot)式的考察转向对过程的动态分析;并首次将模仿壁垒理论引入水平外资技术溢出研究领域。这篇论文是我们在外资技术溢出领域发表的第二篇论文,它的发表要从 2010 年第一篇论文的发表说起。

思路的产生和论文的发表过程

2007—2009 年,我在美国莱斯大学访学。我和张燕(Yan Anthea Zhang)教授、李海洋教授合作的第一个研究就是关于外资技术溢出的。当时张燕和海洋有一项关于集群的研究正在进行,而我的博士毕业论文的主题正是集群,技术溢出是集群作用机制当中重要的一个。

我们合作的第一个关于外资技术溢出的研究是"FDI spillovers in an emerging market: The role of foreign firms' country origin diversity and domestic firms' absorptive capacity"。光华管理学院应用经济系的周黎安老师也是这篇论文的合作者。这个研究考察了行业内外资国家来源的多样性如何影响国内企业向外资企业学习,形成的论文于 2010 年发表在 Strategic Management Journal (SMJ)上。这是我第一次涉足外资技术溢出这个领域。后来当遇到更多这个领域的研究者之后,我才发现,很多做外资技术溢出的学者同时也在做集群相关的研究,反之亦然。

2009 年 3 月,外资国家来源的多样性这篇论文正处于 SMJ 的修改阶段。我们认为行业内外资国家来源的多样性会影响到外资带来的技术和管理经验的多样性,从而影响外资有何种技术和管理经验可供国内企业学习,而国内企业的吸收能力则会影响这些企业能够从外资企业那里学到多少。在修改论文的过程中,我们意识到我们和以往的研究都忽视了一个基本的因素——时间,外资企业进入后国内企业立刻就能学到技术和管理经验了吗?如果不是,时间是如何影响国内企业向外资企业学习的呢?

我们的热情被这个问题点燃了,迅速投入到这个研究中去。我们使用外资企业的平均年龄来测度时间的作用,同时进一步考察外资企业年龄的异质性对外资技术溢出的影响,并考察了企业所在的区位的调节作用。当时 SMJ 论文的修改工作已经完成大半(2009 年 9 月正式被 SMJ 接受),有了外资国家来源的多样性这篇研究做基础,我们对外资企业年龄分布和区位的考察进展得比较顺利,在 2009 年 4 月就有了初稿,题目为"The role of foreign firms' age and location in FDI spillovers in an emerging market: A longitudinal study"。这个阶段之所以顺利,是因为这篇论文是基于外资国家来源的多样性那篇论文近两年的曲折修改经历之上的。然而,在开始阶段的顺利之后,这篇论文进入了漫长的挫折期。

我们在 2010 年 2 月把这篇论文投到了 AMJ。两个月后,评审意见回来了——拒绝。稍作修改,我们在 5 月又把它投到 *Strategic Management Journal*。几个月之后,评审意见回来了,这次比拒绝好些,给了一个 R&R,但不是作者通常期待的"revise and resubmit"(修改后重新提交),而是"reject and resubmit"(拒绝并重新提交)。沮丧之余,我们安慰自己说,这个结果至少比完全被拒掉要好。现在回过头来想,我们要感谢 SMJ 当时给出的是拒绝并重新提交,如果是修改后重新提交,我们可能就不会尝试再投给 AMJ 了。

这个近似于拒绝的修改机会促使我们彻底重新审视这篇论文。SMJ 的一位评审人明确质疑,"年龄是否是个有趣的变量"(whether age is an interesting variable to look at)。我们承认,考察年龄和区位对外资技术溢出的影响,这个题目和角度客观来说并没有太让人激动。虽然年龄和区位可能重要,但是这两个因素相当常见,很难因为这个角度本身让人眼前一亮或者印象特别深刻,以"That's interesting"一文的作者 Davis 的标准来看,的确不够"interesting"(有趣)。但是,我们坚持认为自己的研究角度本身是全新的,其实我们并不是简单地考察年龄,只是一方面我们自身的认识还不够深刻,理论不够深入,另一方面我们对论文的打磨还不足,没有把闪光的部分或者是有趣的方面很好地呈现出来。

我们决定对论文进行全面的修改。刚好这个时候所使用的数据有了更新，我们就将样本期从1998—2003年延长到1998—2007年，同时对所有相关的变量回头进行彻查，研究方法上也重新考虑是否有改进的可能。我们对理论部分也进行了彻底的修改。我们的角度确实全新，但是一个全新的角度本身并不足以构建一个理论，还需要发现各个因素之间更深的联系。什么样的理论和视角能让我们的理论框架更加深入呢？在这个过程中，我们把论文投到了美国管理学会年会，一位评审人提到知识转移的壁垒问题，这个意见给了我们启示。我们开始引入模仿壁垒理论来进一步说明时间对外资技术溢出的作用受到哪些情境因素的影响。

在这一稿中，我们将题目改为："FDI spillovers over time: How do barriers to imitation matter?"研究内容也转换了，考察行业内外资的进入时长对国内企业向外资学习有何影响，强调国内企业对外资企业的学习需要时间，而模仿壁垒则会调节外资进入时长对外资技术溢出的作用。从研究角度上，我们摒弃了原来"快照"式的研究，采用动态的视角进行考察。这样转换之后，研究的核心点一下子清楚、明显起来。修改之后，整篇论文与初稿相比，已经"面目全非"、焕然一新了。

这次修改历时9个月。之后，我们开始对这个研究有了更大的信心，认为这个研究可能会对外资技术溢出整个领域的研究方向产生重要影响。虽然这个时候投回SMJ会有很大的机会被接受，我们却想要冒险试一试，放弃SMJ的修改机会，重新投给AMJ。投回AMJ有一个阻碍——我们的论文之前被它拒掉过，所以并不能确定是否可以重新投回去。幸运的是，刚好看到AMJ的前任主编Duane Ireland写了一篇文章"When is a 'new' paper really new?"，于是我们对着文章做了自我检查，对照标准，我们的论文在理论、方法、数据方面都做了大的改变，就是真正意义上的新论文了！我们不再忐忑，很快把它重新投回了AMJ。

两个月后，评审意见回来了。修改后重新提交！这是我人生中的第一个AMJ的修改后重新提交。对于当时的我来说，在AMJ上发表论文是我人生中的一个可望而不可即的理想。在国内战略领域，当时还没有人在AMJ上发表过论文，作为一个博士毕业不久的青年教师，AMJ的修改后重新提交已经让我喜出望外了。

兴奋过后,我们开始看评审人的意见。三位评审人的评论非常详尽,从理论上和实证上都提出了很多的意见。一位评审人指出有内在效度(internal validity)的问题、主要变量的测度问题等,另一位评审人提出了很多替代性解释,还有一位评审人提出了很多实证方面的问题。责任编辑说,这是个高风险(high risk)的修改机会。看完评审意见之后,我们感到不可能和无望。由于已经在 SMJ 上发表了一篇关于外资技术溢出的论文,我们几个合作者在这个领域可以说有了一定的积累。在当时投稿的时候,我们所有人认为能做的、可以做的都已经做了。即便如此,评审人还是提出了如此多的意见。我们当时完全无从下手,感觉这个修改基本是不可能完成的任务,以至于在得到修改后重新提交机会的一段时间内,我们都不知道能否完成这次修改,更不要说知道如何去回复评审人的意见了。

既然不知道如何修改,我们决定先不急于动手,冷静冷静,没准过了这段时间能够想出一些办法。大概在收到评审意见的两个月之后,我们才真正开始修改。在冷静思考的过程中,我们也做了一些准备工作。在开始修改的时候,完全不知道拟订的修改方案是否可以,只能走一步算一步,先从能做的开始做。幸运的是,修改过程虽然很艰辛,但是多数检验的结果都和我们的理论基本吻合,这进一步坚定了我们对这个研究的信心。在这个过程中,张燕对文章方向和修改方向的把握至关重要。当我们提交修改稿的时候,大部分问题都得到了比较充分的回答。这一轮修改完成之后,我们自我感觉论文有了很大的提升,心态也从递交初稿时的忐忑不安,变得越来越有自信——我们至少应该能够再次获得一次修改后重新提交的机会。

事实确实如此,两个月过后,我们又得到一次修改后重新提交的机会。不同于第一次的评审意见,这次两位评审人和责任编辑都表示对我们的修改很满意。在这个过程中,其中一位评审认为我们的论文有了最可行的理论(best possible theory),另一位评审人指出了一些小问题,但第三位评审人却提出了新的质疑,包括新的替代性解释等。虽然还没有被接受,但是这次的评审意见使我们信心大增,我们决定尽全力去回应所有的质疑,完成这次修改。

在这次修改中有一个小的插曲,在回应评审意见的过程中,我们对理论部分做了进一步的修改。但修改后发现，花了大力气修改过的版本似乎还不如当初第一轮修改后提交的版本好。经过纠结权衡之后，我们决定重新回到当初第一轮修改的思路上去。原来的题目只是强调了模仿壁垒的作用，外资进入的时长作为我们提出的一个概念，并没有被强调。我们最终把题目改为"FDI spillovers over time in an emerging market: The roles of entry tenure and barriers to imitation"。

这次修改后的版本在 2013 年 1 月提交，2013 年 3 月收到有条件接受的通知，6 月被 AMJ 正式接受。从想法产生到最终被接受，历时四年多，终于画上了一个完美的句号。

论文发表过程中的启示

这里我想就这篇 AMJ 论文从想法产生到最终发表谈谈自己的感受，希望对于读者从事高水平的学术研究有所帮助。我重点强调四点。

理论的产生是个逐步深化的过程

从理论产生的过程看，我们最终被评审人认为最可行的理论并不是一蹴而就的，而是在研究和修改的过程中一步步增加和深化的产物。我们的论文从开始考察外资企业的年龄分布和年龄的异质性对外资技术溢出的影响，以及企业区位的调节作用，变成了最终考察外资进入时长对外资技术溢出的作用，以及模仿壁垒在其中的调节作用。这其实反映了我们的认识过程——虽然我们一开始就认识到时间可能的影响，但并没有一个内在一致的理论框架。随着我们认识的加深，将其与模仿壁垒理论联系起来，才逐步浮现了一个内在一致的理论框架。

基本创新点的重要性

应该说，最基本的创新点起初就存在，这是支撑我们在被拒和质疑中不断完善的根本原因，也是文章最终能够形成一个内在一致的理论的基石。基本的创新点就像是包裹在石头当中的璞玉，可以从不同角度打磨，也可能需要很长时间的打磨,别人才能发其闪光之处。但是打磨的结果如何,首先取决于石头里面包裹了什么。

如何才能确定研究有基本的创新点呢?我想最主要在于研究是否提供了分析问题的真正全新的角度和逻辑,这个角度和逻辑的说服力可能随着使用的理论发生变化,但是其角度和逻辑的新颖性并不会受到真正的影响。有了这样的创新点,下面就是全力以赴的打磨过程。

把好的想法放到一起

在最终的修改稿中,我们报告了七组补充或辅助分析(supplementary analysis)。我们这篇论文,可能是这个领域中辅助分析最多的研究。但是实际上,为了避免报告的结果太多,不少的结果只是呈现给评审人和责任编辑,并没有在最终的文章中报告。在这些分析中,有几个使用了不同的因变量或者不同的自变量,完全可以看作不同的研究。我们考虑过是否把这些分析分拆开来变成独立的文章,但最终还是决定都放入这篇文章中。正如 Anne Huff 所说,把所有好的想法放到一起,不要想着放入下一篇研究中去。毕竟,研究的影响力比研究的篇数重要。

系列研究的一致性

和很多研究不同,这篇 AMJ 论文其实算是系列论文,是在我们 SMJ 论文的修改过程中迸发出的灵感,从而引发我们进行的第二个研究。像这样的系列研究在战略管理领域的期刊上不时可以看到。开始看到别人的系列研究时很羡慕,一个数据来源可以发多篇高质量的研究。当自己进行系列研究时,发现系列研究在具有优势的同时,也带来不同的挑战。在 AMJ 论文的研究中,张燕一直提醒我要注意和 SMJ 论文的一致性。后来证明果然如此,评审人会对系列研究的一致性提出更高的要求,包括隐含假设、变量的测度、结果和研究方法的一致性等。

光华和莱斯:读博期间的经历

在 SMJ 和 AMJ 论文修改的过程中,我从一个博士生变成了一名高校教师。

回顾我过去十几年的历程，实际上超出刚开始进入博士项目时我对自己的期待。进入光华的博士项目后，我第一次接触到 AMJ 这样的世界顶级期刊上的文章，开始接触、了解到什么是世界一流的学术研究，但是对于自己能否做出这样的学术研究，在期待的同时又感到迷茫。

我 2003 年进入光华攻读博士学位，那时的光华正处于一个转型的时期。刚刚开始从海外大规模引进师资，现在光华很多的学术大腕，当时刚刚从海外博士毕业后加入光华不久。对于如何采用北美主流的博士生培育方式在中国的土壤上培养博士生，我想，无论是教师还是学生，当时都在摸索中。

光华的基本训练

2003 年，光华管理学院管理专业的博士项目开始改革①，第一次开始招收 IPHD，当时徐淑英老师、武常岐老师、张志学老师、许德音老师、周长辉老师等众多老师都在项目中。从培养方案到课程设置，管理专业的博士生项目都沿袭了北美培养博士生的模式。IPHD 项目用英文授课，课程内容和北美的博士课程内容一致。虽然我当时隶属于传统的博士生项目，并不属于 IPHD 项目，但所有的课程都是合上，因此我同样受益于 IPHD 项目。王汉生、金赛男、靳云汇、周黎安等老师的统计计量课程，张志学老师的管理研究方法课程，武常岐、许德音等老师的战略管理课程都让我们印象深刻。记得当时志学老师的管理研究方法，是博一压力最大的课程，每次上课都是济济一堂，还有清华等北京其他高校的博士生来蹭课。当时，大家感觉一个新世界的大门向我们打开了，新奇兴奋的同时都异常努力，相信每个人心里都明白，这些课程是提高我们研究水平的"干货"。

光华在这个阶段还邀请了很多海外著名学者来给博士生上暑期课程，或是进行学术讲座。这些学者在理论和研究方法上都非常强，让我们这些博士生了解到本领域的前沿。印象深刻的是当时邀请了 Jay Barney 来给我们上暑期课程，Jay 的理论素养极高，对各种理论的讲解精彩纷呈，而且还非常耐心地逐一点评我们的论文。他建议我把当时的一篇关于集群的文章投到 SMJ 去，给了我很大的鼓励。当时精彩的学术讲座众多，Benard Young、Sea-Jin Chang、彭凯

---

① 这部分内容根据作者的回忆写作，涉及当年的人物，可能有疏漏之处。

平、奚恺元等众多国际上的知名学者都来给我们做过讲座。当时还经常开午餐会,利用中午的时间一边吃盒饭,一边听报告。

同学们还获得到国外参会的机会,博士生只要有论文被美国管理学会年会或者国际商务学会年会等著名国际会议接受,就可以获得学院和学校的资助出国参会。当时,很多高校的教员出国参会拿到经费尚且不易,我们光华的博士生出国参会的时候,国内其他高校的博士生会非常"羡慕"。

这些和北美主流研究型大学一致的课程、国际著名学者执教的多样化暑期课程,以及众多代表国际一流学术水平的学术讲座,奠定了博士生的知识基础,也开阔了同学们的眼界,培养了我们的学术自信。从那个时候起,光华的博士生们在进行学术讲座和参加国际会议的时候,就能够和海外的学者进行无障碍的对话了。

相对于其他国内战略领域的学者,我较早地在 SMJ 和 AMJ 这些期刊上发表论文,近年来光华培养的博士生也做出了很多高水平的研究,并频频在国际顶级期刊上发表论文。这些学术表现背后有很多方面的原因,但其中重要的一点是,我们都得益于光华的转型和对我们的训练。

海外交流机会

2005 年博士生综合考试之后,有同年级其他专业的博士生同学到海外去交流。得知这个消息后,我们都很向往。光华当时有个据说是海外华人捐赠的基金,光华的博士生可以申请这个基金的资助去海外交流。遗憾的是,到了我申请的那一年这个基金突然没有了。幸运的是,国家留学基金委 2007 年第一次开设高水平海外交流项目,我又有了新的机会。记得当时时间仓促,开始提交材料的时候,我只提交了海外学者个人发来的邀请函,但是学校要求有对方学校正式的邀请函,而当时美国正处于春假期间,等我拿到美国学校正式的邀请函时,北京大学校方讨论的会议正在召开中。我当时冲到学校会议室的外面,设法把正式的邀请函交了进去,最终获取了海外交流的资格。现在想想,真的要感谢自己当时的冲劲。

这个冲劲实际上来自当时的迷茫。在光华博士生项目学习三年多之后,一方面我看到自己的进步,能够较快地完成论文的写作,在国际高水平会议上也有论文,但是会议论文并不能真正说明一个人的研究水平,对于自己能否做出真正高水平的研究,并不确定。我进入了一个迷茫期,向往好的学术研究,但并不太确定自己所做的,是否就是自己一直所期待的学术。我也困惑,国外主流高校的管理学者们,他们是如何做研究的?我明白自己需要进一步提高,但如何才能提高,我并不知道。

在我读博的第四年,当年和我一起读博士的很多同学已经毕业。有的同学进了知名高校,有的同学进了国家机关。我也面临两个选择:一是毕业,一是出国交流。我决定给自己一个机会,晚毕业一年,出国去看看,于是在读博的第五年我去了美国交流。

导师的影响

回顾博士期间的经历,我觉得自己最幸运的事情有两件:一是选择了武常岐老师作为我的导师,一是遇到了张燕。

对于博士生来说,遇到什么样的导师可能决定他们的人生之路。武常岐老师当时刚刚从香港科技大学来到北京大学任教不久。对待学生既宽容温和又要求严格,支持我们做自己感兴趣的研究,而且鼓励我们做高水平的研究,当时他在博士生中广为流传的一句名言是"aiming high"(志存高远)。大概是博士三四年级时,在一次前往聚会地点的出租车上,有同学问了武老师一个问题,他无意中说了一句,人还是应该坚持自己的理想。或许是因为当时正处于困惑之中,武老师这样一个让我钦佩的老师在知天命之年说出这样的话,深深地触动了我。此前,我观察到的现象是——多数人都曾经有自己的理想,但走着走着就放弃了——人如果想要世俗的成功,就要放弃自己的理想。五十岁的武老师的坚持,让我意识到,这个世界上其实还是有一些人在坚守自己。而或许只有坚守自己的理想,才有机会在岁月流逝后成为自己期望的那个自己。因此,我在博士的第四个年头,没有选择毕业工作,而是选择了出国去看看国际主流的学术研究是什么样的。

第一次见到张燕是在 2004 年北京饭店召开的第一届 IACMR 大会上,当时她还是一个年轻的助理教授,已经发表过很多高水平的研究,回答问题时坦率、犀利、直接,而且神采飞扬,令人印象深刻。2006 年第二届 IACMR 会议在南京召开，我在会议上报告了一篇关于集聚效应和区位选择的文章，她刚好是那个分论坛的主席，评点文章的时候她对我的研究给予了肯定和鼓励。2007年，当我想要到海外的学校进行学习交流时，我给她发邮件表达了我想要向她学习的愿望，令我震惊的是，一个小时内我就收到了回信，她说去询问一下院长，又一个小时过后，我就收到了她肯定的答复。她回邮件的速度之快令人惊叹。在后来多年交往的岁月里，我一次次感受到她极高的效率。

2007年10月，我到达休斯敦开始了我的访学生涯。到达后几天，我向张燕和海洋报告了我当时做的研究。报告后的第二天早上，她告诉我她一夜没睡着，考虑如何将我做的研究和她的研究融合在一起。我们合作的第一个研究就是关于外资技术溢出的。我的博士毕业论文的主题——集群——和技术溢出是相互联系的概念。这个研究从投稿到发表出来最后历时大概两年，可能有"新手的运气"在其中。2008年12月24日圣诞前夜，在我到对外经济贸易大学面试的前一天晚上，收到SMJ要求我们修改后重新提交的邮件，这是我人生当中第一次得到顶级刊物修改后重新提交的机会。当时的副主编Stephen Tallman在这个过程中给了我非常中肯的建议。

这篇论文对我的学术生涯影响巨大。在做这篇论文的过程中，我从张燕和海洋身上学到了很多，他们的学术热情、他们对待研究的严谨态度、他们对待错误的态度、他们的精益求精、他们对他人意见的倾听，等等，都在当时不断刷新我对学术和学者的认知。我抛弃了自己快速写作文章的方式，做研究的速度开始"慢"了起来。虽然同样的时间产生的文章数目减少了，我却开始感觉到自己研究的价值——当把研究中所有需要考虑的因素全部考虑了之后，我开始真正相信自己的研究，相信研究对社会的价值。虽然我们的研究可能并不完美，仍存在缺憾，但这是目前为止在这个问题上所能做到的极致。

在这个过程中我犯过很多错误，失败过很多次，也纠正了很多错误的观念，然后慢慢地开始较为坦然地面对失败——这是我们认识不断发展过程中的正常现象。学术其实是一个和失败为伍的职业，但就像爱因斯坦所说的那样，"我成年累月的思考，99次的结论都是错的，但是第100次，我是对的"。我的学术信念也开始慢慢坚定起来，相信通过努力，我也可以做出真正有价值的研究。我决定在学术之路上坚定地走下去。此外，这篇论文也帮我找到了在高校的工作，同时在入职以后，让我在激烈的高校竞争中，能够静下心来专注于研究的质量，专心提升学术水平，做自己喜欢的研究，而不是为了职称的压力尽快发表。这种心态对于后来 AMJ 论文的进行其实是很有裨益的。

对于正处于探索和迷茫之中的博士生来说，导师的学术价值取向实际上很大程度上影响了学生努力的方向，导师的为人会影响学生如何看待学术和学术圈，而导师对待学生的方式也会影响他们以后对待学生的方式。我很幸运，在从事学术的初期，遇到武老师、张燕和海洋这些优秀的学者。当我在经历困惑和选择的时候，我经常会想，如果是武老师、张燕和海洋，他们会怎么做？很多时候，答案会自动浮现出来。

学术道路上的感悟

学术道路上，每个人都有自己的感悟。以下是我在研究上一路走来的一些感想，未必正确，写出来希望对后来的人有所助益。

用长期的观点看问题

在做选择的问题上，以及如何看待同样一件事情上，选择什么样的视角很重要。当我们用长期的观点来看问题的时候，很多事情就会有截然不同的答案，很多想不通的问题一下子豁然开朗。

常看到很多同学焦虑，原因之一是周围的同学都毕业了。当年我也焦虑过。可是后来想，如果从一年的角度而言，相比于已经成功毕业的同学，晚毕业是"失"。但是从五年、十年的角度来看，晚毕业的同学如果能够产生高质量的博士生论文，即便晚些毕业，却可能获得更好的教职，利用原有的研究基础更快地申请到基金资助，在以后的学术之路上会更加顺畅。如果自己只是早毕业但是并没有真正做出高质量的研究，反而增加了在高校的压力，减少了在学界生存下来的可能性。因此，重要的并不是博士毕业的早晚，而是在博士期间是否做出了能为未来学术职业奠定基础的研究。如果暂时较慢，那就慢一些又何妨，十年之后回头再看，谁又在意毕业是早一年还是晚一年？这样的想法，虽然有阿 Q 的嫌疑，但确实让我不再焦虑，专心于手头的研究。

其实,做高水平的研究意味着创新,创新就是要做别人没有做过的事情,而要做别人没有做过的事情自然会遇到很多以前没有遇到的问题,花费更长的时间其实是正常的,这样一想,"快"才是特殊的小概率事件。记得博士期间的一次课上,老师推荐我们去读陈明哲教授在 AMR 上著名的论文,并讲起陈老师上了八年博士的故事。多数人博士上的年头都比陈老师少,但很少有人达到他那样的成就。很多时候,"慢"就是"快"。2017 年,在莱斯大学召开的一次会议上,海洋提出让 Michael Hitt 为在场的博士生和青年学者提些建议。Michael 只提了一个建议——"从长远的角度来看问题"。我从内心深处表示赞同。

把生活塑造为适合学术创造的方式

社会学家米尔斯说,学者既是一个职业,也是一种生活方式。这个生活方式中,包含为了挖掘自己的潜力,把生活塑造为适合学术创造的方式。

在我看来,学术这种生活方式的关键是——保证我们有大块时间做最重要的事情,保证最先做的是最重要的事情,保证把最好的精力留给最重要的事情当中最耗费脑力的事情——真正重要的事情做了,其他的事情完不完成其实关系不大。

至于什么是最重要的事情,则涉及价值判断。虽然会因人而异,但我觉得应该是真正在进行学术创造的事情。经常听到周围的人(博士生/学者/我自己)这样说,一年又过去了,好像什么都没做。但据我观察,这些人平时都是非常勤奋工作的。那么为什么会觉得自己好像什么都没做呢?原因是虽然每天都忙忙碌碌的,但真正涉及学术创造的工作并没有显著进展。适当排列研究和生活当中的先后顺序,是学术生活的重要环节。《大学》中说:"物有本末,事有终始,知所先后,则近道矣。"

学术研究的不同活动所需要的精力也有差异,原则就是最好的精力用来做最耗费脑力的事情。至于什么是最耗费脑力的事情,更是因人而异。随着思维的深化、问题的解决,同一个学者的不同时期,同一个研究的不同阶段,可能都不相同。需要我们根据自己的状况动态调整。

作为学者,时间管理重要的一点是要保证有大块时间的投入。有意识地把杂事放在一起处理,为自己制造大块时间,是很多学者共同的做法。而大块时间的投入,则是为专注创造条件。

专注的力量

在科学研究中,我们常常可以看到,天赋出众、记忆力超群、在学校中成绩最好的人并不一定做出杰出贡献,而思维缓慢、看上去并不"聪明"却能够长时间思考的人却可能做出令人敬佩的成就。我觉得这里的核心区别就是专注。很多时候,我们并不是一坐下来就能进入状态,而是长时间连续思考之后才能进入真正深度的思考,产生"心流",捕捉到问题的关键点。持久的专注,可以让研究者察觉到复杂问题背后真正的线索。诺贝尔奖获得者圣地亚哥·拉蒙-卡哈尔说过:"多数缺乏自信的人对持久的精神专注产生的非凡力量一无所知,这种脑力的极端化能够改善判断、增强分析、激发有益的想象,像收集火种那样,把在黑暗中探索问题时遇到的理性因素聚焦起来——可以发现那些最微小的精妙联系。"①

有意识地利用自己的潜意识

在研究中,我们经常会被一些难以解决的问题困扰。之所以难以解决,是因为这些问题的复杂性和我们思维的局限性。我们的思维可能经常是片面而狭隘的,也可能是零散不系统的,无法发现事物之间的联系。但幸好的是,我们的潜意识会在我们没有察觉的时候,继续工作。

有意识地利用自己的潜意识能够在一定程度上帮助我们克服思维的局限性。很多人有这样的经历,一个困扰很久的问题,在晚上半梦半醒的时候灵光一闪,突然想到了解决方案。张燕就很善于利用潜意识,经常听她提起灵光一闪、解决某个问题的趣事。我也经常在洗澡、洗脸、跑步、半梦半醒的时候突发灵感。我想,要想灵感一动,首要的是要先把问题放入脑子里。问题就算当时解决不了,也要开始思考。这样当你在做其他事情的时候,潜意识还会继续工作。

这样的灵感一动,也更多地发生在长时间思考某个问题未果之后。长时间地考虑某个问题,或者在某个问题周边打转,就算是没有解决问题,也仍然是有意义的。很多时候,距离问题的解决可能只差了临门一脚。

---

① 圣地亚哥·拉蒙-卡哈尔著,刘璐译,《致青年学者:一位诺贝尔奖获得者的人生忠告》,新华出版社2009年版,第42—43页。

第3章 困惑与选择

是否以学术为业

以前看过物理学家理查德·费曼的一句话，大意是，人生这么短，为什么要做不喜欢的事情？我深以为然。起初从事学术可能有很多原因，比如"文章千古事"，比如"为往圣继绝学"，比如羡慕学者的生活方式，比如希望功成名就，但是当真正以学术为业的时候，我觉得理由应该是喜欢。

我们每个人都有自己的价值判断，也都在追寻属于自己的生活的意义。你是否从心底真正认同学术工作所创造的价值？是否想要为人类知识边界的拓展贡献一点？学术生活是否为你带来快乐？这个世界上有无数种工作，每个工作都在为社会提供自己独特的价值，学术只是其中一种。找到自己为社会创造价值的方式，无论是学术还是其他。毕竟，只有喜欢，才能真正关心所研究的问题，真正专注进去。

> 只有先具备了关怀之心才能全身贯注。换句话说，你必须由衷地想去了解一件事物，才会付出全部的心力去察觉它。
>
> ——克里希那穆提

不要重复做容易的事情

以前看到一篇介绍余英时的文章，一个记者问他为什么有这样的成就，余英时说他年轻的时候，每天睡前都要问自己，你今天学到了什么？我觉得作为一个博士生和年轻学者，我们其实每天也要问自己，你今天学到了什么？当完成一个研究之后，要问自己，你从这个研究中学到了什么？当进行新的研究的时候，要问自己，你的研究和上个研究相比，哪些方面是提高了的？

我认识不少博士生，无论是知识基础和研究能力，都很有潜力。但是一段时间过去了，你发现他们虽然发表了不少论文，但是研究水平还在原地打转，并没有真正意义上的提高（我有段时间也是如此）。我觉得一个重要的原因是选择——重复做容易的事情。新的研究只是旧的研究的重复。结果论文发表了很多，但对学术的热情就在这重复中丧失了——既没有看到研究的价值，也没有看到自己的进步。很多人忽视了一点，我们评价科学研究，并不是根据这项成果的完成速度来评价,而是根据成果最终的质量来评价。

重复做容易的事情背后有多种原因。其中一个原因是焦虑。急着发表,急着毕业,急着工作。而焦虑和看问题的视角有关。虽然创新的研究很难做,花费的时间更长,但是做完之后的收获巨大,那是同样时间重复多个容易的研究比不上的,这种收获不仅在自己研究水平的提高上,而且在学术影响力和自信上。从长远的角度而言,困难的创新研究其实收获更大。

重复做容易的事情的另一个原因是,不相信自己能做出好的研究。科学研究并不是只有聪明、思维敏捷、记忆力超群的人才能走的路——即便最聪明的人,在科学研究中也需要长时间的投入才能取得真正创新的成就。而思维慢或许是大脑的自我平衡方式,思维慢的人可能更适合长时间的思考。哈耶克指出,记忆困难的困惑性的头脑,也可能通过不断的思考做出创新的成就,甚至更有优势。事实上,凭借过人的聪明、记忆力、思维敏捷并不一定能获得科学发现,而通过训练和思考问题的习惯的培养却更有可能有新的发现。

我想,从长期观点看问题、做选择,长期而专注地思考,将自己的生活塑造成适合学术的方式,我们每个人都可能成就不可能——多花点时间就能做到。

附录　谱写学术生涯的美好乐章

武常岐

当李瑜顺利完成她在北京大学博士阶段的学习,作为一位年轻的管理学者即将走向工作岗位的时刻,她来到我的办公室。回想起李瑜2003年到光华管理学院攻读博士学位,转眼六年的时间就这样过去了。在这些年里,我们经常在一起讨论研究问题,从方法到理论,从数据到结果的呈现和解读。但在即将毕业的时刻,作为博士期间的导师,我知道,李瑜将迎来的是真正的学术人生。当时在我的书架上,摆着一本由两位美国管理学者 Peter Frost 和 Walter Nord 编写的 *Rhythms of Academic Life: Personal Accounts of Careers in Academia*。这本书不是学术著作,而是美国研究型大学的学术前辈们对于事业发展的一些看法和建议。我更喜欢这本书的书名——"学术生涯的韵律"。作为毕业的祝福,我

第3章 困惑与选择

把自己收藏的这本书送给了李瑜,希望她在离校后的学术生涯里,按照自己的韵律,谱写美好的乐章。

李瑜2003年加入光华管理学院攻读博士学位的时候,学院正在大刀阔斧地进行改革,推出了一系列的改革措施,包括改变教师的招聘和晋升制度,停止招收在职博士生,以及在企业管理的三个领域(市场营销、组织管理和战略管理)试办IPHD项目。IPHD项目按照美国一流研究型大学管理学院的博士生培养模式训练学生,全英文教学,在主要由光华本院的老师授课的基础上,邀请全球顶级的学者来学院主持讲座和短期课程,使得学生在学校期间能够接受全球最好的学术训练。同时,在博士学习期间的高年级阶段,要求每位博士生拿出一年时间到国际上好的研究型大学访学,接受各自领域有成就和有研究经验的教授的联合指导,使得光华博士生培养的水平尽快提高,达到世界管理学领域研究的前沿,在国际学术交流平台上具备一定的话语权。

光华管理学院营造的这样的学术气氛,对于刚刚开始博士阶段学习的博士生来说也是全新的体验,同学们都非常珍惜这样的学习机会和环境,格外努力。而我作为博士生导师和IPHD项目的负责人之一,一直鼓励学生要志存高远,使得北京大学管理学科培养的学生在世界学术研究领域有自己的声音,逐步建立学术影响力。李瑜报考博士时,光华的IPHD项目还没有启动,但入学后,除了完成本身课程设计要求的全部内容,还与IPHD项目的学生同样修读IPHD项目的课,这些课程都是用英语讲授,内容也非常厚重,对于李瑜来说挑战非常大。但因为她设定了未来走向国际学术舞台的目标,通过艰苦的努力,取得了快速的进步。我那时经常和博士生们讲,不能想象,北京大学毕业的博士参与国际学术交流还要带翻译。能够在国际学术研讨会上准确地表达和有效地呈现学术研究成果,是光华博士生的基本功,作为国际学术交流的工作语言,英语一定要过关。李瑜后来在美国的访学之所以成效很大,和她早期付出的努力有很大的关系。

不同的学生在博士阶段的学习会呈现不同的特点。在博士阶段学习期间,李瑜呈现的特点是,对于科学研究问题的把握非常敏锐,有对于好的研究的直觉和品位。作为博士生,勤奋是起码的要求,但仅仅勤奋是不够的,学术生涯最重要的因素之一,是有好的研究直觉,以及对于研究问题的判断。当然,这种能力的培育往往需要长期的学术积累和对于学术文献的把握,但勤思考、勤动脑还是非常重要的。光华的学术环境的一个重要特点就是经常会有反映学术前沿领域的讲座,李瑜总是积极参加,多发问,多交流,这些对于她学术能力的提高有很大的帮助。

李瑜的另一个特点是行动敏捷。她在博士学习期间和毕业以后,做事情特别快,精力集中。有好的想法,能够尽快完成,把成果做出来。如果是想得多,动手慢,也会影响长期的学术发展。对于成长中的博士生或者年轻学者来说,很大程度上是时间的竞争,研究就是和时间赛跑,早出成果,快出成果,出好的研究成果,才能有大的贡献。李瑜在实证分析的过程中,运用到相当多的运算,要有好的计划安排才能提高效率,而她总能从众多的工作中理出头绪,按照轻重缓急,有条不紊地开展工作。李瑜在就读期间,我承担了历时四年的国家自然科学基金的重点项目——"中国企业国际化战略研究",她是我的主要助手之一,她帮助我协调安排整个研究团队的工作,体现了她的组织能力。

坚实的学术研究基础有待于多年的积累和坚守。在校期间和毕业以后,李瑜一直围绕着产业集聚和企业间的关系进行深入研究,包括她和合作者共同完成有关企业技术外溢的论文,最终能够发表在 *Academy of Management Journal* 上,和她平时大量的积累和反复的研究是分不开的。战略管理学研究着重探讨企业行为和绩效以及两者之间的关系,看上去是应用学科,但对于理论上的造诣和方法上的能力有非常高的要求。很多硕士生和博士生对于运算方法颇为娴熟,但对于理论基础的学习训练投入不够。在李瑜的成长过程中,我一直鼓励她多花些时间在基本理论上。只有具备了好的理论素养,建立了好的理论模型,才能得到好的实证结果,才能对实证结果的意义有好的解读。国内学者基于企业数据从事产业研究有一定的优势,因为可以利用国家统计局发布的规模以上企业的普查数据,但因为数据量大,如果进行复杂的运算时间会很长。在十几年前的技术条件下,大量数据的运算和处理能力还是稀缺资源,我支持李瑜通过北京大学申请到国家超级计算中心的运算能力进行计算。

光华管理学院的IPHD项目在鼓励博士生们独立思考的同时,也鼓励他们与有经验的学者直接进行学术和研究上的合作。我经常跟我的博士生讲,每个学者的研究领域都是非常有限的,希望他们能够从最好的学者那里学到最前沿的东西,鼓励和建议他们到真正的专家那里学东西。李瑜在美国的合作导师——莱斯大学的张燕教授,就是战略管理研究领域中的佼佼者。李瑜在莱斯大学访学的一年,对于她学术生涯的发展非常重要。张燕教授非常认真,对学生的要求很严,也给了李瑜很多具体的指导。虽然作为早期普通的博士项目的学生,出国访学不是必需的内容,这样会延长一年的学习年限,但我还是鼓励李瑜积极争取。开阔的国际视野对于成长中的中国的学术队伍非常重要,而在博士生阶段能够参与国际学术领域的前沿研究对于将来从事高水平的研究帮助极大。

李瑜2009年博士毕业后,就加入对外经济贸易大学国际商学院,开始了教学科研的学术生涯。这些年来,我们一直保持着学术上的交流,也不断听到她的好消息:在顶级期刊上不断发表好的学术成果。2018年伊始,我最开心的一件事就是得知李瑜晋升为战略管理学教授,将会指导博士生和带领团体研究中国经济和企业发展过程中的新问题。中国的战略管理学研究的新兴力量在茁长成长,李瑜正在谱写学术生涯新的乐章!

武常岐,北京大学光华管理学院组织与战略系教授,北京大学国家高新技术产业开发区发展战略研究院院长,光华-思科领导力研究院院长。1990年在比利时鲁汶大学获得应用经济学博士学位。1991—2001年任教于香港科技大学商学院,2001年受聘于北京大学光华管理学院,创办战略管理学系,并任系主任。主要研究领域为战略管理、国际商务、产业组织和竞争策略。研究成果发表在 *Rand Journal of Economics*、*International Journal of Industrial Organization*、*Journal of Management*、*Journal of World Business*、《经济研究》《管理世界》以及《中国工业经济》等国内外学术期刊上。

第4章　从想法到发表：论文创作的过程与学习心得

〔韩〕崔成镇

Seong-jin Choi, Nan Jia, & Jiangyong Lu (2015). The structure of political institutions and effectiveness of corporate political lobbying. *Organization Science*, 26(1): 158—179.

编者导言

　　这篇文章的作者崔成镇是本书邀请撰文的青年学者中唯一一位非中国籍的。崔成镇来自韩国，他为了更好地了解中国，放弃了美国大学的邀约，也放弃了去亚洲其他国家和地区学习的念头。由于他希望更好地了解中国的历史和社会，他选择了北京大学光华管理学院。可见，他是一个目标明确的人。

　　成镇来到北京大学学习，在学习和生活上遇到的困难要比国内的学生大得多，不过他付出超出常人的努力，克服了种种困难，尤其通过一些有效的学习方法，掌握了理论和数据分析技术，并且修炼出撰写学术论文的基本技能。他分享的方法非常值得借鉴，可以当作博士生在学术道路上快速入门的诀窍。

　　成镇当初对于论文的思路是独立的，也是清楚的，他自己也认为是有意思

第4章 从想法到发表：论文创作的过程与学习心得

的。然而，先后投寄三本学术期刊却都被拒绝了。一般人面对再三被拒可能会因心灰意冷而放弃。但是，成镇却坚持了下来并最终取得了成功。原因大致有三：一是他能够从评审人那里获得有益的信息，不断地对研究进行思考和修改；二是他能够不间断地与导师保持交流，获得导师的指导和鼓励；三是他在导师的引荐下找到了非常优秀的海外合作者。不过，这三个难得的条件也不能保证论文就能够发表。正如他在这篇文章中所叙述的，他们创造性地改变了思考问题的视角，使得论文的理论贡献得以凸显，这才是成功的关键。

成镇进入韩国汉阳大学任教之后，能够恰当地平衡研究、教学和家庭之间的关系。韩国大学与中国大学一样，对于青年教员的要求也很高。对于在中国大学任教的年轻人而言，如何熬过最难受的那段时间，同时保持在研究和教学上的优秀，成镇在文章最后分享的几点做法十分有益。

一个小的花絮可以说明成镇的工作风格。他在2017年最后一天的16:20将完成的这篇文章的初稿通过电子邮件发给本书编者之一张志学，实现了他此前答应在2017年年底完成文章的诺言。张志学在办公室工作了一天，准备去游泳时打开成镇的这篇文章看了一遍，以便在游泳时可以思考给他提哪些建议。但在读文章的过程中，张志学被成镇的真诚分享吸引住了。由于他的文章是以韩文写好后经他人翻译成中文的，张志学禁不住也做了些改动，自然也就忘了去游泳，修改完文章时已是21:49。将修改稿发给成镇后，他当天22:57回信说接受所有修改，并会根据建议尽快完成修改稿。2018年1月1日凌晨2:03分他发来修改过的稿件，并在正文中被提出修改意见的地方用韩文做了修改，同时在旁边批注处做了简单的回应，并请人翻译成中文。上述时间都是北京时间，韩国与中国的时差是一个小时，从中你可以看到一个按照计划做事、及时回应和勤奋工作的年轻人！

成镇博士毕业论文的指导老师路江涌教授在其撰写的文章中进一步阐明了他们论文的基本思路，以及成镇的学术发展道路。

我从韩国来到北京大学光华管理学院攻读博士时，就立志在国际一流学术期刊上发表论文。我的愿望终于实现了。不过，这个过程相当漫长和艰难。我希望借写作这篇文章的机会，回顾这篇论文的创造过程以及投稿后经历的曲折。

博雅光华：在国际顶级期刊上讲述中国故事

从我的经历中可以看出，读博期间的学习以及导师的指导和支持非常关键，当然作为博士生和青年学者自身也需要提升自己的能力。我在对论文从构想到写作，到修改，直到最后发表进行了反思之后，结合自己的经历谈了谈从事学术研究的心得。希望后来的博士生和青年学者在顶级期刊上发表论文，比我走得更快、更顺利。

研究的想法来自何处？

我于2007年进入北京大学光华管理学院就读IPHD项目。我本科毕业于韩国的大学，所以在我所有的博士同学中，我是唯一的外国学生。在就读北京大学光华管理学院之前，我已经对企业的政治行为非常感兴趣。特别是在韩国、日本和中国，政府对企业的影响很大。因为中国的法律和制度环境根据政府的政策而变化，所以我认为理解政府的作用才是研究企业和战略的核心。但是，在现有的论文中，很多人认为企业的政治行为已经成为已知条件，因此没有人正式地研究它。另外，如果研究企业的腐败，那么与此成果相关的工作可能会让一部分人觉得不愉快。有些人认为企业的政治战略不是与企业经营相关的领域。但我认为，即使是出于这种认识，也一定要研究企业的政治环境。因为研究别人不经常研究的领域虽然是一个具有风险的选择，却反而会成为一个机会。我在就读硕士的时候，研究了韩国的朝鲜时代和日本殖民时期的经济发展状况。当时也出现了类似的情况，为了测定朝鲜时代和日本强占时期的经济成长，使用了现有的经济学家们预测经济变量时常用的国内生产总值、劳动者的薪资、营养状况、幼儿死亡率等代理变量。但我认为，这些变量在当时资料不足、保存不完善的情况下，不可能成为准确的经济指标。所以我查找了与人的身高相关的资料，即将身高的趋势作为预测经济发展状况的因变量。不同于现在，在朝鲜时代几乎找不到关于人的身高的资料。但我在不断的努力之下，终于找到收录在征兵资料中的人的身高的信息。例如，在日本强占时期，可以找到关押在监狱中的受刑者们的身高资料。虽然个别人的身高并不一定能代表一般的营养状况和经济水平，但如果个别人的身高和平均身高长期持续增加，就可能与经济增长有密切的关系。就是以这样的研究，当时还是硕士生的我在等级相当于SSCI期刊的经济

第4章 从想法到发表：论文创作的过程与学习心得

学专业学术刊物上发表了论文。在就读博士的过程中,我也研究了很少有人去研究的领域,并采用了大家都较少采用的角度及分析方法,很想通过发表论文的方式与大家共享成果。

由于在就读博士的第一年与第二年中最重要的也是最应该先做的是积攒实力,所以在进入北京大学光华管理学院学习的前两年,我在学习必修科目、阅读相关论文的过程中,耗费了大量的时间,根本没有时间,也找不到机会深入地探讨企业政治行为这个研究主题。正式开始研讨论文的主题是在遇到路江涌教授之后。路江涌教授原先在清华大学做研究并指导学生,2009年到北京大学光华管理学院担任副教授。我拜访了路江涌教授,并说明了我最感兴趣的研究主题是企业政治行为。很感谢路江涌教授愿意指导我,成为我博士毕业论文的指导老师。在那之后,他对我的博士毕业论文给予了很多指导,提出了很多富有建设性的意见。

在准备论文主题的过程中,最重要的转折点出现在路江涌教授建议我研究世界银行(World Bank)的企业调查问卷这项工作中。世界银行的企业调查问卷包含了广泛的企业信息和丰富的内容,特别是包含了对企业游说、腐败等政治战略的重要情报,数据的规模也超过数千家,这些数据非常有价值。最初,我花了很多时间来了解并整理这些数据。在此过程中,我一直在思考,哪些变量最适合解释企业的政治行为呢？在后续的研究中,将哪些变量作为因变量,又将哪些变量作为自变量呢？我花了大约一个月的时间完成这些基础资料的整理。同时,我也找出了企业政治战略的相关参考文献,并对其进行了整理。我特别参考了最近对企业的政治战略开展实证研究的文献,下了很大的功夫去思考这些研究如何选择变量、以何种方式分析其变量。我选择的文献都是发表在 *Strategic Management Journal*、*Organization Science*、*Journal of International Business Studies*、*Academy of Management Journal* 等与战略管理有关的学术期刊上的,我对最近十年发表在这些期刊上的所有关于企业政治战略的论文进行了整理,并努力总结出最近的这些文献代表的研究趋势和特征,以便能够从中找到适合自己做的课题。

如何发展研究主题？

对于只学习了两年博士课程的我来说，正式撰写论文并构建大框架是一个相当困难的过程。我本科在韩国的大学专攻经济学，在硕士期间攻读了与战略管理关系甚远的经济史。已有的知识积累使我感觉对论文主题进行具体化非常困难，而分析数据对我而言难度就更大了。当时我的导师路江涌教授不断鼓励我，使我有了很大的勇气。我每星期至少找他两次进行咨询，他与我碰面不仅仅是指导论文的大体方向，而且检查每周的进度，并对下周的计划提出建议。经过一段时间的思考和讨论，我决定将研究聚焦于以企业政治战略为中心的各种腐败类型，并以此作为论文的主题。

为什么将企业腐败作为研究的主题呢？我们当时做这个决定是出于以下几个原因：第一，当时已有的关于企业政治战略的大部分实证研究基本上都是以游说、企业家是不是党员、企业家是不是前任公务员等作为变量，几乎没有直接针对企业是否参与游说行为进行测定分析的研究。因此，如果对企业的腐败进行实证研究，将能发现有意思的结果。第二，游说与贿赂不同，游说是一种有助于企业积极地改变所处环境的政治行为，因此是一个测量企业积极的政治战略的合适变量。此前的很多研究都集中在企业被动的政治行为上。事实上，无论在发展中国家还是在发达国家，都有许多企业在努力改变自身所处的政治环境，以便提高企业的业绩。然而，这一现象在现有的论文中根本没有得到充分的讨论和研究。

基于以上的基本想法，我们决定探讨以下两个研究主题。第一，企业拥有的政治力量越强，企业是否越会积极地实施游说战略？第二，企业外部的政治状况越趋向于分权（decentralized），政治力量是否就会越对企业进行游说产生影响？关于第一个研究主题，我考虑了两种相反的可能性。企业的政治能力突出使得自身已经处于有利的地位，在这种情况下，即使不依赖于游说等政治行为，也能取得理想的效果。因此游说不是积极的影响。但也有可能存在相反的假设。我认为，政治实力雄厚、操作熟练的企业，为了灵活运用这种优势，反而会更积极地展开游说等政治战略。鉴于现有的研究都没有充分探讨这个问题，我预期这将

第4章 从想法到发表：论文创作的过程与学习心得

会成为一个有趣的问题。我和指导教授认为，企业的政治力量也可以从两个方面进行测定。企业既可能会拥有独立的政治力量（independent corporate political capability），也可能会拥有与产业内其他企业共同形成的集体的政治力量（collective corporate political capability）。前者的政治力量可能有利于执行等同于游说行为的单独政治行为，但对游说等集体政治行为也会起到积极的作用。由于政治经验丰富的企业很了解该如何劝说政府及立法部门的公务员和政治人士，所以为了灵活运用这些经验，反而可能会经常进行诸如游说等政治活动。而后者的政治力量也是开展像游说那样的政治活动所必需的条件。参与游说的企业需要花费相当长的时间和大量的资金，但游说的成果则是产业中的所有企业都能共享的。因此，解决搭便车问题才是有效的游说行为的重要条件。集体政治力量有助于发挥这种作用，因此，具有集体政治力量的企业将更加积极地开展游说活动。

我们认为，不仅是企业的政治力量，企业所属的外部状况，即国家的分权程度也是决定游说的重要因素，即国家分权意味着国家立法过程中存在很多牵制作用（checks and balance）。不管是哪个企业为了营造有利于企业的环境（即使向特定的政治家和官僚进行游说），如果进行竞争的其他牵制力量巨大，那么游说的效果就会减弱。原因在于，反方可以牵制游说的竞争势力，妨碍游说过程。我们参考了现有的政治研究，从两个侧面测定了国家的分权程度。首先是横向分权（horizontal decentralization），是指在中央政治的立法体系中，牵制势力的力量是否强大。在执政党和非执政党的势力相当的国家，通过选举而进行周期性交替，更能实现横向分权。其次是纵向分权（vertical decentralization），是指是否存在强大且独立的地方政府。例如，地方自治区比较发达的国家，往往是分权程度较高的国家。有趣的是，横向分权和纵向分权并不一定是正向关系。例如，中国的横向分权程度比较低，但由于地方政府的数量较多，其纵向分权程度比较高。因此，我认为，通过横向、纵向测定分权程度，研究其如何影响企业的游说程度，也是一个非常有趣的问题。

我将论文的两个主题具体化之后，便开始了数据分析。针对这两个主题开展的研究以及另一项研究构成了我最终的博士毕业论文。前文中说的两个研究主题主要是针对企业游说，而另一个主题则是关于企业游说的先行条件是什么，以及企业的游说行为是否会对企业的业绩产生正面积极的效果。这样，我的博士毕业论文的框架就包括了影响企业政治行为的原因以及政治行为的结果。这一研究的意义在于，可以拓展看待企业政治行为的视野。

如何与合作者进行合作？

完成了数据分析之后，我便开始正式的论文写作了。我将完成的论文投寄到众多的国际学会，在会议上宣讲论文，收到了很多反馈和意见。我据此对论文做了进一步的修正。2011年下半年，与路江涌教授商议后，我们决定将论文投到国际学术期刊去接受评审。投稿的第一个刊物是 Journal of Business Ethics，该刊物的内容主要是关于企业的伦理道德及企业政治行为的实证研究。我认为我们的论文和该刊物的主题方向是一致的。责任编辑和评审人进行了详细的评论，但却没有接受我们的论文，也没有给我们修改后重新提交的机会。其中最主要的原因是，我们的研究中使用的数据不是面板数据而是截面数据，数据的来源单一，所以具有局限性。责任编辑和评审人都指出，我们需要修改同源变异（common method variance）问题。而且，他们也指出了文章在理论方面存在的不足。根据这些意见，我对文章做了修改，尽可能解决了这些问题。修改之后我把论文投给了 Management International Review，这是国际商务领域的专业学术刊物。由于这篇论文中使用的数据是跨国的（cross-national）结构，我认为以国家之间不同的政治环境作为研究主题正适合这份期刊。但是，这一次投稿还是被拒了。

两次投稿的失败让我明白，在没有深入考察企业游说的情况下，以数据驱动的方法（data-driven approach）进行的实证研究，即便从数据分析中发现了一些结果，也难以在A类和B类的刊物上发表。2012年，在我面临不知如何继续往下走的时候，路江涌教授给我介绍了一位非常优秀的合作者，她就是美国南加州大学马歇尔商学院的助理教授贾楠。贾楠在北京大学光华管理学院本科毕业后，在加拿大多伦多大学管理学院攻读战略管理专业的博士学位。由于她对企业的政治战略进行了卓越的研究，并且在 Management Science、Strategic Management Journal 等期刊上发表了几篇高水平的论文，因此路江涌教授相信

第4章 从想法到发表：论文创作的过程与学习心得

她一定能够帮助我改进论文。事实上，贾楠博士的确成了我的良师益友。我们定期通过电子邮件和Skype开会，反复讨论文章的撰写思路和修改计划。其核心内容可分为以下两点。第一，在现有的非市场（non-market strategy）理论中，企业内部的政治力量和企业外部的政治环境大部分是分开的，但我们想把这两个要素有机地、有条件地结合在一起。第二，在现有的理论中，企业所属国家的多元化程度对企业政治行为产生的影响截然相反，但我们进一步介绍了选举责任（electoral accountability）的概念，并试图理解这一矛盾。

我们进一步加强了文章的理论贡献，并且彻底修改了实证研究的模型。通过这样的修改，文章的内容发生了很大的变化。我根据新的模型重新对数据进行全新的分析。在此过程中，我抓住了一个好机会。北京大学每年都会选拔优秀的博士研究生到海外大学去学习一年，并且为学生提供学费和奖学金，以保证学生更好地完成学业。这个政策以前只适用于中国学生，但在指导教授的强烈推荐下，我作为外国留学生第一次享有了这样的待遇。我在申请书上详细说明了我的研究主题和接待教授的作用，并记述了为何选择在该大学进行研究。我在北京大学的资助下，于2012年1月赴南加州大学马歇尔商学院研修。在贾楠博士的关怀之下，学院给我安排了独立的研究室。通过与贾博士的定期会面讨论，我修改了论文的内容。除了修改论文之外，我还参加了该校的学术研讨会，从中学到了很多东西，而且还与南加州大学的博士研究生们逐渐熟悉并变得亲近起来，也得到了他们很多的帮助。我们把修改后的论文投稿到了 *Strategic Management Journal*。这次获得了相当好的评价，但最终还是被拒了。责任编辑建议我们以研究笔记的形式重新投稿。责任编辑认为，这篇文章虽然缺乏足够的理论贡献，但其实证结果非常有趣，如果我们以研究的实证分析为中心重新整理论文的话，会引起同行的关注和评论。由于要求以研究笔记的形式投稿，因此我们大幅减少了理论性的贡献点，对以实证为中心的内容进行了简短的编辑。但是，评审人仍然以我们没有对"企业的政治行为为什么会减少政府的干涉，企业政治行为的效率性为什么取决于国家的政治体系"进行详细的理论说明为由，拒绝接受我们的论文。

博雅光华：在国际顶级期刊上讲述中国故事

如何具体化研究主题？

虽然收到了令人失望的结果，我和合作者们却并没有被挫败，而是一遍又一遍地阅读、分析评审人给我们的每一条意见。我们开始思考如何才能拓展研究的内容，使其变得更加完善。我们决定将文章中原来的"游说决定"改为"游说的影响力"(effect of lobbying)。现在，游说作为自变量，游说的影响力是因变量，调节变量还是原先的国家的分权程度。我们的新研究主题发生了这样的变化：首先，在游说企业的后果，也就是游说的影响力方面，并非所有企业都相同。其次，根据企业所处的国家分权程度，游说的影响力将有所不同。虽然这样的内容比以前更简单了，但我认为这会引起更多人的兴趣。实际上，是否游说的决定在实践层面很难具有重大意义。然而，在游说的企业中，哪个企业会有更大的影响力、其后果如何在实际中有更大的意义，也应当受到企业家们更大的关注。这个变化使得文章的理论贡献更加突出了。在现有的部分研究中，从制衡观(veto point)[①]来看，国家多元化程度越高，游说的影响力就越小。这与我们当初的研究主张一致，但有研究认为，从支持观(entry point)来看，国家多元化程度越高，政客和公务员对企业有好感的概率就越高，因此看得出游说的结果会变得更好。这与制衡观正好相反。在现有的游说研究中，尽管存在两种完全不同的观点，但并没有研究对此在理论上进行统一的整理。因此，我们认为新的研究模型比之前的模型更具现实意义，理论贡献度也更大。

如何进行论文的修改？

我们将修改后的论文投给了 *Organization Science*，通过三轮评审获得众多评审人的意见和反馈。其中最难回应的是以下两点：第一，由于论文的主题是对

---

① 张志学专门就 veto point 和 entry point 请教了这篇论文的作者之一路江涌教授。他解释说，veto point 更像是个哨卡，即有多少人或机构可以行使否决权，就是三权鼎立互相制衡这种思想设计的制度安排。entry point 是找到政治制度里切入点的机会，切入点在这里指的是同情企业政策观点的政客（或者与企业政治观点相似的政客或官员）。张志学决定将两种观点分别翻译为"制衡观"和"支持观"，路江涌表示赞成。——编者注

第4章 从想法到发表：论文创作的过程与学习心得

企业的政治战略,所以不适合于 Organization Science。幸运的是,我们的文章并没有被责任编辑拒绝,而是发给了评论专家。不过,责任编辑和评审人都要求我们说明为什么这项研究与企业层面的组织研究有关,以及为什么这项研究符合 Organization Science 读者关注的方向。第二,评审人对方法论提出了建议。由于主要变量都来自问卷调查,存在测量中的自我报告(self-measurement report)的问题。另外,也存在不使用面板数据的缺点。为了解决这个问题,我们使用了 Jensen 等(2010)[1]的方法,即引入关于政治影响力的国家水准的客观变量,把它当作工具变量加入回归分析中。通过这种方法可以避开评审人提出的问题。修改后重新提交的过程中,最重要的是与合作者的有效工作。在理论层面上,贾楠博士的角色最为重要。在评审人的指责中,最艰难的是说明论文的方向和理论贡献,此时贾楠博士的引导发挥了很大的作用。在方法方面,我主要负责统计分析以及修改内容。根据评审人们的要求,需要尝试各种统计方法,这时路江涌教授的建议和鼓励就会成为巨大的力量。路江涌教授对更新过的理论和实证部分进行了详细的检查与修改。我们三位合作者分别居住在韩国、中国和美国,有时差,因此文章的修改过程需要来回 24 个小时。举例来说,阅读贾楠博士在凌晨发送的邮件之后,我在下午回复,路江涌教授在晚上阅读并进行修改再发送给我们。修改论文的过程是非常艰难的。我主要负责统计分析,数据结果与预期的结果不一致时,会产生强烈的挫败感。在解决部分难题的过程中,有时睡着了还会被噩梦折磨。由于当时我的父亲得了重病,我不得不带着笔记本电脑在医院食宿了一个月,一边看护挣扎在死亡线上的父亲,一遍进行统计分析。虽然很辛苦很累,但我觉得完成这篇论文就是对父亲尽的孝道,所以咬紧牙关坚持了下来。2014 年 8 月 1 日清晨,我收到了贾楠教授关于论文通过的邮件。

从整个经历中学到了什么?

我在韩国专攻经济学,所以自然而然地决定出国留学继续攻读经济学。

---

[1] N. M. Jensen, Q. Li, and A. Rahman (2010). Understanding corruption and firm responses in cross-national firm-level surveys. *Journal of International Business Studies*, 41(9): 1481—1504.

博雅光华：在国际顶级期刊上讲述中国故事

2006年在韩国获得硕士学位之后，在准备出国留学时收到了俄亥俄州立大学的博士录取通知书。但我平时一直想学习有关中国企业环境的知识，同时也申请了包括中国在内的亚洲国家和地区主要的大学。结果，还获得了香港大学、新加坡国立大学、清华大学等大学的入学许可。虽然我在韩国的指导教授们强烈推荐我去美国和中国香港的大学，但为了学习有关中国的知识，我决定要上历史悠久的北京大学，最终在北京大学光华管理学院入学了。

虽然刚开始来到中国所有的一切都很陌生，生活也并不容易，但这对我来说是一个很好的机会，尤其是能遇到路江涌教授是我人生中最大的幸运。在攻读博士的过程中，我以能够在知名期刊上发表文章为目标而专心学习，最终达到了这一目标。如果没有北京大学光华管理学院高水平的课程以及指导教授的有效指导，这是不可能的事情。回过头来看，我能够实现自己的目标主要有以下几点原因：

第一，在光华管理学院的前两年，我主要听了经济学、国际商务、战略管理的必修研讨课，对没有企业管理基础的我来说，这是一个能学到高水准学术期刊上发表的论文的好机会。特别要分享的是，我在学习战略管理的主要理论的同时，将所阅读的论文的主要内容整理成了 MS-Word 模式储存。对于如何进行讨论、建立假设并整理结果，我通过练习阅读学术期刊上的论文来学习。为了练习写论文，我努力背诵学术期刊上的文章。在计量研究方面，我一边听光华管理学院的课程，一边学习统计知识，运用 Stata 的技能取得了长足的进步。通过收集刊登在知名期刊上的实证研究和数据，坚持不懈地持续进行数据分析练习。理论和计量知识方面笔记的整理，对二年级结束后的论文综合考试很有帮助。

第二，通过与指导教授定期会面，我确定了论文主题，掌握了必要的理论知识，计量方面的能力也提升了。为了成为优秀的学者，我意识到养成良好习惯的重要性。比如，在学习和生活中如何有效地分配时间、如何整理参考文献、如何保存主要论文、如何获得合作者的信任、如何进行合作研究、如何养成有效率的学习习惯，以及如何与指导教授形成良好的关系，等等。我经过积极努力的学习和改变，做到前面说的那几点而成了学院的模范生。特别好的一点是，每周有一次指导教授与学生们的论文研讨会，通过这个研讨会我了解到其他同学的论文主题，讲解了自己论文的主要观点，并得到了相关反馈，这些都是非常有益的。

第三,作为青年学者,想要在知名期刊上发表论文,与优秀学者的合作是非常重要的。通过光华管理学院的人脉和指导教授的推荐,我先后与美国、英国、中国香港的顶级学者们合作研究并撰写了论文。与他们的合作,弥补了我在学习能力上的不足并提高了论文质量。在正式投稿之后,有时会遇到挫折,有时也会感到失望。但是在这一过程中得到了很多人的认可,尤其每次得到指导教授和合作者的鼓励及指导,就感觉又有了新的希望。

我想向希望在一流期刊上发表论文的后辈们提出以下建议:

第一,要不断阅读论文和练习。比如,我搜索了许多在战略管理期刊上登载的论文并把它们保存下来,同时努力了解最近的研究趋势。首先,针对 *Strategic Management Journal* 等核心刊物,尽可能地把所有论文下载到 Dropbox 里保存下来。利用电脑、平板电脑、电子书等多种媒体,一有时间就阅读。另外,利用谷歌学术来了解其他期刊上与本人的研究主题相同方向的论文的最新动向。如果事先把重点词汇标记在谷歌中,相关论文一刊登就可以通过电子邮件接收到。另外,路江涌教授及其学生每年都会整理战略管理领域知名学术期刊的目录和摘录,并共享成 Endnote 文件。利用这样的 Endnote 管理程序,随时都可以在短时间内找到所需要的论文。

第二,与优秀的合作者一起工作的机会非常重要。为此,需要切实做好自己擅长的部分。我花费时间整理了世界银行的数据,并将内容具体化了。此外,我还努力掌握最新的统计技术并将其具体化,以便得到合作者的信任。由于写学术文章的学者们一般都同时在写其他论文,时间不足的情况较多。因此,有必要表现出竭尽所能、切实履行自己所负责的部分的姿态。与优秀的合作者一起工作能学到很多东西,在和他们一起工作的时候也更进一步地巩固了在博士期间学到的知识,所以应该要珍惜这样的缘分,保持良好的关系。

第三,要努力把计量研究的水平提升到高级水平。博士课程的学生和青年学者们缺乏理论上的深度。当然,虽然为了发展成为独立的学者、为了提高理论水平,需要坚持不懈的努力。但是,为了和学界的大师们合作、为了引起他们的兴趣,搜集有趣的计量资料,并通过计量分析的方法达到学术期刊的基本要求,这种核心能力的培养是必不可少的。比如,我坚持不懈地阅读 *Strategic Management Journal* 等学术刊物,如果新的必要的计量方法被开发出来,我都会努力去学习。

第四,坚持不懈地阅读最新的企业案例也是非常重要的。对青年学者来说,阅读论文固然重要,但同时也不能忽视企业最新的动向,此外具备定性的问题意识也是不容忽视的。比如,我想了解国外的案例,就会阅读 *Harvard Business Review* 和 *MIT Sloan Management Review* 上的文章;想了解韩国的案例,就会阅读 *Donga Business Review*。特别是在韩国的案例中,我经常会把重要案例的研究内容整理成剪报,并保存到 Dropbox 里,以便在休息的时间阅读。为了撰写论文,虽然擅长进行计量分析对青年学者来说是最主要的,但如果过于陷入计量性的问题,认清现实的视野可能会变得越来越窄。因此,在掌握企业案例和趋势方面也不能怠慢。另外,我身边有很多一边经营企业一边在读 MBA 课程的学员,大学周围也有很多产业聚集地,因此经常有机会进行面向企业家的采访和现场实习等活动。在尽量不耽误其他时间的情况下(比如利用午休时间),也可以研究企业的案例。

第五,努力在学术界取得好口碑。为此,要不断参加美国管理学会年会、国际商务学会年会及 IACMR 双年会等主要国际学术会议,并在会上发表论文。在光华管理学院,为了鼓励博士课程的学生能够在上述国际学术会议上发表论文,都会有相应的财政支持。在博士课程一、二年级时,虽然参加国际学术会议并发表论文是一件让人非常紧张的事,并且可能会因担心本人的论文水平过低而不够自信,但也可能会获得非常好的经验。参加学术会议有助于提高论文水平,并有助于找到合作研究者。

最后,要努力管理好时间。管理学习时间固然重要,但适当地平衡生活、家庭关系,安排休息时间等也很重要。作为青年学者,刚到学校开始工作的时候,由于学校要求的教学、研究和行政事务等,会导致研究时间不足。尤其是在韩国的大学,青年学者的研究时间相当不足。为了克服这样的制约和界限,要拥有合理地分配教学、研究、行政等时间的智慧。另外,为了不和帮助我的家人的关系变得疏远,也需要分配时间与家人相处。俗话说"一篇好的论文是用鲜血和眼泪写出来的"。登载在知名学术期刊上的每一篇论文都包含着作者智慧的火花和辛勤的劳动。我能够经历了这样一个努力的过程,感到无限荣幸和喜悦。

发表在 *Organization Science* 上的这篇论文也是我人生中最宝贵的成果之

一。今后我将以这篇论文作为开端,努力取得更多的研究成果。如果有想与我共同研究的学者或需要帮助的中国后辈们,请随时联系我,我将会诚心诚意地帮助你。因为我在北京大学获得了太多的恩惠和机会,所以现在想要报答这些恩情。再次感谢路江涌教授和贾楠博士的奉献精神以及他们对我的激励。最后,我想把这份荣光归功于我已经去世的父亲。谢谢!

附录　崔成镇同学的学术发展

路江涌

　　北京大学光华管理学院是一个国际化程度比较高的学院。自从设立 IPHD 项目以来,学院招收了一些国际学生。崔成镇是来自韩国的一位同学。他曾在韩国著名的首尔大学获得硕士学位,于 2007 年加入光华的 IPHD 项目。由于韩国 20—30 岁的男性公民必须服兵役,因此崔成镇的年龄比同年级来自中国的同学要大一些,也更加成熟。在光华读书期间,他成了两个孩子的父亲,有一个男孩和一个女孩,非常可爱。

　　我和崔成镇同学的合作始于他的一次敲门拜访。那时我刚来光华管理学院,对光华的博士项目还不怎么了解。成镇在通过博士生资格考试之后不久,来到我的办公室,向我咨询一些研究方面的问题。我对他的初步印象是,韩国同学尊师重道,感觉比较靠谱。于是,我答应和他一起就他感兴趣的研究问题进行讨论。所以,我在 2009 年正式成为他的论文导师。

　　我当时的想法非常简单。成镇是来自韩国的同学,会讲韩语、英语和中文。他在韩国长大,将来很可能回韩国工作。如果他去韩国的大学工作,那么他将成为商学院里为数不多的在中国取得博士学位的教师。中国是韩国企业的最大市场,韩国企业需要对中国的商业环境有很好的了解,韩国的商学院也会和韩国的企业一样,对了解中国市场的韩国教授有很大的需求。这个情况决定了成镇与在韩国大学工作的大多数青年教师不同,他们一般是在美国拿到博士学位,也许英文说得更流畅一些,但对中国的情况一窍不通。战略讲究差异化,方向错了,再努力也没用。带学生也是一样。就这样我抱着尝试的心态,答应做成镇博士毕业论文的指导老师。他是我指导的第一个博士生,所以这个选择也是有很大的不确定性的。

在成镇选择博士毕业论文题目方向的时候,我给他的建议是:选择对中国和韩国都有意义的题目,而且这个题目最好能够对更大范围内的企业有借鉴意义。于是,经过一段时间的讨论,他选择了企业的政治战略这个方向。众所周知,韩国和中国有类似的社会文化背景,政府在经济发展中起的作用非常大。作为企业家,如何处理好和政府的关系,是两国企业都面临的也是需要解决的重大课题。

在经过一年的讨论之后,我们完成了两篇论文的设计和数据收集。其间,我和在美国南加州大学工作的合作者贾楠博士提到我和成镇的研究。在交流的过程中,贾楠很自然地加入了研究团队,一起推进这些研究工作。

2012年年初,成镇获得学院和我的资助,到美国南加州大学进行合作研究。在这段时间,我们完成了后来发表在 *Organization Science* 上的那篇论文"The structure of political institutions and effectiveness of corporate political lobbying"的初稿。这篇论文的基本思路是:不同国家的政治体制不同,企业处理与政府之间关系的方式和方法也有很大差别。之前的研究把每个国家看作一个整体,只研究国家之间政治体制的差异对企业政治战略的不同影响。换句话说,每个国家都被当作一个数据点,被赋予一个衡量政治体制的值。这种做法忽略了政治体制在一个国家内部的结构差异。例如,有的国家比较大,从中央到地方有好几级政府,有的国家非常小,只有中央和地方两级政府。政府的层级不同,管着一家企业的政府机构数量就不一样。因此,我们这篇论文以"国家政治体制的结构"为切入点,研究不同国家企业政治战略效率的差异。正如成镇在他的随笔中所回顾的,这篇论文命运坎坷,但最终还是被顶级期刊接受并发表了。在这个过程中,成镇从事了很多扎实的工作。此外,在对论文进行最后一轮修改时,他父亲病重,而我们三位合作者分别在韩国、美国和中国,几乎是24小时不间断地工作。他当时负责统计分析以及论文中一些内容的修改,事后得知他的很多工作是在他父亲的病床前完成的。在我们的合作中,他从来没有由于个人的原因而有所拖延。

成镇现在任教于韩国汉阳大学商学院,已经成长为该学院关于中国研究和教学的中坚力量。也就是说,我当初指导他论文时的"一闪念"有了结果。他的研究继续沿着结合韩国和中国特点的管理学问题的方向推进。

关于成镇学术生涯的开端,我的总结是:战略学者自己也要有战略思维。在寻找研究方向和规划学术路径的时候,要识别自己能改变的和不能改变的要素。在不能改变的要素方面,需要的是路径选择。比如说,我无法改变成镇作为韩国学生的事实,而只能在这个条件下帮他设计发展规划。在能改变的要素方面,需要的是自我努力。比如说,即使选择了企业政治战略这个方向,没有成镇自己的努力,也是没有用的。

路江涌,北京大学光华管理学院组织与管理系教授、系主任。在香港大学获得经济学与企业战略学博士学位。2015年国家杰出青年基金获得者,2016年获选教育部"青年长江学者"。研究方向主要包括创业、创新、国际商务和国际经济学等。在国内和国际权威期刊上发表论文六十余篇。

第5章 遇见矛盾

张 燕

Ann Yan Zhang, David Waldman, Yulan Han, & Xiaobei Li (2015). Paradoxical leader behaviors in people management: Antecedents and consequences. *Academy of Management Journal*, 58(2): 538—566.

编者导言

在这篇文章中,张燕回顾了他们关于矛盾性领导行为论文发表的历程,坦露了自己选定该领域继续探索遇到的困难。此外,她还结合自己的经历分享了从事好研究的心得。

张燕于2003年进入北京大学光华管理学院攻读博士学位。她是国内第四位以第一作者身份在 *Academy of Management Journal* 上发表论文的学者。难得的是,她与合作者的论文提出了新的概念和理论:矛盾领导行为理论,开创了一个新的领导行为研究领域。

矛盾领导行为描述那些看似对立实则相互关联的领导行为,是领导者在组织管理和运营中动态地应对矛盾冲突的整合性方法。已有的关于如何应对矛盾的研究主要采用情境的或权变的方法(situational or contingent approach),强调分解矛盾的两个方面,而后单独应对其中一方;张燕等人的研究则同时考虑和分

第5章 遇见矛盾

析矛盾中相互对立的两极,并且采用双边设计测量题目(double-barreled item design),准确地提炼出矛盾领导行为的特征。这篇论文系统地构建了人员管理中矛盾领导行为的理论,并提供了丰富的实证证据。论文指出,矛盾领导行为共包含五个维度:整合自我中心与他人中心;既保持距离又拉近距离;既同等对待下属又允许个人化;既强制执行工作要求又允许灵活性;既维持决策控制又允许自主性。这项研究还探讨了矛盾领导的前因和后果,发现管理者个体的整合式思维和认知复杂性直接影响他们的矛盾领导行为,从而促进下属的效率、适应性和主动性。该研究采用主流的研究方法,揭示了实践中普遍存在的一个现象,同时又采用中国传统的理论来建构自己的理论。

这篇论文获得2015年美国管理学会组织行为分支的"Outstanding Publication in Organizational Behavior Award"。这项奖励的委员会包括一位主席和十位成员,他们分别来自马里兰大学、宾夕法尼亚州立大学、密歇根大学、康奈尔大学、纽约大学、伦敦商学院、明尼苏达大学、麻省理工学院、华盛顿大学、多伦多大学、亚利桑那州立大学。委员会成员评审了2015年发表在管理学和应用心理学领域的所有顶级期刊上的文章,这些期刊包括 *Academy of Management Annals*、*Academy of Management Discoveries*、*Academy of Management Journal*、*Academy of Management Review*、*Administrative Sciences Quarterly*、*Journal of Applied Psychology*、*Journal of Management*、*Journal of Organizational Behavior*、*Organizational Behavior and Human Decision Processes*、*Organization Science*、*Personnel Psychology*。此外,美国管理学会会员还可以提名发表在上述期刊之外的重要论文。委员会成员最终选择了张燕及其合作者的这篇论文,代表了国际社区对该文质量的最高肯定。委员会对这篇论文的点评如下:

> This paper offers a fundamental new view of leadership; to be successful, leaders should adopt a both and approach, rather than an either or approach, to leading others. It also uses the Chinese concepts of yin and yang to generate insights into leadership that are likely to transcend cultural boundaries and therefore provides a rare example of integrating non-Western concepts into the leadership literature. The

theory, methodology, and findings are also quite strong.

This paper introduces a truly fresh take on leadership from an Eastern perspective. The authors develop a theoretically new construct, create and rigorously test a scale to measure it, place it in a nomological network, and show its incremental validity over existing leadership constructs. It is the best advance I have seen in this field in years.

"Outstanding Publication in Organizational Behavior Award"这个奖项每年只给予一篇论文,获奖论文被认为是推动组织行为领域发展的重要之作。自1988年以来,每年获奖的论文都成为学界的经典。我们为张燕感到高兴,也为三位出自光华管理学院的年轻学者感到自豪。

张燕攻读博士学位之前,徐淑英和张志学两人对她进行了面试。她在面试中表现出的对于从事学术研究的渴望给两位面试者留下了深刻的印象。她说自己在读硕士时就开始写论文,而由于无法获得跨专业知识的指点而在写作初期倍感困难。谈到这一点时她不可抑止地哭了起来。当时她在国内较好的刊物上有三篇与管理相关的理论思辨型的论文发表,显示出一定的独立思考的能力。当问及她关于一篇英文论文中的 r(相关系数)是什么意思的时候,她坦言自己并不知道。但是,两位面试官从中看到她对于研究的热爱和执着,认为她未来会成为一位优秀的学者。多年之后,她做到了。

我们2015年在 The Academy of Management Journal (AMJ)上发表了一篇题为"Paradoxical leader behavior: Antecedents and consequences"的论文,主要内容是开创了组织情境下矛盾领导行为这个概念,同时开拓性地使用双极题目进行测量。这篇论文从想法的诞生到发表经历了艰难的历程。

一篇高水平论文从想法产生到发表的历程

想法的产生与实施:短暂的烟花灿烂与长时的聚沙成塔

这个研究的想法缘起于一个研究项目。2010年,光华-思科领导力研究院

第5章 遇见矛盾

选择性地资助若干个有潜力的研究项目,我与合作者韩玉兰、李晓蓓[①]撰写的研究计划有幸获得资助。我本人一直对中国企业中的领导行为感兴趣。经过一定阶段的研究,我发现已有的领导行为,例如变革式领导、授权式领导似乎并不能很好地解释目前中国企业情境中出现的关于新生代员工管理的问题。因此,我们希望通过这一研究回答一个很现实的问题:是否存在一种特殊的新的领导行为,适合中国企业中新生代员工的特点?这个研究一方面关注新生代员工在价值观方面与年老一代的差异,另一方面试图发现一种适合这些员工的新的领导行为。在推进这个项目的过程中我们偶然产生了这篇论文的想法。

其实,这个研究关于领导行为具有对立性的核心想法大约只用了半个小时就成型了。为了寻找新的领导行为,我与合作者对基层年轻员工和管理者进行了很多访谈。问题主要围绕他们感觉年轻员工和年老员工有什么特征差别,在他们看来,好的领导或成功的领导会表现出哪些行为。总结访谈结果后,发现了一些现有的领导行为维度中没有强调的领导行为。例如尊重下属(上下级平等沟通、和蔼可亲、控制情绪)、善待下属(对下属宽容、体谅下属、给下属留面子)、信任下属(鼓励下属冒险尝试)、对工作要求高、掌握工作进展、有适当的距离、适时行使职权等。我将这些新发现的领导行为做成一个表格,去寻求陈雅茹教授的意见。她受邀担任当期思科领导力研究项目的指导老师,当时刚好在北京大学光华管理学院访问。她看后感觉这些都很平常,没什么新奇的点。

由于陈雅茹教授在光华只停留一周左右,我们非常急切地想尽快产生新想法,以便再度与她讨论。随后我们就回到办公室再仔细看数据,同时认真琢磨这些维度。我迫使自己从多个角度思考这些领导行为中有什么新的而且有趣的内容。当时也巧,整理的行为维度按照左右两列排列,左边是领导对下属"松"的行为,右边是"紧"的行为。对这些维度审视良久,我将其横着观察,突然发现行为竟然具有对立性。比如说:他会对员工进行控制,但同时又很信任员工。这一发现让我产生了一个灵感,于是进一步将这些行为配对,真的发现并且描述出四个

[①] 当时我已经从光华管理学院毕业到北京大学心理学系(现在的北京大学心理与认知科学学院)任教;韩玉兰也从光华管理学院毕业到华东理工大学商学院任教,后又去上海财经大学商学院任教;李晓蓓当时则在光华管理学院从事博士后研究,后前往华东理工大学商学院任教,目前在韩国首尔成均馆大学中国大学研究院任教。我们几位作者相互之间比较熟悉。

维度(后来基于理论又增加了一个维度)。记得当时对维度的命名就发生在陈雅茹老师的公开讲座上。那时她在台上讲,我在台下想,连她讲的主题是什么都不知道,只记得当时极度亢奋。这些想法随后得到陈老师的认可,认为非常有意思。

想法形成的过程就像是灿烂的一瞬间,不过随后却经历了长达三年左右的漫漫验证之路。这似乎也印证了创新过程中关于新想法的产生与实施之间的对立矛盾。有趣的想法的评价标准很简单:它是新的、"反直觉"的;但是将想法变成研究的结论需要非常严谨而充分的论证过程。这里我梳理出两个主要的步骤。

第一步是研究成型的过程。研究成型的过程算是比较顺利,但是在实证检验方面需要做大量且比较细致繁琐的工作。我们首先按照既有的研究方法遵循新概念发展的要求做了一些工作。根据访谈描述并参考已有的领导力量表,我们初步撰写题目,讨论修改,收集样本数据做探索性因子分析(EFA)、验证性因子分析(CFA),以及相似概念间的区分效度和效标关联效度验证,建立基则网(nomological network)。除此之外,有的同行感觉到需要看表面效度(face validity),于是我们设计了Q分类的检验。操作中我们进行了三组Q分类检验,同时收集参与者对题目的意见改进,直至最后对题目的维度匹配达成一致。有学者提出质疑:为什么一定要把两个对立内容写在一个题目中呢?他们认为,分别测量之后统计上做交互作用也可以。这个意见引导我们去思考:用什么方法验证我们的测量题目比分别测量后做交互作用更好呢?由此我们想到同时测量新量表题目和测量拆分为二的双极题目,看哪种方式对效标变量具有更强的预测力。另一个问题是,此量表是否具有跨文化的普适性?我们对此并不自信。这篇论文的初稿,被美国管理学会2012年的年会接受报告。我当时突发奇想,在报告会场当场分发翻译成型的量表,并寻求与会者的意见。一个有趣的插曲是在美国酒店打印问卷。根据已有的住店经验,在酒店商务中心打印非常非常贵,幸运的是我们住的酒店竟然提供自助免费打印!这次在会场上的现场调查使我们确信这样的领导风格在美国也是存在的,同场的一个报告人和另一个认识的朋友还详细地讨论说她们的院长就是这样的,以及他是怎么做的。其实,还有一个插曲,就是在回北京的飞机上,如我所期盼的,我的邻座是一个白人。于是在乘机的无聊时间,我"顺便"向他请教了22个题目每一个的翻译问题。这次美国管理学会年会之行促使我们之后又收集了一个美国大学的在职学生样本进行 CFA 验证。总之,新的量表经过了各种检验验证,到投稿时涉及的作答者达到 1818 人。

现在看来,当时的理论构建工作还比较粗糙。我们提出了矛盾领导行为的概念,并认为其理论基础是中庸思维。因此,我们认为矛盾领导行为的前因变量是中庸思维和开放性,后果变量则是变化导向的行为(适应性、主动性、创造性行为)。根据高阶理论,领导能否自主发挥作用会受到组织外部环境的影响,对中层经理来讲,就对应着组织结构的特点,因此我们选择有机/机械式的结构作为领导行为影响员工的调节变量。

第二步是审稿修改过程。2012 年,AMJ 设立了一个名为"East meets West: New concepts and theories"的特刊。旨在鼓励在东方文化情境下发展新的概念和理论。这一主题非常契合我们的研究,于是我们就以此为目标。论文一共经历了三轮退修,其中两轮属于高风险修改。每一轮的意见都很尖锐,修改起来着实艰难。第一轮评审意见集中在研究的基本问题上,评审人和编辑的意见归纳为如下几点:第一,概念界定不清楚。所发展的概念表达的是领导行为本身是矛盾的还是用来应对矛盾的方法?第二,使用中庸思维哲学无法作为统领理论解释所构建的理论模型,而且前因后果变量的提出依据比较薄弱。第三,假设推导薄弱。第四,理论贡献不清楚。第五,质疑双极题目。

以上的质疑似乎基本否定了我们的工作,感觉我们的研究一无是处。不过,那时我已经有不少面对评审人和期刊编辑的经验。每次收到修改意见时都有这种感受,但只要认真对待,文章就会不断进步。经过深入思考和讨论,我们做了如下的应对:第一,定义概念是应对矛盾的行为。第二,使用阴阳哲学作为理论基础(感谢编辑的建议)。第三,从理论上提出并深入解释概念所包含的五个维度。这项工作的难度非常大。当初的灵感来源于访谈收获,并没有深入从理论高度思考这些维度的理论基础和一致性逻辑。第四,进一步量表验证。(1) 加入重测信度检验(间隔四周),同时区分相似构念;(2) 使用公司样本($N=526$)进一步量表验证:与现有的多种相关领导行为进行区分并预测多种预测校标。

重新提交之后,评审人对我们的修改非常满意,认为我们基本解决了关键问题。但是,第二轮的评审意见却进一步提出了论文中的几个重要问题:第一,新领导行为如何影响员工的理论逻辑不清楚。第二,新构念与权变领导方式有哪些区别。第三,新构念的定义仍然不能反映所测量的内容。第四,中庸思维与阴阳哲学存在显著差异。第五,开放性并不能与处理矛盾的整体式方法直接相关。第六,结构性情境作为调节变量的说理仍然不足。

针对这些问题,我们继续深入进行理论构建和实证验证,并做出如下回应:第一,进一步思考现有的维度反映的根本问题是什么,从而精准界定概念。我们聚焦于管理结构性需求与员工个体需求的矛盾,这一对矛盾进一步演化出五种具体的矛盾和应对行为。第二,构建新领导行为施加影响的机制,不是简单的五维度行为表现,而是更底层的基本的过程。主要是通过直接的角色模型行为和间接的自主的受限环境的构建。第三,重新思考最紧密的前因变量,以全面式思维、整合式复杂性、结构情境为前因变量,重新收集大样本数据($N=516$)进行验证。第三轮评审意见相对而言就是比较小的问题了,这里不再赘述。

以上的回顾展现了我们在论文创作和修改的三年时间里所做的工作。概括起来主要是两个方面:第一,不断地探寻、明确所构建的理论的根本是什么,为什么;第二,不断地实证论证理论认识的合理性。这一过程同时也展现出我们在理论素养上的成长和蜕变。这个研究从开展到结束的过程虽然与之前经历过的研究有相似之处,但是在各个方面都达到了当时的极致状态。下面我就来剖析一下其中所经历的过程。

研究的动力:燃烧激情还是坚持耐心?

我们所发现的现象在领导学领域具有独特性,尽管我们揭示的现象在实践中广为存在,但以往的领导研究从来没有详述领导者会同时呈现对立的行为。我们对这项研究的热情从想法诞生的瞬间就被点燃,并且一直持续维持高度亢奋的状态。首先,这种激情让我们一直保持着对此研究的信心,坚信这是一项具有高度开拓性并且有重大理论意义的研究。我如此喜欢这个想法,甚至在第一轮投稿后,就认为能被有条件地接受。因为第一稿投出去之前,我们已经竭尽全力,做到了自己认为的完美,不带任何遗憾(其实是不知道自己的不足)。我的合作者们则认为这种情况现在几乎没有,但是应该得到重大修改(major revision)

机会。想想当时真的是"太自信"了。到第二轮投稿后,我继续认为还能得到有条件接受。因为我们再一次竭尽全力,做了所有能做的甚至评审人都没有提到的工作。虽然两次都是高风险的修改后重新提交,但我并没有真正感到高风险,只是相信我们肯定能改得更好。其次,对矛盾领导想法的激情驱使我们高效率地工作。想法产生是在2011年7月,出于对它的喜爱,我们立刻着手发展量表,进行几个样本的信效度检验,从事理论模型的验证,并且于当年年底完成论文投稿到美国管理学会年会上。记得有一次,收集好验证理论的数据之后,我迫不及待地想知道初步结果。分析数据直至看到初步结果已是凌晨三点,这对于我本来需要早睡早起以便送小孩上学来说并不容易。在随后的第一和第二轮修改中,我们制定的修改策略都涉及重新收集大规模数据的工作,但这些都在三个月的修改期内完成,并没想过申请延期。最后,这种热情支持我持续陷入对相关问题的深度思考中,例如这个概念为什么包括这五个维度,而不是其他。记得当时走路也想,开车也想,睡觉也想。在这样高度集中反复的追问中,我似乎调动起了各种潜藏的知识,产生了"顿悟"。

与激情和兴奋相对应的是冷静扎实且持续耗时的基础性工作。在理论构建的过程中,常常都是"无中生有"的论证。例如,五个维度的逻辑关系是什么(为什么是这五个维度),它们对于员工的影响机制是什么。解答这些问题真的不知如何入手。我们没有任何借鉴,谁也不知道怎样是好的,只能从基本的逻辑推演出发。于是我们就一个问题先写一稿,合作者认为不清楚、不合理、说理不强等,常常是基本被否定。于是就再写一稿。为了保证数据收集的有效性,我们做了大量的工作。从考察公司联系人的可靠性,到问卷回收当时检查填答的真实有效性。除了录入人员自查数据录入准确度,还进行了第三方录入核查。当我们把自己的想法讲出来,却面对来自同行的批评时,会很受伤。例如最尖锐的问题是"so what?"(那又怎样?)。发展这个量表有什么意义吗?这样的问题带给我们更多的是冷静的思考和自省。

回过头来看,在研究开展的过程中,热情与坚持缺一不可,两者又相互支撑,形成"热情地坚持"。

研究的进展:坚持自己的主张与接受他人的批评

在研究进展中面临的一个重要的挑战和选择是,坚持自己的主张,还是接受别人的批评。这一点在我们修改文章的过程中有两种表现形式。第一,我们的做法够清楚,但是他人反对,甚至提出对立的做法。以使用双极题目测量为例,由于几乎以往所有的测量工具都是单极设计,学者们理所当然地看到双极题目设计的弊端,从而认为单极设计更好。由于是经过仔细思考后才挑选的双极测量,我们自然不可能放弃这种设计。那么如何能说服对方呢?我们是这样考虑的:首先,双极题目可能存在弊端,但并不是一定的。这可以通过充足的效度验证来体现。其次,双极题目设计对本研究来说是必需的。它旨在抓住应对矛盾两极的同时性,而单极设计无法展现这一点。最后,我们的做法不够清楚,导致他人误解并做引申思考提出问题。很多时候对方提出的问题甚至不可思议。这来源于我们进行逻辑陈述和推理时出现了漏洞。例如,第一轮审稿后,评审人提出质疑:新概念是指行为的矛盾性还是说应对矛盾的行为?进而认为我们的量表题目不合理。刚看到这条意见时,我们惊诧于对方怎么会这么想(请注意,如果您对评审人也有这样的感受,那么很可能属于我们刚才提到的第二种情况),后来才明白还是由于我们对这个问题的认识不清楚,在写作过程中不明确,因而使对方形成这两种猜测。

我现在感受到,自己的观点与他人的批评之间的冲突可能从来就是个伪命题,不存在本质上的对立。双方的统一在于对唯一性的知识与真理的追求。面对彼此的对立,我们可以不断突破自己的认知局限去构建理论和创新方法,这样就能达到与对方的一致。反之,则可能在表面的对立中败落。有一种观点认为评审人让改什么就改什么。虽然评审人对我们的论文持有生杀大权,但是这种做法一定不是好方法。最了解这一研究的人永远是我们自己,结合对方的观点寻找出观点共存的条件可能更好。

突破自我的认知局限在科研过程中极为重要。对此我有三个体会。第一,众所周知,持续学习是突破认知局限的重要方法。最明显的行为表现是查找并阅读大量相关文献内容,获取相关知识,对其进行分析和整合。我相信绝大部分的研究者在这方面都做得很好。除此之外,不太相关的文献和书籍的阅读积累也很重要。例如组织结构研究之于领导力研究,战略管理研究之于组织行为研究,社会学研究之于管理学研究。这些阅读在当下的研究中看起来没什么关联,但实际上它的基本素材、逻辑推演、思维视角都会内化到阅读者的头脑中。虽然也许没有整合到已有的知识中,但至少成为知识片段存在于整个认知结构之中。知识片段之间的突然相连与整合可能会出现所谓的"灵感"与"顿悟"。第二,学会对自身的批判式思考。从研究想法产生之初,每做一步就与同行进行讨论,获得他们的意见和建议,这些交流有助于使研究过程更为有效,而不能沉溺和自我满足。从鼓起勇气正视批评,到主动寻求各方意见,这些都是为了帮助我们借助别人的眼睛看到研究中自己看不到的问题。第三,磨炼灵活与多角度的观点整合,获得超越式的解决方案。学者需要在知识掌握和运用方面具有灵活性与多维性,而这些特征来源于平素内化新知识的速度和广度,以及接受和联系多种观点的效率。最佳的解决方案从来都更具包容性,而不是简单的是非对错。

进一步分析,以上问题根本上反映的是自己——研究者——在研究过程中起到怎样的作用。研究过程原本应该是一个科学有效的过程,但是由于自身的认知和能力局限,我们对事实、对他人的观点、对研究进行的评价等都存在局限性。因此我们首先需要努力地刻意降低自身的局限性。其次,作为人,我们都存在一些普遍的认知偏差。例如,对自己的工作过于乐观、不愿意接受批评等,这些都会影响我们对研究和他人意见形成更为客观的判断。最后,研究目的具有多重性。除了创造知识之外,满足研究者个人需要也在其中。个人的因素往往导致研究者在执行过程中失去追求知识的纯粹性而加入很多人为的考虑,包括顶级刊物发表的标准、课题受欢迎的程度、数据收集的难度,等等。这些实际的考量未必与研究本身相悖,但是很可能会阻碍好的研究的开展。好的研究需要研究者来完成,因此研究者在研究中保持客观、无欲,并且持续修炼与自我提升应该有助于生成好的研究。

论文发表的结果:独立的学术身份与融入的学术社区

论文被接受和发表总是开心的。这一研究最直接地结果就是确立了我的学术身份,我个人也愿意今后一直以此为主要研究方向。学界的其他人士大多因为这篇论文而认识了我。研究矛盾的西方学者也因此而与我取得联系,探讨与矛盾相关的问题。我能够感觉到自己以矛盾领导行为概念创立者的身份进入学术社区之中,并且受到了学者们的关注。

然而这一研究的发表使我感到异常沉重的学术责任。这是以往的发表经历所没有的。在进行第二轮修改的过程中,论文因修改而大大提高了质量,进而使我产生了发表预期,这使我突然体会到,文中的每一句话、每一种做法都务必要精准无误,因为刊出后必将经受最大范围相关学者的阅读与检验,同时可能引导后续的相关研究。换句话说,务必要让作品没有瑕疵。然而,由于我们认知的局限性,论文发表后收到的一些评论使我们感到遗憾:第一,有一些重要的相关研究没有引用;第二,五个维度的理论构建还是显得有些薄弱。

因这一研究而引起的学术责任还在于量表的使用方面。除了积极向索取者提供中文量表以外,对量表的效度进一步验证是必需的工作。一个同行学者日前致信给我,她关于此概念的研究论文已经被两个刊物拒稿,虽然投稿两次被拒对学者而言很正常,但是她不确定对于此概念的接受是否存在问题。我对此感到十分愧疚。我本人也开展了关于矛盾领导力概念的第二个研究,该研究包括对量表的效度做进一步的验证,已经经历了三次被拒,仍然在投稿之中。由于我个人自身的不足而无法快速推进后续研究,致使后来者在此领域中频频受挫。这让我感到不安。

因为这篇研究我在学术社区中确立了自己的位置,然而更多的是融入社区的努力:致力于该领域的搭建,担当引领责任,并与学者展开对话,不同领域间相互补充、相互促进,共同完善学术社区。

一项研究的终止:是结束了一场旅行,还是开始了更艰难的征程?

一项研究在高水平刊物上发表可以说是完美地画上了句号。然而,相对于一组研究来讲,这只是一个开始。从矛盾的角度去研究领导行为和组织管理这一课题我认为在学术领域是非常新颖而且重要的课题。这需要投入持续的科研精力。

幸运的是,在推进本研究的过程中,我逐渐学会了用矛盾的视角看待各种管理和领导力的问题。就如同对现象做跨层考虑的时候,各种现象就变得处于各个层次之中。将概念定位在团队水平的人员管理方面时,我意识到在其他层面一定存在其他矛盾领导行为,特别是涉及高管对公司整体发展进行考虑,以及对内部运营的有效性进行考虑的时候。在这篇论文评审、修改的同时,我就已经开始了对高层管理者的访谈工作。在诸多惊喜、顿悟和坚持中,已经发展出了对应于高管的矛盾领导行为和矛盾的领导特质,并且得到了丰富的数据验证。

2016—2017年间,我在美国访学一年,这期间将上述的工作写成两篇论文。不过,我却深刻地体会到真正意义上的跨文化差异。这曾一度使我对自己的研究丧失了信心。在第一篇论文的准备过程中,我发现在做模型构建的时候,自己的思路充分体现了一种整合式思维。换言之,我所形成的矛盾领导行为的维度本身涵盖了当前学术研究中的多个不同领域,包括社会责任和可持续发展领域等。但我认为领导为了能够使公司长期发展,会同时考虑这些,并且表现出相应的相互矛盾的领导行为。但是,我在就进一步的研究从事写作的时候,感觉很难将研究定位于哪一个具体领域。各领域的学者都会认为,没有必要接受一个把几个领域放在一起构建出来的理论。在我看来,这表现出研究者整合式思维与分析式思维的差别。西方的管理科学理论大多是基于分析式思维模式构建和演进的。我们认为理所当然的事情,对方却认为是不可思议的。那么基于整合式思维的整体性理论构建是否具有其存在的意义？目前我还无法回答。但是,我个人的经历启发中国本土学者在做理论思考的时候,首先要学习分析式思维模式,其次,在做整合式思维加工的时候,要同时考虑其意义所在。

在第二篇论文中,我构建了一个首席执行官(CEO)的矛盾管理的模型。在沉浸且满足于其翔实的管理策略的同时,我突然发现我所构建的矛盾管理方法的思路与美国著名的矛盾研究学者的思路差异非常大。我甚至意识到,如果我们两人同时调研同一家企业获得同样的信息,我们也会构建出完全不同的理论模型。那么模型的差异其实就是我们两位学者因为个人经历的差异而形成的,这是否有意义和价值？后来,在我与其他资深学者的探讨中确知这具有非常重要的科学意义。因为社会科学是解释的科学,解释的视角不同恰恰呈现出对世界认识的多样化。同时,社会科学的理论建构本身也是一种社会互动的过程,包括学者本人的经验和经历会使得其采用何种视角去解读现象,也包括学者与社区中的其他同行通过交流和沟通呈现自己的理论。

以上两篇论文虽然使我感受到前所未有的困难,但同时也体会到此类研究所具有的重要意义。它将会为相关的研究领域带来多样化的思路和见解。其实,除了新开拓的这些研究,已经发表的矛盾领导行为构念本身也有很多值得进一步研究的方面。例如它的影响机制、它适用的情境是什么。我也有很多理论思考和实证验证,但暂时并没有将主要精力放在这些方面。因为相比而言,在其他层次探索新的矛盾领导行为和特质更加具有开拓性,对矛盾领导领域的发展将具有支柱性的作用,推进这样的研究我责无旁贷。

关于如何做好研究

每位年轻的学者可能都很想知道如何能做好研究。我并没有确定的答案,只是就这一问题简单谈谈自己的想法。

培养兼具深度和广度的知识基础

我认为好的学者首先需要具备扎实且多样的知识基础,既具有知识深度,又具有知识广度。

我的学习背景非常多样化,每进入一个新的领域都尽力做好扎实的积累。记得本科阶段(20世纪90年代),我在地面工程专业上学习一直优秀,三年级时入选从全校1400人中选拔出的由30人组成的英语双学位班,开始了双学科学习的道路。结果是本科的论文答辩以英文形式进行,毕业后论文在本专业刊物上发表。硕士阶段转到管理领域,从工科到文科,知识学习非常艰难,知识加工的模式需要改变。一个例子就是管理学的书看了四遍才大约知道在讲什么,但实际上并不知道究竟在讲什么。那时就是努力要学好,而不要看起来是个外行。当时学的四门课的课程论文都被我变成论文发表了。

考入光华管理学院后我又成了"无知者"。之前我虽然有引以为豪的论文发表,但在光华管理学院那里竟然无法与教员们对话。根据博士课程设置,我比以前深入地接触了以下的课程:第一,经济学和统计学的基础理论;第二,管理学领域的理论知识(是文献知识,而不是课本知识);第三,科学研究方法。当时非常受益于许多国际优秀学者,例如彭凯平、陈昭全、陈晓萍、Marilynn Brewer、赵志裕、康萤仪等前来讲学。他们短则两周、长则三个月的课程使我吸收到不同学科不同领域的知识和观点。同时,我是学院第一个得到支持出国访学的博士生,随导师在亚利桑那州立大学访学的一年中,又接触到一些综合的管理学研讨班和研究方法课程。有一门课值得一提,就是研究方法,我分别上了张志学、

Marilynn Brewer、徐淑英老师开设的研究方法课,总算是基本学通了课程内容。

求学初期我并没有想过做自己的研究。虽然在每门课上都有学期论文,但开始时水平真的挺低的。一年级下学期的时候有幸帮助陈昭全老师做些研究工作,后来又先后跟张志学、王辉老师做些研究助理的工作,随后他们逐渐让我进行数据分析、论文写作。到了二年级下学期在赵志裕、康萤仪老师的课上,我的一个想法被赵老师当众评价为"This is a JAP idea"(这个想法有可能被 JAP 杂志接受)。在他的鼓励下,我在其任教光华的一个月内,完成了研究设计、两个研究数据的收集和分析。在亚利桑那州立大学访学期间,我进入到导师的研究领域,开始感受开展研究的整个过程,甚至还完成了一篇英文的研究论文并投了稿。

做一个基于实践的理想主义者

我觉得好的学者应该是既脚踏实地,又"好高骛远",因此我将其称为基于实践的理想主义者。下面几个方面能体现出理想与实践两者的交融。

理论构建:实践中孕育的理想

理论构建是一项研究中至关重要的过程。这个过程的开始常被学者们说成是"源于现象",我将其描述为源于实践、"从实践中来"的过程。当了解到丰富的现实信息时,我们需要做的一项工作就是进行高度的理论抽象。这既要依托于现有理论,又要具有理论的创新性,是一种理想化的理论设想。由此形成的理论模型根植于现实,反映现实,具有现实意义。因此,检验理论模型好坏的一个标准是它是否同时具有高度的理论意义和现实意义。

另外,我还觉得一个好的研究模型,其中的构成部分具有唯一性、不可替代性。这样可能显示出它解释现象的机制是独特的、根本的。例如,学者们喜欢用社会交换理论来解释领导行为对下属的影响作用,并验证领导行为交换关系的中介作用。后来,学者们愿意预测新出现的领导行为也会通过这个中介过程影响下属。这样只能说明这些领导行为影响机制的共同部分,却不能解释彼此不同的方面。而好的理论模型应该具有独特的解释力。

研究方法:用实践检验理想

研究方法被认为是一项研究或一篇论文所必需的部分,是用数据去证明假设的套路。所以常常会听到有的学者认为自己是做定量研究的,或者是用潜增长模型(latent growth model)做研究的,诸如此类。由此需要提出这样的问题:研究方法是套路吗?是对研究进行区分的标准吗?我将其理解为是"到实践中去"的过程。从以上我所阐述的研究过程中,我深刻地体会到研究方法是一种工具,是用实践证据来回答研究问题(相对应地,假设提出的过程是用理论来回答研究问题)。那么为了"回答问题"这一目的,掌握各种工具设计的出发点,使用哪种工具就变得不重要了,重要的是为回答研究问题提供最严谨的、最有统计逻辑的数据证据。同时,理想化的理论设想需要用最有实践性的证据来检验,两者都是对研究问题的回答。

理论与方法:相互制约与补充

关于理论构建和研究方法,有的学者可能会感觉到它们彼此是相互制约的。例如,在提出一个好的研究问题和研究想法的同时可能会考虑到方法的选择。假设我们提出一个研究问题:在跨文化高管团队中,成员的构成如何影响其内部决策过程?就这个问题进行理论的回答,有的学者可能会说:"这不可行,你想啊,你能收集到高管团队的数据吗?更何况是跨文化团队的?"如果这样想,就会很早就在提出研究问题并开展理论构建的过程中受到方法(实践)的限制。其实,在构思一个想法的前期,即提出研究问题和进行理论构建时,不宜同时考虑方法的问题,以免受到方法本身的限制,进而限制思想的创新。我认为,理论和方法理应是相互补充来帮助回答研究问题的。请坚信,如果是一个好的研究,一定会有人愿意帮助你去克服现实的条件和局限,最终予以实施。

还有另一个相关的问题:是理论先行还是数据先行?一项研究的过程从研究问题开始,构建理论,提出假设,用数据进行假设验证,回到研究问题的回答。同时,数据的呈现也非常重要,它通过展现违反我们理论逻辑的证据,来启发我们意识到存在认知局限,当然也有可能存在很多其他的杂音。如果通过数据启发我们调整了理论构建,下一步就需要补充新的数据,从而开启螺旋式上升的研究过程。

做一个能海纳百川的独立个体

此外,我觉得好的学者还应该既保持自身的独立性,又"心怀天下",因此我将其称为能海纳百川的独立个体。下面几个方面能体现出自我与他人(社会)的交融。

谦卑为先

谦卑体现在自己对自己、对知识和对他人的态度方面。

勇敢地面对自己的不足。每个人一定存在很多不足的地方,即便同时还有很多具有优势的地方。只有看到自己的不足,我们才会愿意去打开自己的边界,吸收来自外界的补益信息。值得注意的是,我们个人所取得的成功本身就很可能使我们更不容易觉察和反省自己的不足。

保持对新知识持续的渴望。我鼓励大家在构建自己的知识结构时,注重多样性。因为了解不同领域的知识越多,就越有可能更多地了解自己不知道的知识,从而越发渴望增长新的知识。

学会无我地接触与吸收信息和知识。在接触新知识的时候需要保持谦卑,尽量避免启动自己既有的知识。因为如果带着既有的知识视角去接触新的知识,一定会具有选择性,很可能忽视掉与自己既有知识不相容的观点。而对立的观点恰恰更可能帮助我们对自己的既有知识进行新的理解。

无条件地接受他人的异见。一般来讲大家都本能地排斥异见,因为与自己的想法不符。我并不是说无条件地认为所有的异见都是正确的,而是强调即使看起来再不可思议的异见也总能从某个角度找到其可取的地方,特别是看起来对立的异见。如果能够找到他们所对立的焦点,也许就能够找到他们的共同基础,或者是基本假设方面的对立。究其根本就可以化解表面的矛盾。

学会"自恋"

维持谦卑的同时,我们也需要培养"傲慢",学会"自恋"。这主要表现为在肯定自己的能力、坚持自己的想法,以及有信心做得更好。这个道理大家可能都明白,保持对自己的积极评价可以成为我们在科学研究道路上不被困难与挑战打败反而要"愈战愈勇"的力量。

不过,"自恋"一定不能转化为迷恋,进而转化为对自己想法的固执甚至偏执,否则可能会不利于自己的成长和进步。

自我与他人:独立与互依

我们在从事研究工作的过程中总是会涉及自己与他人的关系。他人可以紧密到导师、合作者,也可以松散到学术同行、学术社区,甚至是更大的企业群体,乃至全人类。这里我想只就导师和合作者谈谈如何保持自我的独立性和彼此的相互依赖性。

导师可以说是博士阶段对我们最重要的人,对于那些指定导师的博士生项目中的学生来说更是如此。就一定范围的学术知识和经验而言,导师必然有值得我们学习的地方,在这些方面我们一定要充满谦卑,全心学习。随着知识的增长我们可能在某些方面会与导师发生分歧,这时我们的态度首先要心存尊重;其次,如上文所述,要从对方的视角审视问题、究其根本,这样就可以化解表面上的矛盾。如果导师仍然坚持自己的观点,那么就可以用最简单的试错方法来证明其中的问题所在。我个人认为这样的过程非常值得,因为在社会科学领域,很多时候常常不是对错之分,只是判断谁可能更优。当有一天我们发现就某些领域内的问题,可以与导师进行逐步深入的讨论的时候,我想这就是正在从师生关系转向合作关系的标志。另外,关于个人研究兴趣的选择,一开始可能并不清楚自己的兴趣时,或者自己认为自己清楚时,尝试做导师感兴趣的课题,这既是对导师最大的尊重,也是最便利快速地训练自己科研能力的途径。

能成为合作者首先可以看作一种缘分,需要珍惜。可以将与合作者的关系看作一场婚姻,共同孕育出一个产品。在合作关系的发展中,首先要做的是对对方的尊重,无论是对人际交互方面还是对想法/思想的交互方面。为了能够结出果实,我们甚至需要宽容对方在时间、智力上投入的质量和数量。从自己的角度寻找能够引导他们增加投入的方法。例如,在与"大牛"合作的时候,通过快速有效地做好事情来给对方足够的时间,同时记得询问反馈日期,以便到时发送追踪邮件。当然,合作一定会涉及异见,可以参考上述内容。

最后,我想说的是,选择了科学研究,就选择了一种痛并快乐着的人生。在求知的道路上,做一个勇士,栉风沐雨、砥砺前行。

附录　从新手到成熟的学者：回顾与张燕的共同学习之旅[①]

徐淑英

我作为博士生导师的经验

1981年，在加州大学洛杉矶分校博士毕业后，我开始在杜克大学任教。我于1983年开始指导第一位博士生，但她三年后没完成学位就离开学校去了一所培训机构工作。1988年，我离开杜克大学，加入加州大学欧文分校，并于1990年成为终身副教授。1991年，我开始指导我真正意义上的第一位博士生忻榕（Katherine Xin），她于1995年毕业。欧怡（Amy）是我的最后一位博士生，她就读于亚利桑那州立大学，于2011年毕业。总的来说，在我的职业生涯中，我曾担任十二个博士生的导师或联合导师，其中三个是加州大学欧文分校的学生（忻榕，Ed Hernandez，Allen Morris），四个是香港科技大学的学生（陈震雄，王端旭，宋继文，王辉），四个是亚利桑那州立大学的学生（吴滨，Atira Brown，Sushil Nifadkar，欧怡），张燕是唯一毕业于北京大学的学生。这十二个学生中，有八人来自中国，一人来自印度，三人来自美国。三个美国学生中，一个是非洲美裔，一个是墨西哥美裔，还有一个是白人。十二个学生中有五位女性、七位男性。不论以哪种标准，这都是一个多样化的群体，对此我感到非常自豪。

认识张燕

张燕2003年考入北京大学光华管理学院。尽管我不是光华的全职教师，但是学院破例让我成为张燕的导师。我当时每年只在光华待两个月，于是根据她的研究兴趣，我们安排了孔繁敏教授、张志学教授和王辉教授作为她第一学年和第二学年的导师。她在第三学年（2005/2006）作为访问学生来到美国亚利桑那州立大学（我在此全职任教）。在这一年里，她和我一起做研究并进行她的毕业

[①]　作者在文中引用了一些文献，为了保持全书各章风格的统一，没有将文献目录附在文后。读者可以非常容易查找到这些文献。——编者注

论文的设计。访问结束后,她回到中国收集数据并按时完成了论文。她于2007年夏季毕业,加入北京大学心理学系任助理教授。

现在,张燕已成为一名出色的学者,在一些顶级期刊上发表了研究成果,研究主题包括领导力、团队过程、多样性和跨文化分析。在我看来,她最卓越的贡献就是提出了适用于中国工作团队中的矛盾领导行为的概念。她与合作者的论文"矛盾领导行为"(Zhang, Waldman, Han, and Li, 2015)是 *Academy of Management Journal* 特刊"东西荟萃:新概念和理论"中的六篇文章之一,发表于2015年4月。截至2018年1月18日,包括编辑评论在内的整个特刊的谷歌学术引用量达355次。除了引用量为123次的介绍性文章(Barkema, et al., 2015),张燕的文章引用量达92次,其他五篇文章平均的引用量为28次,范围从16次到42次。张燕现在关注的是高管层面的矛盾型领导,试图理解 CEO 的矛盾导向如何使之关注公司长期的可持续性而不是短期的盈利能力。张燕正在提出更重要的问题,这是智力成熟和对经验现象敏感的标志,这些经验现象都成为她开展研究的灵感来源。

如果我的描述使大家感觉研究是简单的,张燕会一直成功下去,那就误导大家了。无论哪个层次上的学者,都不会充满自信地认为只要自己过去取得了一些成功,就可以解决任何将面临的实证或理论难题。张燕和我都承认研究一直在艰难地进行。这让我想起爱因斯坦。即使在生命的最后几天,他仍然试图解决统一场论的问题,并将想法记录在床边的笔记本上。这就是科学工作的特点。重大的突破往往来自难题。攻坚克难的意愿使科学家并不关心工作是否有保障或论文能否发表。科学家的唯一追求是解决难题,而这些难题的答案可能会给世界带来许多益处。我相信张燕自始至终都在选择一条更艰难的道路前行。

下面,我分享一些她从进入光华攻读博士到现在成为成熟学者的发展道路上的往事。我们的合作关系是她主导,我跟随。她从不讳言自己需要什么,想要什么;能够提出各种新想法,不论这些想法看起来有多么疯狂或不切实际;当我对她的初步提议做出消极或不热情的反应时,她又能进一步提出新的想法。我希望我对她的发展历程的回顾和思考能够为正在寻找前进方向的年轻学子们提供一些启示。

第5章 遇见矛盾

主动学习

当我回忆起张燕在光华前两个学年的表现时,脑海中浮现出的一个词是"主动"或"自发者"。她很早就意识到自己需要做一些实证研究项目来学习如何进行实证研究。练习是获得技能的关键。她让我把她推荐给一位实证研究方面比较活跃的导师,希望能向他学习。2004年秋季学期,俄亥俄州立大学的著名社会心理学家Marilyn Brewer要在光华访问一个学期,我问张燕是否有兴趣成为Brewer的助理。即便这是没有报酬的,张燕也毫不犹豫地答应了。Brewer成了她的非正式导师,并在跨文化研究思路和职业建议上给了她很多帮助。张燕还参加了C. Y. Chiu的课程研讨班,C. Y. Chiu来自伊利诺伊大学,也是一位著名的社会心理学家。她和Chiu合作开展了一个主题为目标分享的研究项目,这原本是她的课程作业,随后发表了(Zhang and Chiu, 2012)。张燕有许多合作者,其中一些是卓有成就的学者,他们往往都曾在光华短期授课或访问。张燕总是主动和他们见面,通过帮忙进行数据收集、录入和分析等方式加入他们的项目,并与他们交流自己的想法。作为一个在人际关系上相对害羞的人,张燕从不害怕与素未谋面的学者交流。张燕愿意冒险走出自己的舒适区来与他人交往,也能够引起对方的关注并收获与他们的友谊,这些都是她能够有所成就的原因所在。但不是所有的职业关系最后都能促成论文的发表。这种学习目标取向(而不是绩效目标取向)会促进她与合作者甚至是资深学者的相互学习。

发展独立思维和磨炼写作技巧

2005年秋,张燕作为访问学者抵达亚利桑那州。她参加了几个博士课程的研讨班,并且开始构思其论文。在这一年的访问中,平均下来我们每个月都会碰面开一次会。大部分时间她都在独立工作。她会发给我她关于论文想法的文稿,而我会编辑修改、评论全文并反馈给她。一周或两周后,她会给我发一份修改稿。我会再次对全文进行编辑和评论。我们痛苦地逐步前进。我能够看到她的进步和提高,但进展并没有达到我的预期。这样持续了一段时间后,我告诉她,她应该将文稿改进到无法继续提高时再发给我。换句话说,我能感觉到她的文稿一直有明显的改进,但她可能没有思考这是否达到她能做到的最好的程度。

我希望她持续改进直到她真的不能做得更好了时,再把文稿给我。尽管她已经是一位相当独立的思考者,但她在写作中解释以及清晰地呈现想法的能力可以进一步提升。现在回想起来,我应该早点这样做。如果我早点鼓励或要求她只发给我她最好的文稿,她在思考和写作方面的进步可能会更快。但这对于我们两个人,都是学习的过程。

从张燕身上,我不仅了解到许多有趣的新想法,也学会如何成为一位导师、朋友和共同的探索者。她并不害怕指出我的错误,当看不到我的想法的优点时,她能够做到拒绝我的想法。她教会我去聆听,以及保持开放的心态。总的来说,我们有一个良好的社会交换关系,她分享她的想法给我,我通过促使她进行更深入的思考和更佳的写作来帮助她。我本人并不是一个优秀的写作者,在这个过程中,我们俩一起学习和进步。她的毕业论文主要是她自己的想法,还有一部分受到我当时正在写的一篇跨文化管理综述文章的启发(Tsui, Nifadkar, and Ou, 2007)。她想探究美国和中国的工作团队中,团体间关系如何与团体内多样性联系起来。她与我的博士生吴滨合作收集到美国的数据。通过我和她自己的一些关系,也在6家中国公司中收集到163个工作团队和超过1000名工作人员的惊人数据。

在她写论文的同时,我也给了她一套关于雇佣关系的数据(和Peter Hom以及Tom Lee的一个项目,2009),目的是让她学习掌握较大数据的结构,以及是否能够从数据中探索出新的研究想法。一个月后她提出了想法:将四种雇佣关系和对雇佣者的信任联系起来。她进行了数据分析并撰写了第一稿。我记得当我能看懂她的初稿时,我真的很开心。经过一番改进,文章的结构很好,我们给文章起的标题是"我如何相信你?组织情境下员工组织关系、上级支持和中层管理人员的信任"。我们把这篇论文投给了 *Human Resource Management*,经过小幅修订后被有条件地接受了(Zhang and Tsui, 2008)。我认为这篇论文给了她独立做研究的信心,她的写作技巧也开始步入正轨。这一切都源于她自己的主动、刻苦努力和积极的学习态度。

专注、坚持不懈和不屈不挠的精神

张燕担任助理教授之后,我们继续合作了几个研究项目。有两篇论文,其中包括她的毕业论文,这篇论文被许多期刊拒稿。我都已经有放弃之心的时候,她依然选择坚持。最后,这两篇论文分别发表在 *Journal of Organization Behavior* (Zhang, Song, and Tsui, 2014)、*Journal of Cross-Cultural Psychology* (Zhang and Tsui, 2013) 上。每次投稿前,张燕都会提出可以投稿的期刊,与我讨论之后修改论文,投稿,重新修改后再次投稿。如果被拒稿就再提出其他可以投稿的期刊。她会做修改计划、组织改写、带头努力并始终选择坚持。她不屈不挠的精神令人钦佩。

2011年,光华领导力研究院和提供资金的思科公司合作,希望研究计划能够探究中国管理现象。张燕提交了一份关于新一代员工价值观和他们所需要的新领导方式的研究计划。她的研究计划得到了批准,而后她勤奋工作,并通过对管理者和员工进行访谈发现关于矛盾领导行为的想法。她把这篇论文投稿到 AMJ 的"东西荟萃:新概念和理论"特刊。我是这一特刊的特邀编辑之一,但由于明显的利益冲突原因(我们是师生关系),我没有担任她们这篇论文的责任编辑。但我也觉察到审稿的过程中,她的研究团队中充满紧张和不同的意见。其中一位学者和张燕都坚持自己的想法,也都不愿意放弃各自的立场。我担心这种冲突可能不利于论文的修改。最终,张燕终于说服这位学者,修改的结果良好。我分享这个故事是想说明张燕不屈不挠的精神。大多数中国学生会屈服于权威,并会在最终决策时听从权威的意见。张燕不像一个典型的中国学生,她会反击。如果她不同意一个想法,她就会拒绝(不论想法来自何处,包括我在内)。早些时候,我觉得这种固执可能对她不利,但现在事实证明坚持、专注和自信是大有裨益的。

张燕做了八年的定量研究,由于正在深入探究新的现象,她意识到需要提高定性研究技能。于是她决定在美国找一位定性研究者作为导师,在其指导下作为访问学者学习一年。她的学习想法十分明确,随即被波士顿学院的 Jean Bartunek 教授接受,跟随他学习。波士顿学院十分适合学习定性研究,那里有多位学者都以定性研究著称,这些学者包括 Mike Pratt、Harrison Spencer,当然还有 Jean Bartunek 本人。张燕在波士顿度过了 2015/2016 学年,并完成了两个定性研究的文稿,现在她正在改进和完善文章以便进一步投稿。其中一个想法是关于 CEO 的两个特征:务实的理想主义和共有的自我。另一个是关于矛盾型领导和企业的长期发展。两篇文章提出的想法在当前的文献中都很少被涉及。这两篇文章正在构造一个新颖的概念框架。张燕离开了基于问卷的定量研究的舒适区域,并将其工作的边界推进到新现象和新理论发展的模糊领域。凭借她强大的学习目标导向,我相信她会获得必要的技能来使这些研究取得成功。

当学生准备好时

张燕是来光华学习的众多优秀学生之一,他们都在光华全体教员的指导下有出色的表现。我一直相信一句话:"学生准备好了,老师就会出现。"当学生有动机去做事,愿意去承受学习成为一名优秀研究人员过程中的艰辛时,他们就能够在导师的指导下成功。光华提供了训练体系(IPHD 项目)和文化(自学和与导师共同学习)。剩下的就需要学生的若干品质来取得成功。张燕就具有这样的一些品质。

徐淑英(Anne S. Tsui),美国圣母大学(University of Notre Dame)教授。在加州洛杉矶大学(UCLA)获得管理学博士学位。曾任香港科技大学管理系创系主任,亚利桑那州立大学凯里商学院(Carey School of Business)讲座教授,北京大学杰出访问教授。美国管理学会 2011—2012 年度会长。是全球最具影响力的华人管理学家,唯一同时获得 *Administrative Science Quarterly* 与 *Academy of Management Journal* 最佳论文奖的华人管理学家,也是论文被引用率最高的管理学家之一。曾担任 *Academy of Management Journal* 主编,是 *Management and Organization Review* 的创刊主编,也是中国管理研究国际学会(IACMR)的创会会长。

第6章　五年博士生，JAP论文竟成

秦　昕

Xin Qin, Run Ren, Zhi-Xue Zhang, & Russell E. Johnson (2015). Fairness heuristics and substitutability effects: Inferring the fairness of outcomes, procedures, and interpersonal treatment when employees lack clear information. *Journal of Applied Psychology*, 100(3): 749—766.

编者导言

　　总体而言，秦昕与合作者的这篇论文的进展是比较顺利的。本书编者之一张志学作为这篇论文完整过程中的亲历者，虽然看到决定信中有"高风险"的字样，但并没有感觉这篇论文在修改过程中遇到了很大的困扰。这篇论文创造了中国本土博士生作为第一作者在 *Journal of Applied Psychology* 上发表有深度的论文（feature article）的纪录。

　　从秦昕的回顾中可以看出，论文想法的构思和最终决定实施这项研究，其过程是漫长甚至是有些犹疑不定的。但将研究写成论文并投稿之后，之所以没有遇到太大的挑战，主要是因为其新颖性。公平可能是组织行为学领域内被研究最多的话题，要想取得突破非常困难。秦昕等人的这篇论文探讨了员工怎样在信息不充分的情况下感知和判断组织中的公正（分配公正、程序公正和互动公

博雅光华：在国际顶级期刊上讲述中国故事

正)。论文的新意在于,首先,作者挑战了已有研究者默认的假定,认为人们在判断组织公正时都拥有充分的信息。而在现实中,人们很多时候是在缺少相关信息的情况下去推断组织公正的。由此,研究者首次提出公正清晰度(justice clarity)的概念,并分析员工如何在信息不充分时形成公正感,并指出了信息可得性(availability)对组织公正感产生的影响。其次,秦昕及其合作者找到了一个与信息处理相关的调节变量——认知闭合需求(need for cognitive closure)对人们形成公正感的影响,大大促进了对组织公正感形成机制的理解。这篇论文将行为决策中的判断启发式理论以及社会认知领域中的动机性认知的理论结合起来,去理解组织公正判断的机理。该论文采用了现场研究和实验研究,尤其在第一个研究中,作者根据中国不同年龄进城务工人员的特点,推测出不同代际的进城务工人员在公平判断上的差别,并最终通过大样本数据的分析支持了作者的假定,这是很巧妙的。秦昕在这篇随笔中回顾说,他有了基本的想法之后,便借用学院师生当时正在进行的另一个项目的场景和数据来印证其所提出的假设,显示出他对问题的专注思考和主动性。

秦昕在学术上的表现堪称卓越,毕业几年来他已经在 *Academy of Management Journal*、*Strategic Management Journal*、*Journal of Applied Psychology*、*Organizational Behavior and Human Decision Processes*、*Human Relations*、*Journal of Business Ethics*、*Journal of Organizational Behavior*、*Journal of Occupational and Organizational Psychology*、*Management and Organization Review*、《管理世界》《心理学报》等国内外顶级学术期刊上发表过多篇论文,而且基本上都是第一或主要作者。他的表现可以与国际著名大学的优秀同龄人相比。此外,他的教学水平在整个大学也名列前茅,深受学生们的欢迎。在这篇随笔中,他分享了自己从博士生到青年学者所具有的一以贯之的特点。

任润博士在秦昕开始读博士时加入光华管理学院任教,她后来与张志学共同指导秦昕进行博士毕业论文的研究。任润既是这篇论文的合作者,又是秦昕的联合指导教授,她讲述了与秦昕合作的过程以及她所观察到的秦昕的个人特点。任润的回顾文章对于导师与学生如何进行学术合作这一重要问题非常具有启发性。

第6章 五年博士生，JAP论文竟成

此外，我们特别邀请到秦昕等人这篇论文的责任编辑 Deidra J. Schleicher 撰写文章，读者从中可以进一步了解顶级期刊的责任编辑从哪些角度看待一篇投稿，也可以更好地了解评审人对于这篇论文提出的主要问题，以及责任编辑如何看待秦昕及合作者对于问题的回应和解决。

对我而言，分享和撰写经验是最难的事情之一，因为个人经历实在有限，加之人们的各种情愫，实在太容易招致厌烦；本着真诚的分享之心，今勉力为之。

其实，当我开始回溯我和合作者的这篇 *Journal of Applied Psychology*（JAP）论文时，我想我应该是在回溯我的整个博士生活，因为这篇论文基本贯穿了我的整个博士生涯：从构思这篇论文，到后来正式发表，正好是我在北京大学光华管理学院读博士的五年。想起博士生活，就想起很多有意思的事情，"稀里糊涂"地过活，后来发表了几篇论文，竟然成了经验。所以，在写这篇随笔时，我时刻提醒自己不要跑题。

这篇随笔的分享更多的是从博士生的角度来写的，后续我撰写的另一篇分享（再出发：散作满天星，聚是一把火）则更多的是从刚毕业的年轻学者的角度来写的。本文所述的过程，实在有些繁杂，加之我的写作水平有限，为了能让读者更加清晰地了解论文写作与发表的整个过程，我特意整理了一份时间表，之后对于其中的主要环节进行回顾。

时间	事项
2009.09	进入光华管理学院
2009.09—2010.01	修读马力老师的组织行为研讨课程（Organizational Behavior Seminar），课程期末的研究提案即为所述JAP论文的初稿
2010.02—2010.07	收集初步数据并进一步修改初稿，在光华的论文展示比赛上报告这篇论文
2010.08—2011.02	不断地修改，并投至2011年美国管理学年会
2011.03	幸运地被美国管理学年会接受
2011.05	在张志学老师每周的研讨会上报告这篇论文
2011.07	准备前往美国参加美国管理学年会，却被拒签
2011.04—2012.12	不断地修改（包括根据美国管理学年会的反馈修改等）
2013.01	开始给一些公平领域的学者写邮件，希望能听听他们的评论和建议

(续表)

时间	事项
2013.02	邀请 Russell E. Johnson 教授加入研究团队
2013.03	投稿至 JAP
2013.06	收到 JAP 修改后重新提交的邀请的邮件
2013.10	提交第一次修改稿
2014.02	收到 JAP 第二轮修改后重新提交的邀请
2014.05	提交第二次修改稿
2014.07	被 JAP 有条件地接受,此时,我也从北京大学光华管理学院博士毕业
2014.08	提交第三次修改稿,一周后被正式接受

选题和初稿撰写:研究开始的地方

这篇 JAP 论文其实来自我的组织行为研讨课程的期末研究提案(research proposal)。我是 2009 年 9 月进入光华的,博士研究生的第一个学期共安排了两门专业课:马力老师开设的组织行为研讨和孔繁敏老师开设的组织理论研讨(Seminars in Organizational Theory)。每门课程每周都需要阅读三至四篇英文文献,我当时的进度差不多是每天能读一篇(花七八个小时),似懂非懂地,"傻傻地"每一篇都很认真地读。其中,课程期末时需要每个学生写一份研究提案,而我的这份研究提案之后就发展成了这篇 JAP 论文。

我仔细地查阅了当时的文件夹,发现关于这篇研究提案最早的 Word 版本是 2010 年 1 月 1 日,考虑到这是组织理论研讨(2009 年秋季学期)期末研究论文,可以推测,实际构思版本应该是早于 2010 年 1 月 1 日的。我惊奇地发现,当时的标题是"Which is most important: Distributive justice, procedural justice and interactional justice",实在有些词不达意。大家可能很想知道当时我的得分怎么样,其实比较一般,以前也没有太仔细想过是为什么。现在正好打开当时提交的版本,终于知道原因了:真的是比较差,除了中心思想比较明确外,其他都非常混乱。

这份研究提案是关于员工如何形成公平感知的,尤其是当他们没有清晰的信息时。现在关于组织公平的大多数研究都集中于研究公平或不公平待遇导致的行为结果以及其中的认知与情感机制,但这些研究都回避了"员工如何形成公平感知"这个问题。由于企业一直在努力寻找方法来提高员工的公平感,因此这个问题就变得格外重要起来。同时,几乎所有关于公平的实证研究都假设员工拥有清晰的信息来判断关于结果、程序与交互的公平,然而实际情况却并非总是如此。在现实情境中,很多时候人们都缺乏关于公平的信息。因此,在一项研究中,我主要探讨当某种公平的信息模糊时公平感知是怎样形成的。基于公平启发理论,我们预测,当关于一种公平的信息不具备时,个人就会根据其他拥有清晰信息的公平来判断这种公平。

收集数据和论文修改:莫名其妙的惶恐以及毫无根据的自信

按照正常剧情的发展,这份研究提案应该保存在某个课程文件夹中,直到有一天因为占用硬盘空间而被删掉,因为它的主人会在未来不同的课程中写出更多、更好的研究提案,但它遇到的是"奇葩"的我……尽管课程得分很一般,我对这个研究想法(idea)还是充满了激情。

时间很快就来到了2009/2010学年的春季学期,也就是我在光华的第二个学期,我的确开始修更多的专业课和方法课,但我仍对这份研究提案念念不忘,到处跟同学讲,也陆陆续续地跟我们系的几位老师讨论过,但讨论的结果都不是很明确:有些老师觉得还可以,有些老师觉得不怎么样,个别老师则建议我换一个题目做。现在想起来,其中一个很重要的原因是这篇论文的假设结构和传统的组织行为(organizational behavior,OB)论文不太一样(怎么不一样?大家看了论文可能就知道了)。这时,或许跟所有的同学一样,一种莫名其妙的惶恐油然而生……

我当时的学业导师(mentor,光华前两年是每年换一个学业导师)是任润老师,她给了我很大的鼓励,觉得这个题目还是挺有潜力的,可以继续深挖下去。就这样,我开始不断地修改这份提案,并开始收集数据来验证假设。

2010年年中时,我差不多花了一学期收集了初步数据(一个子研究的数据),并重新梳理和修改了论文。同时,2010年7月6日,我参加了光华的论文展示比赛,并在上面报告了这篇论文。尽管这次论文展示比赛上老师们具体的评论和建议我已经记不太清了,但这次展示却给了我一个重要的机会来重新梳理和审视这篇论文的架构:如何有趣地、清晰明了地把论文的 story(故事)讲出来。顺便提一下,这个时候只有一个子研究,当时的调节变量是 managerial position(管理职位),实在想不起当时为什么要选这个调节变量了。

在此之后,我根据收到的评论、和老师讨论的结果,重新设计了研究,重新做了实验,又补充了一个现场研究(field study),并将认知闭合需求(need for cognitive closure,NFCC)作为调节变量。这个概念表示的是,人们多大程度上在面对模糊和不确定的信息时,快速地寻找答案并锁定这个答案。张志学老师很早就开始关注这个概念,并与博士生和国际同行先后在《心理学报》(2007年)、*Journal of Cross-Cultural Psychology*(2010年)等期刊上发表了几篇研究报告。

2011年年初,我将修改后的论文投至2011年在圣安东尼奥举行的美国管理学会年会。这个时候的题目是"Clear and ambiguous: Do employees always judge fairness based on clear and accurate information?",有点现在的论文的意思了。当时的论文,包括一个现场研究和一个实验。自此,整个模型已经基本确定下来了:当关于一种公平的信息模糊时,个人就会根据其他信息清晰的公平来判断这种公平(即文章中的假设1—3,分别对应三种公平);进一步,当个人的NFCC高时,这种倾向更强(假设4a—4c)。

幸运的是,2011年3月,这篇论文被美国管理学会年会接受。当时,我真的是太兴奋、太高兴了,因为觉得对于一个博士二年级的学生而言,能被 AOM 接受一篇会议论文,是非常了不起的一件事情。当时我想,还有比这更令人高兴、更让人鼓舞的事情吗?后来我发现其实还是有的……此外,三位评审人的评论也给了我很大的鼓舞,比如,第二位评审人认为,在其评审的六篇会议投稿中,我们的文章位列第二,并认为所研究的问题反映了现实情境。这对我来说是极大的鼓励。

为了把这次展示做好,我进行了长时间的准备。比如,2011年5月,我在张志学老师每周的组会上报告了这篇论文;张老师提出了很多很好的修改意见和建议,加之此前我也多次和张老师讨论这篇论文,于是很荣幸地邀请张老师一起写作和修改这篇论文。张老师的博士毕业论文是探讨中国人的关系认知和人情考虑对于奖赏分配的影响。他当时认为,主流文献中对于公正判断的研究普遍采用"最少互动范式"(minimum interaction paradigm),让受试者阅读两人共同完成任务获得联合奖酬的故事,再给定两人各自做出的贡献。他认为,由于受试者只了解双方的贡献这个信息,因此他们很容易根据贡献法则(即公正法则)进行分配。换句话说,已有研究很少考虑诸如互动双方的关系等社会情境性因素。张老师认为我的研究想法从一个比较新颖的角度来探讨公平问题,所以他很高兴地加入了这个项目。我甚至想好要编一个笑话,展示的时候给大家讲一讲……可惜,当我到美国大使馆办签证时,发现自己竟然把时间记错了,晚到了一天!之后,我就飞到成都美国大使馆,然后在那里被签证官秒拒。就这样,我没能参加这次AOM年会,也未能得到其他AOM参会者的评论和建议。之后,就由任润老师替我在AOM年会上报告了这篇论文。2011年8月20日,任老师从美国AOM年会开会返回后,给我发了一个Word文件"AOM feedback: Justice presentation notes",其中记录了当时展示时其他学者的六点评论,以及她对这些评论的看法,我被深深地打动了。

自此之后的一年多时间(大约到2012年12月),论文写作进入较长时间的徘徊期。这段时间我也开始思考,希望将这两三年新学的东西用到这篇论文中,也希望将大家的反馈和评论包含进来。这段时间的惶恐和犹豫主要集中在三个方面:(1)如何切入这个故事?其实就是关于研究动机(research motivation),毕竟有些老师或同学不怎么看好这个想法。(2)使用哪个理论来架构整个假设的提出?当时,使用的是启发式理论(heuristic theory),尽管这个理论基本可以支撑假设的提出,但我始终觉得其过于宽泛,因此不是特别满意。(3)如何更好地设计子研究来验证假设?这也是后来在之前两个子研究的基础上又加入了一个子研究(Study 1)的原因,而这个研究的数据来自光华管理学院的几位老师和我的几个研究生同学(李远、张翠莲和张宏宇等)收集的进城务工人员的数据,对此我很是感激。

伴随着时而莫名其妙的惶恐的是毫无根据的自信,就是打心底里觉得这篇论文比较有前途……其实,我也不清楚这种毫无根据的自信来自哪里,或许是青春的荷尔蒙吧,抑或是黄昏夕阳下的一个启发,就像当初毫不犹豫地选择读博士一样……

所以,这一两年的时光中,每次在未名湖边散步时,莫名地惶恐,莫名地自信,也莫名地淡然……

最后的修改和坚持:友好的国际学者的声音和合作

2012年8月,我作为中美富布莱特联合培养博士生前往哈佛商学院进行为期一年的学习和研究。我经常晚饭后在哈佛校园里散步,思考如何对这篇论文做最后的修改并将其投给国际期刊。年底的一天,我突然想自己为何不听听世界上最好的学者的评论和建议呢?之后我就花了几天的时间整理出一份当时在公平领域非常活跃的学者名单。2013年1月21日,我开始给这些学者写邮件,希望能听听他们对这篇论文的看法。很快,我陆陆续续地收到了若干封回信,我大致统计了一下,超过90%的学者都给我回复了,包括Joel Brockner、Ya-Ru Chen、C. Y. Chiu、Rebecca L. Greenbaum、Rainer Greifeneder、Elaine Hollensbe、Brian C. Holtz、Raymond Loi、Kevin W. Mossholder、Michael C. Sturman、Johannes Ullrich、Barbara Wisse等。个别学者即使没有给出具体的评论,也写了几句话鼓励我这个后生,这对我来说也是很大的鼓舞。其中一些学者给出的评论是极其详尽和用心的,比如Greenbaum教授的回复。这其实在很大程度上也影响了我现在的做法,比如现在有研究生给我写邮件询问研究的相关问题时,我都尽量抽时间给出我的一些评论和建议,即使给不出,也尽量多勉励,毕竟当时的惶恐我也是有所体会的,类似一个涓滴模型(trickle-down model)。

另一个回复得很仔细的是来自密歇根州立大学的Russell E. Johnson教授。我是2013年1月20日给Johnson教授写邮件的,两天后(1月22日)他就回复了我的邮件,说他很乐意为我提供帮助,他忙完手头的紧急事情后,就会给我具体答复。两周后(2月5日),我就收到Johnson教授具体的回复,写得非常客气。仅评论部分就有748字(整封邮件共778字),具体提出了八点评论和建议,其中两点是关于理论和理论贡献的,包括之前的理论框架过于宽泛,公平启发理论可能更具体和更适合;四点是关于方法的,包括三个研究的顺序,他建议前两个研究交换一下顺序等;两点是关于写作和目标期刊的,包括将理论部分与本文"较远"的论述精简等。此外,他还附了一篇他推荐的相关文献:Lind, E. A. (2001). Fairness heuristic theory: Justice judgments as pivotal cognitions in organizational relations. In J. Greenberg & R. Cropanzano (Eds.), *Advances in Organizational Justice* (pp. 56—88). Stanford, CA: Stanford University Press。这篇文献中的公平启发理论,后来成了我们这篇 JAP 论文的理论框架。以我现在的经验来看,这已经类似于一篇顶级期刊的完整的审稿意见了。第二天,我就给 Johnson 教授回复了邮件,表达了我深深的感激之情。

在仔细地考虑了这些学者的回复和评论后,我觉得 Johnson 教授提的建议更适合我们在现有的论文基础上进行修改,非常有建设性和实操性,同时跟我的理解也更为接近。此外,我也发现他最重要的研究方向就是公平。经过和两位老师的讨论和慎重考虑,2 月 19 日,我鼓起勇气给素未谋面的 Johnson 教授写邮件,邀请他加入这篇论文最后的修改和写作工作。第二天(2 月 20 日),他回复很高兴收到我们的邀请;后续我们对角色和任务分工、修改计划等方面进行了多次沟通,2 月 25 日,Johnson 教授正式答应加入我们的研究团队;自此,这篇论文进入了一个新的、最后的修改冲刺阶段。

在 Johnson 教授的帮助下,我们这个团队进行了为期一个多月密集的、高强度的修改。这一个月的修改主要集中在重新梳理和整合了引言和理论部分,尤其在很大程度上更细化了理论部分,特别是引入公平启发理论,这样我们的理论就更加具体和紧密了;此外,在 Johnson 教授的帮助下,我们更加细致地修改了全文的表述和语法等。

JAP 投稿和修改:难得的成长经历

大约一个月后,终于在 2013 年 3 月 27 日将这篇论文投至 JAP。投稿时题目修改为"Fairness heuristics and substitutability effects: Inferring the fairness of outcomes, procedures, and interpersonal treatment when employees lack clear information"。

投稿后,就是漫长的等待,就像是一个男生跟一个女生表白,女生说:"我三个月左右后给你答复……"可以想象,成不成是一回事,这种等待本身就是煎熬的……

幸运再一次降临了,近三个月后(2013年6月25日),我们得到JAP修改后重新提交的机会,负责我们这篇论文的副主编是得克萨斯农工大学(Texas A&M University)的Deidra J. Schleicher教授,他给了我们一个风险较高的修改机会。尽管是一个很危险的大修改,但我们都觉得是一个不错的机会。在第一轮修改的过程中,主要集中于两个问题:(1)加强理论论述,包括公平启发理论选取的合理性、每个假设提出的加强等;(2)关于三个子研究的编排以及方法细节等。其间,马里兰大学的廖卉老师正在光华管理学院访问(她当时担任光华管理学院的特聘教授),我还专门约时间和她讨论过如何修改论文和回复评论,她给了我很多很有见地的建议,令我觉得收获很大。我清晰地记得,她当时说了句"It is doable"(这是很可行的),并认为这篇论文很可能在JAP那里有乐观的结果。她的评论给了我很大的鼓励。

由于有些问题还是比较大,我们不确定自己是否非常有效地解决了这些问题,于是决定向编辑部申请延期一个月(通常情况下只要理由充分,编辑部是会同意类似的申请的)。也就是说,花了四个月的时间认真地修改,2013年10月21日,我们提交了第一次的修改稿。

四个月后,也就是2014年2月中旬,我们依然没有收到JAP进一步的邮件,这个时候就有点儿慌了。之后Johnson教授也写邮件问我有没有收到JAP的邮件,我回复说还没有呢,Johnson教授回信说他认为,一般这种情况是两个评审人的意见有些分歧。

2014年2月25日,我们得到JAP第二轮修改后重新提交的机会,副主编首先非常客气地说,为耽搁的时间而感到抱歉,这也让我真切地体会到顶级期刊主编认真和专业的态度。同时,正如Johnson教授所料,副主编耽搁的一个很主要的原因是,两位评审人的看法有一些分歧:

> 根据这轮修改,我抱歉地告知你们,我不能发表你们论文的这个版本。一方面,这篇论文在这轮修改中得到了很大的提升,感谢你们的修改和投入;另一方面,两位评审人对这篇论文的评估有些分歧。我愿意给你们一个再次修改的机会(我觉得这是一个相对鼓舞人心的邀请)。

可见,Johnson教授对顶级期刊的审稿和决策过程确实有更加深入的理解,我觉得收获很大。

在这轮修改的过程中,我们也在志学老师的组会上讨论了我们遇到的一些问题和得到的建议。我记得比较清楚的是,副主编对我们画的理论模型图不满意,觉得有些复杂且误导了读者。针对这条评论,马力老师提出了很好的建议,有助于简化模型中三种公平的信息模糊性与三种公平判断之间的关系如何受到NFCC的影响,后来才有了我们论文中那个很简洁的模型。可见,听取老师或同行的意见特别关键,这也是这么多年来志学老师的组会经常起到的作用。经过认真的修改和回复,2014年5月20日,我们提交了第二次修改后的文稿;两个多月后(2014年7月29日),我们收到副主编的邮件,这篇论文被JAP有条件地接受了。我们花了三周的时间完成了对副主编和第一位评审人较小的建议的回复和修改,于2014年8月18日提交了第三次修改后的文稿;一周后(8月25日),我们这篇论文被JAP正式接受。

从构思这篇论文,到发表出来正好是我博士生涯的五年。简言之,这篇JAP论文挑战了现有公平文献中的重要假设——个人总是拥有足够且清晰的信息来判断公平,使得我们能从一个全新的视角重新审视公平,这是文献中第一篇回答个人在没有信息情况下如何判断公平的论文。这个研究已作为深度论文(feature article)发表在国际顶级学术期刊JAP上(Qin, Ren, Zhang, and Johnson, 2015)。鉴于其重要的理论意义和现实指导意义,这篇论文还被广东省人力资源研究会评为第三届广东省卓越人力资源研究成果奖(学术类)一等奖。

反思

经过这近五年的"折腾",现在第一次有机会重新审视这个过程,我简单总结了一下,跟大家分享和交流,如果有失偏颇,也欢迎大家批评指正。

按一流期刊标准准备和撰写课程论文

现在回想起来,我博士期间发表了十余篇论文(一半以上为英文论文),一个比较重要的原因其实是,我对待博士生课程的期末作业(通常是一个研究提案或数据分析等)的态度和方式与大多数同学是不太一样的。比如说,一般而言,课程期末作业对于博士生而言就是一份平常的作业,或者一个分数;但每次博士生的课程期末作业(尤其是那些以论文或研究提案为期末考试类型的课程),我都是严格地按照一篇高水平学术论文的标准来撰写的,而不是简单地"应付"。

仔细翻阅我的个人简历可以发现,除这篇JAP论文外,我的多篇论文都是博士生的期末课程作业,比如,徐敏亚老师的应用统计学(Applied Statistics)课程期末作业,后整理发表于《心理学报》(秦昕、牛丛、黄振雷、徐敏亚,"甲流了解程度、疫苗安全感知、接种行为及其影响机制",《心理学报》,2011年第43期);王汉生老师的回归分析(Regression Analysis)课程期末作业,后整理发表于《管理世界》(秦昕、张翠莲、马力、徐敏亚、邓世翔,"从农村到城市:农民工的城市融合影响模型",《管理世界》,2011年第10期)。值得指出的是,这篇发表在《心理学报》上的论文是我的课程研究提案转化为论文后发表的第一篇,这篇论文是基于当时"甲流"盛行的背景,抓住这个"机会"思考问题,并设计和实施研究的。记得当时得到《心理学报》第一次修改后重新提交的机会时,敏亚老师和我请志学老师提意见及建议,志学老师从学报的编委角度在纸上大概写了九条修改建议,并觉得只要解决了这些"并不大"的问题,这篇论文是可以被接受的;同时,志学老师觉得能从现实中"抓取"机会,是很难得的。这对我来说,的确是"信心上"和"专业上"的双重鼓舞。这样的心态和方式,不但让我对所学课程有了更加深入的理解和掌握(如果简单地"应付",所学就停留在那个期末分数上了),更让我在读博的较早时期就在国内最好的管理学和心理学期刊上发表了文章,比如,我在博士二年级时,就以第一作者的身份在《管理世界》和《心理学报》上发表了论文,进而形成了一定的"战略"先发优势和心态优势。因为博士一年级或二年级在国内最好的管理学和心理学期刊上发表了论文后,我就开始将我的科研重心转移至"冲刺"国际顶级期刊上,这也让我有了足够的底气和"资本"来尝试在国际顶级期刊上发表论文这些"高风险"的行为(至少对当时我们这些博士生而言是这样的)。似乎这样可以一举两得。

如何跟导师和国际学者合作

博士生的固有心态很关键,比如博士生总觉得一定要和自己的导师合作。

当然,这一点不光取决于博士生,而且需要导师的协作。就我个人而言,我的导师对我其实很"开放",不但允许我和其他老师合作,更是鼓励我跟不同的老师和学者合作。和导师合作时,我的经验是,"以我为主",不要拿着问题就跟导师讨论,大多数情况应该是,有问题,同时自己思考了比较久,形成了初步的结论或者两三个不同的结论,再跟导师讨论,这样自己的收获会很多,导师的点拨显得更加重要,也节约了导师的时间,导师自然也就"愿意"和你讨论了。当然,从一个博士生的角度,如果导师能够更加"开放",那应该是极好的。对于导师而言,博士生其实可以得到更好的培养(不光有更多的老师协助培养,博士生也能获得更多元的学习机会和见解),甚至博士生在发表研究成果上的表现可能也会更好(有更好的合作机会,以及在修改后重新提交的过程中获得更多的支持和建议)。这样,其实是可以实现双赢的。

在和国际学者,尤其是比较资深的学者合作时,我觉得应该把他们的时间和计划作为最优先的选择。也就是说,最好放下手中的事情,优先处理跟他们的合作;根据我个人的经验,这里同时也有一种溅溢效应,即当你回复得很快时,这些资深学者也会更快地回复你,进而更易进入一个良性的合作循环。在和两位导师以及一名国际学者合作时,我自己很"主动",合作过程很愉快,自己也学到了很多默许知识(tacit knowledge)。

广泛的意见与独立的判断

当博士生有一些研究想法时,我个人的建议是,应鼓起勇气跟领域内(尤其是国际上)的专家学者联系,听取他们的意见,等等。当然,考虑到这些学者的时间和精力非常有限(仅从时间和精力上来讲,是很难对每位博士生的问题一一做出答复的),那么,博士生在提问时,就需要做好准备,问重点的问题,而不是不经思考的问题,比如某某系数怎么计算等,因为这种问题私下里完全可以自己解决。

当你得到广泛的意见时更加关键的是要有独立的判断。独立的判断对于博士生而言很难,有两个很主要的原因:如果只是想着老师觉得不行怎么办,同学已经发表了论文怎么办……心态就乱了。这里我主要谈谈第一种情况。

《论语》有言:"君子务本,本立而道生。"有很多人坚持走了很远的路,不光是因为他们更坚忍不拔,更重要的是他们想得更透彻。对于上述第一种情况,我觉得比较准确的归因可能显得更为重要,如果老师觉得你论文的选题不行,其实是有几种情况:(1)这个选题真的不行。(2)这个选题可能不错:(2a)由于老师的专长不在这个领域,他是从普遍的(general)视角来看,得出了这个结论;(2b)由于老师看的时间短,做出了不太准确的判断;等等。

所以,当老师给你反馈选题不行时,你不应该直接选择放弃,而是要做进一步的分析工作,以更好地进行判断。我觉得,老师的评论更多的是一个信号或提醒,而不是一个指令。比如,以这篇JAP论文为例,在我和较多老师讨论后,如前所述,也有相当一部分老师觉得选题不行或者比较一般,我并没有简单地"听从他们的指令",而是仔细地分析他们的判断。他们的评论和反馈引起了我足够的重视和长时间的反思,经过长时间的独立思考后,我觉得,这个选题是有意义的,因为它挑战了现有文献中关于"人们总是有足够的信息来判断公平感"的假设,进而提出,在没有足够信息的情况下,个人是如何形成公平感的。部分老师之所以可能不太喜欢这个选题,或许是因为他们的专长其实不在于此,对现有的公平文献不是很熟悉(我记得马力老师曾说,我们博士生每次报告论文时都应足够自信,要相信自己在所有听众中是对这个选题最熟悉的人),或者看的时间太短,没有足够的精力或者时间来体味其优点等。

我最后没有照搬老师的建议,但这并不意味着他们的建议是没有用的,其实这些建议是非常有意义的,因为他们可能代表了部分责任编辑或者评审人的看法,因此我在后续的写作和修改时,都会特别注意,也时常叩问自己,我这样写是否能很好地被从事组织行为研究的学者理解(会不会误解),他们能否在很短的时间内或者花很少的精力就都可以理解。这些反馈和进一步的思考对我论文的写作,尤其是引言部分的写作和修改至关重要。

我总觉得,一个博士生,应该多听听老师或者同学的建议,一定要非常虚心地听,这样你才能获得很好的建议,这是博士生学习非常重要的部分;更何况如果你不虚心地听,慢慢地,就再也没有人给你提建议了,这是非常麻烦的。但是,对于这些建议,博士生需要做出自己独立的判断,而不是全部照搬;也就是说,我们要虚心地听建议,不照搬,还要在此基础上做出独立的判断,这是一个博士生应有的精神。如果一个老师培养出一个什么都听他的博士生,这很难说是一种成功,至少我觉得这对博士生的培养而言是不成功的。

这种精神其实是很难的,因为中国的权力距离是很高的,不光是老师的权力距离高,博士生自己的权力距离也很高。我的这种精神的培养,除了我的导师对我的"宽容"和光华管理学院的氛围,很大程度上得益于张志学老师每周的组会,因为在那里老师和博士生终于"平等"地围坐在一张椭圆桌边上了。博士生可以"挑战"老师的观点,这在国内的学校还是很难得的。学生"挑战"了老师,学生觉得很自然,老师也觉得很自然,很多事情也就水到渠成了,有点"心理安全"(psychologically safe)的感觉了……

研究的延展性

博士生在做论文的时候,往往考虑其可发表性,对于很快就要进入劳动市场的博士生而言,有这样的考虑似乎无可厚非,或者说这的确是一个急迫的现实问题。但是,与此同时,我觉得同等重要或者更重要的是,要注意很多研究的延展性和连续性。这种延展性大致可以分为两个方面:(1)研究问题的延展性;(2)合作团队的延展性。

首先,关于研究问题的延展性。尽管由于博士生刚接触研究,可能会广泛涉猎,以便更好地形成自己的研究兴趣,这在一定的阶段的确具有必要性,但我建议博士生在广为涉猎的同时,需要注意形成自己的研究兴趣,而这个研究兴趣一方面是自己内心特别中意的,另一方面则要求自己有一定的研究基础同时这个话题未来足够开阔。比如,在这篇JAP论文的基础上,我对重要的公平文献都掌握得很透彻,自己也很感兴趣,这就慢慢演变成我的主要研究兴趣之一。在这篇JAP论文的基础上,我时常思考:上司为什么会做出公平行为?各种各样的公平研究都提出类似的管理建议,即管理者需要公平地对待下属。然而,这样的管理建议又会诱发进一步的关键问题:上司为什么会做出公平行为?这就演变成了我的博士毕业论文。我的博士毕业论文旨在从态度功能的视角探索上司为什么会做出公平行为。具体而言,通过整合态度功能理论以及与公平相关的文献,我提出个人对于公平的态度主要有两个功能:功利主义的功能和价值表达的功能。将这个关于态度功能的区分应用于企业中的管理者(上司),我进一步提出,上司的公平行为及其一致性取决于他们对待公平的态度所服务的功能,其中,这种影响受到不公平行为可以被辩解的信念的中介。我的博士毕业论文也曾获得中国管理研究国际学会(IACMR)李宁博士论文奖一等奖、第九届中国管理学年会优秀论文奖、北京大学光华管理学院院长科研基金等,最近也被 *Personnel Psychology* 接受了(Qin, X., Ren, R., Zhang, Z. X., & Johnson, R. E. (forthcorning). Considering self-interests and symbolism together: How instrumental and value-expressive motives interact to influence supervisors' justice behavior)。能取得成绩很大程度上得益于这篇 JAP 论文后续的延展性。因此,在公平研究领域,与员工如何形成公平感知和上司为什么会做出公平行为相关的研究,我和我的合作者们的研究已经处于国际比较领先的水平,得到国内外专家较高的评价。这两方面的研究将极大地丰富关于员工如何形成公平感知、上司为什么会做出公平行为等方面的基础理论文献,同时对于提高员工的公平感、满意度和工作绩效具有很大的现实意义。

其次,关于合作者的延展性。对于博士生而言,形成系统的研究兴趣很重要,同等重要的是开始建立适合自己的核心研究团队,尤其是除自己的导师以外的核心团队(博士生毕业后,独立开展研究的能力是至关重要的)。比如,通过邮件联系的 Russell E. Johnson 教授,在 JAP 论文之后,与我仍保持了非常好的合作关系,我们后续又一起合作发表了几篇论文,比如发表在 *Personnel Psychology*、*Academy of Management Journal* 等上的论文,进而形成了一个比较良性的循环。

极难得的好奇心

有个故事讲,在中山大学北门广场,有一个打太极的大爷,一招一式都打得很有力道。有一个小伙子路过,就问:"大爷,你太极打得这么好,是怎么练的?"大爷很神气地说:"小伙子,我站着不动,用你最大的力气打我一拳!"小伙子就用他最大的力气打了大爷一拳,结果……被讹了三万块钱。这个故事告诉我们三个重要的道理:不作死就不会死;不是老人变坏了,而是坏人变老了;好奇心害死猫。

这个害死猫的好奇心,对于普通人来说,不是什么好事,甚至是坏事;但对于我们博士生或学者而言,它却是我们认识和改变社会的原动力,是极其难得的。为什么呢?我自己主要的研究方向之一就是创造力,大量研究证明好奇心是创造力的基础,因为它代表了创新的内在动机。曾经有个博士生问我,什么样的博士生活算是成功的?究竟要发表多少篇论文?我思考了很久,后来我说我理解的成功的博士生活,不是在核心期刊上发表了几篇论文,而是在经过五年甚至更长时间的折磨与摧残之后,你还对生活、学术有那么一点好奇心,我想这是非常难得的。你在顶级期刊上发表了一篇论文,这代表过去;你现在有五篇工作论文,这代表现在;而"害死猫"的好奇心则代表未来。

结语

其实,没必要写这些大道理,没有这些这篇"流水账"可能会更行云流水。

这篇JAP论文也算是我博士生涯一个小小的突破,跟很多国内的博士生一样,我其实可能走了很多弯路,但我仍觉得自己是非常幸运的,因为我的努力得到了回报。

终于写完这篇文章,回到了八年前,也感觉自己像八年前一样充满了活力……现在回想起来,这篇论文,对我而言,感觉就是一些坚持、几位老师的指导,以及各种幸运……

附录1　国内博士生在国际顶级期刊上发表论文之可行性

任　润

> 既然我已经路上这条道路,那么,任何东西都不应妨碍我沿着这条路走下去。
>
> ——康德

我与秦昕同在2009年秋季进入光华管理学院,我作为一名新教员,秦昕则是博士生新生。巧的是,我被安排担任秦昕的一年级学术导师。从开学不久的第一次的谈话中,我了解到秦昕的本科毕业论文针对经历了汶川地震的员工,研究了他们的工作态度和工作绩效,并亲自到汶川做了问卷调查。作为本科生,毕业论文能够抓住时事热点,并结合自身专业展开研究,这很难得;于是我就鼓励他试试投稿发表,后来这篇本科论文发表在 *Frontiers of Business Research in China* 上。有想法又有动手能力,这是我对秦昕的第一印象。在随后的几年合作过程中,秦昕一直表现出这两个特点。接下来,我会先简单回顾一下我们这篇JAP论文的写作过程,然后谈一谈在与秦昕合作的过程中,我观察到的他作为一名优秀的年轻学者所具有的一些特点。

在博士一年级课程组织行为研讨上,秦昕的课程论文是关于不同类型的组织公平在信息不确定下的相互影响和替代的研究。由于我的研究兴趣之一是组织公平,秦昕就来与我讨论。我听了他的介绍后觉得这个题目很新颖,跳出了现有研究组织公平的范式,同时也对现有文献有较大的贡献。所以我非常肯定他的这个想法,并鼓励他在学期结束后一定要继续这个研究。由于研究方向的重合,秦昕邀请我一起合作,随后就开始了我们多年的合作。

我们最早是设计了情境实验,然后秦昕邀请他已经工作的同学,通过"滚雪球"的方式找到越来越多的有工作经验的人参与研究(即JAP论文中的Study 3)。我们在2010年年底完成了初稿,秦昕分别在2010年中国管理学年会和2011年美国管理学会年会上汇报了这项研究,并得到了一些同行的反馈意见。从2009年年底到2010年年底,秦昕从课程论文出发,完成了一个尽管粗糙但却完整的研究,这个速度还是很快的。许多同学可能觉得想要在毕业前有论文发表,特别是有高水平的论文发表,一定要早早参加老师的课题。我不能说这个想法不对,但是同时,我想强调,**同学们一定要认真对待每一篇课程论文。这些论文体现了你的学术思维和创造力。如果课程论文得到老师的认可,请一定要继续做下去。它可能就是你发表的下一篇论文!**

2011—2012年,我们一直在思考如何提升这篇论文。我们补充了一个针对大学生奖学金评比的问卷调查。样本来自秦昕留在大学做辅导员的同学所带的几个班级(即JAP论文中的Study 2)。同时,秦昕得知当时的组织管理系里有些同学参加了一个关于进城务工人员的课题项目,并收集了他们的工作态度,包括其组织公平感知。在征得同学的同意后,秦昕发现里面有几个变量可以用于我们的研究,这就构成了我们JAP论文中的Study 1。与此同时,我们还在光华的组会上不止一次汇报过这项研究,得到张志学老师非常中肯和有建设性的建议,后来我们邀请他也加入这项研究。此外,志学老师带领光华的几位教员前往新加坡南洋理工大学交流关于行为研究的前沿时,我借那次交流机会也得到了赵志裕老师和其他同行针对这项研究的一些建议。到2012年夏天,这篇包含三个子研究的论文已经有了较为完善的理论和假设论述,但我们并没有马上把它投出去。这是因为秦昕、我和志学老师都对这篇论文有很高的期望。我们希望准备得再充分些,争取投出去后能够得到 JAP 修改后重新提交的机会。

2012 年秋,秦昕赴哈佛大学交流学习。我建议他邀请一些研究组织公平的学者对我们的论文进行"友好评审"(friendly review),多听取其他学者对我们这项研究的意见。秦昕最后收到八位学者的意见和建议。其中 Russell E. Johnson 教授提供的许多意见和建议都被我们采纳,因此也被我们邀请为合作者。

2013 年 3 月,这项研究终于投给了 JAP。从 2009 年年底开始,历时大概三年半,完成了三个子研究,速度可以说是比较快的。在这个过程中,秦昕作为第一作者,起到了很大的推动作用。秦昕主导了这项研究主要的进程,他会随时与合作者讨论论文的下一步计划,而不会因为他是四位作者中唯一的学生而不好意思催促老师。在合作研究中,我们都是平等的合作者。另外,秦昕的行动力很强,非常善于整合各种资源,三个子研究的数据都是他自己想办法收集的。

差不多四个月后,我们在 2013 年 7 月顺利地得到第一轮修改后重新提交的机会,但是负责我们这篇论文的副主编认为这是一个高风险的修改机会。尽管如此,我们还是比较乐观的。在修改过程中,我们补充了额外的数据来检验公正清晰度与其他相关变量之间的区分效度和聚合效度。同时,我们对论文的理论部分也进行了大刀阔斧的修改和加强。在秦昕的积极推动下,我们 10 月底就完成了这轮高风险的修改。

2014 年 2 月,我们得到第二轮修改后重新提交的机会。副主编和评审人都认为这一稿有了很大的改进。这对我们而言是个好消息!至少副主编和评审人看到了我们的认真和努力。由于不需要补充数据,我们在 5 月份提交了第二次修改后的文稿,并于同年 8 月就收到了"有条件接受"的通知。从 2013 年 3 月投稿到 2014 年 8 月的有条件接受,历时一年半,相对于大多数研究的投稿周期来说应该是比较快的。回顾这个项目研究的整个周期(从 2009 年年底到 2014 年 8 月),经过不到五年的时间,在秦昕毕业之际发表,相对于大多数研究来说也不算慢了,特别是这项研究还是从他的课程论文发展出来的。

作为合作者之一,我目睹了这项研究从想法的提出、框架的明确、理论支持、研究设计到文章的写作、投稿以及修改的全部过程,同时也观察到秦昕在这个过程中体现出来的重要学术特质,希望能够对在学术道路上前进的其他同学有所启发。

首先,秦昕拥有对学术研究的强烈热情和出色的创造力。秦昕能够敏锐地观察到生活中值得研究的一些现象,并以学术的视角提出研究问题。这从他的本科毕业论文、这篇 JAP 论文,以及他的博士毕业论文中都可以看出。许多同学做研究时只会从文献中找题目,在入门时尚可这样做,但是如果一直这样,就会变成闭门造车,觉得做研究越来越难,从而失去研究的热情。相反,如果我们关注周遭的环境,就会发现许多有意思的、值得研究的现象;然后通过我们的研究,解决了一个实际问题,或者发现了一个现象背后的原因,这样的研究不但有更大的理论贡献,也会使我们由于解决了难题并对企业管理者有所帮助而获得更多的成就感,进而产生源源不断的研究热情和创造力。

其次,有了明确的想法后,行动力一定要跟上。这一点秦昕做得非常出色。在我建议他可以尝试着把本科论文投稿后,他就修改了论文,一个月后就把它投到 2010 年 IACMR 的双年会,并被接受。在会议上宣讲后,接到 *Frontiers of Business Research in China* 的发表邀请。对一年级的博士生来说,这是一个很大的鼓励和积极反馈,也进一步提高了他的研究热情和创造力。在我们这篇论文的写作过程中,秦昕的行动力也非常迅速。学术研究的过程中当然也有瓶颈或减速期,但是每当我们讨论后有了下一步的计划时,秦昕都会快速将计划变现。这一点体现在我们的几个子研究以及两轮的修改后重新提交的过程中。所以即使我们第一轮得到高风险的修改机会,我们也仅在四个月之内就完成修改并提交了上去。可以说,没有秦昕的行动力,这篇论文或许会花费更长的时间。

最后,秦昕善于合理利用可接触到的资源。刚踏入学术圈的博士生们大都没有企业资源,并且通常有个误解,认为数据是最重要甚至是唯一的研究条件,这使得很多同学非常依赖老师提供的数据。虽然现有数据有节省时间的优势,但也有可能会束缚和限制同学们的创造力。我们在写作这篇论文时没有考虑一定要从企业那里收集数据。我们的数据来源包括秦昕已经在企业中工作的同学及其同事、在高校做辅导员的同学所带的大学生,以及网络调查服务。此外,秦昕在帮助其他同学改进其研究时,发现了他们关于进城务工人员的数据中可以用于我们这篇论文假设检验的几个变量。经过他们的同意，我们使用了这部分数据。所以我建议同学们在进行研究时，可以利用现有数据，但千万不要被现有的数据套牢。数据应该服务于理论模型，而不应该本末倒置。另外，我们这篇论文在完成之后，邀请了一些学者进行友好评审。这可以帮助我们大致了解读者，包括评审人的态度。但是请注意，千万不能滥用这一策略。每个学者的时间都非常宝贵，所以在做这种邀请时，请一定确保你的研究是有趣且有意义的，你的论文已经是非常完整的，并已经修改过几轮了。

这是我在与秦昕合作过程中观察到的研究者的一些特点，希望能够对开启学术道路充满热情的同学们有所启发和借鉴。

任润，北京大学光华管理学院组织与战略系副教授。从光华管理学院硕士毕业后，赴美国得克萨斯农工大学攻读管理学博士学位，毕业留美任教两年之后，2009年受聘母校北京大学光华管理学院任教。研究兴趣包括组织公平、创造力、领导力以及人力资源管理。论文发表在 *Journal of Applied Psychology*、*Journal of Organizational Behavior*、*Journal of Vocational Behavior*、*Journal of Occupational and Organizational Psychology*、*Journal of Business Ethics*、*Personnel Psychology* 以及《管理世界》等国内外期刊上。

附录2　对秦昕等人论文评审过程的回顾

Deidra J. Schleicher

我担任论文"Fairness heuristics and substitutability effects: inferring the fairness of outcomes, procedures, and interpersonal treatment when employees lack clear information"的责任编辑，这篇论文最终发表在 *Journal of Applied Psychology* 上。这篇论文进行了三轮修订，在本文中我将讨论每一轮中的主要问题，以及作者们是如何成功地解决这些问题以利于文稿在审阅过程中的推进的。我也分享了我对这些问题的看法以及我作为这篇论文的责任编辑的感想。

博雅光华：在国际顶级期刊上讲述中国故事

初次提交

重要的是，我和所有评审人都相信作者们正在研究一组有趣且潜在重要的问题(因为潜力尚未在最初一轮的文稿中实现，最终的重要性尚不明确)。此外，我们赞赏作者们采用三个独立的子研究来检验理论假设。同时，我们也对这项研究提出了较多的重要问题并有所担忧。首先，关于理论论证的几个方面需要澄清和加强(最初一轮的文稿审核通常是这种情况)。其次，三个子研究中，其中一个的逻辑令我们感到困惑，这涉及它如何与其他两个子研究相契合的问题。因为它的局限性，我们鼓励作者们更好地充实这方面的内容(而不是试图以最有利的方式呈现它)。我们进一步鼓励他们"诚实"地呈现这个子研究能告诉我们和不能告诉我们的内容。再次，在其中一个子研究中引入了新的(即未发表的)测量量表，但没有提供关于量表发展的全面描述或构念效度的证据。这经常会引起评审人和编辑的关注，这里就是这种情况。从次，一些假设并没有得到一贯的支持，作者们没有真正讨论过这个问题及其对论文总体结论和贡献的影响。最后，所有三个子研究都采用了中国样本。与在论文中完全使用西方样本相比，这并不是一个更大的缺点。然而，无论是好还是坏，对于目前在顶级期刊上发表的论文而言，它还是有点儿特殊的。因此，我们要求作者们讨论其样本的含义，包括对西方环境的预期外推性(顺便说一句，我认为，当样本来自单一文化背景时，让作者做到这一点应该是编辑通常都会提出的要求)。

最终，对于这份稿件，我发出了修改后重新提交的邀请。做出这个总体决定的一个重要因素是这篇论文包含了三个独立的子研究，这是一个重要的优势。此外，该论文在写法上清晰明确，这也非常重要。由于我正在为可能将英语作为第二语言的读者写这篇文章，因此我想说明的是，根据我作为本领域两本期刊副主编的经验，首轮写作的总体清晰度可能会在很大程度上影响评审人是否愿意再给论文一次机会(即建议修改并重新提交)。当评审人和责任编辑不得不努力理解作者想要表达的意思时，他们很快就会感到沮丧。令评审人和责任编辑感到沮丧从来都不是利好的消息！虽然"不好的写作"直接导致拒稿似乎是不公平的(因为这本应是一件容易在修改中得到解决的事情)，但我认为作者应该在首次提交论文前通过"友好评审"的方式检查表述的清晰度、语法等问题。论文总是通过这样的一个过程得到改进的。

我想承认的一点是,在这种特定的情况下,这篇论文的作者中有一些"经验丰富"的合作者是很有帮助的。作为 *Journal of Applied Psychology*(JAP)的责任编辑,我们当然不会根据作者是谁来做出决策(我相信 JAP 和其他顶级期刊一样,在避免这种做法方面做得特别好)。然而,一旦对首次提交的论文的整体优点做了决定之后,责任编辑在试图确定(预测)作者能否成功改进这个版本(尤其对于高风险的修改邀请)方面就会存在额外的困难。在我作为责任编辑的经历中,我可以诚实地说,我从来没有因为我不认识文稿的作者而对文章做出负面评估(而且我的原则一般是,只要论文从总体上而言优点是足够的,我就会发出修改邀请)。同时,当责任编辑试图做出这一艰难的决定时,发现一篇论文的研究团队中有经验丰富的合作者对论文来说是一个利好的消息。这是因为具有修改和重新提交的经验会使论文修改得更好,而不是因为有经验的作者会被认为比其他人更值得信赖或对其的标准会有所降低。我相信研究上的新手或更多的年轻学者邀请经验更丰富的学者参与论文有很多好处,这可能是其中的一个。

总的来说,尽管有这些优势,但鉴于文稿中存在的上述重要问题,我的决定信很明确地表明这是一个高风险的修改机会,并指出修改能否充分解决我们所提出的问题以及最终的文稿在理论、实证和实践方面的贡献是不确定的。我还预先告诫了作者们,即使下一轮的修改成功了,由于所要求的修改量很大,仍然可能需要额外的修改和评审,当然我会努力在下一轮修改之后做出进一步明确的决定。

第一轮修改

通过阅读修改后的稿件和对审稿人的广泛回应,我们所有人都很清楚,作者们非常努力地解决了我们最初提出的问题。事实上,我们相信这篇论文因此得到显著的改进。与此同时,评审人对论文的总体评估有些分歧,一位评审人认为已经没有重要的顾虑,另一位评审人则认为还有一些仍然需要解决的重要问题(请参阅下一段提到的这些问题)。我自己的评估介于这两者之间。在这里我要指出的是,在我担任副主编期间,我倾向于按照自己的风格做出较明确的指示,这意味着我对作者和评审人施加了相当强烈的"编辑之手"。也就是说,我认为我的工作不仅仅是评审人建议的"投票台"。当然,我也考虑了评审人的意见和建议,但我认为我的工作在于决定是否推进稿件继续往下走。这是因为责任编辑和评审人经常以不同的方式处理论文,后者侧重于论文中存在的错误,而前者关注的是论文的正确性以及可以进一步开发的内容,从而形成一篇很棒的论文发表在他们的刊物上。更强的"编辑之手"也常常意味着,对作者们更直接地表达我个人对论文的看法以及我期望他们如何处理(当然,我一直承认,作者们可能有更好的想法来解决特定的问题,而不是我所建议的)。因此,在这种情况下,我向作者们表示,尽管我同意还有一些重要问题需要解决,但我认为这些问题通常很容易通过修改得到解决,并且倾向于认为稿件最终可以发表。鉴于此,我还向他们表示我认为这是一个"相对令人鼓舞的"修改后再提交的邀请。

如上所述,作者们非常努力和有效地解决了我们最初关切的问题,并大大澄清了多个方面的问题。然而,通常情况下,更高的清晰度有时会导致更多的问题(特别是当评审人认为增加的清晰度显示出一些额外缺陷时,就像这里提到的其中一位评审人那样)。在这里,我们要求作者们在下一次的修改中讨论的其他问题包括:(1)研究的理论逻辑如何与现有的公平文献呼应;(2)关于某些量表的进一步澄清(例如,"为了适应中国的情况而对它们进行了微调"是什么含义,以及关于一些量表的理论含义的讨论);(3)关于两个样本极高的答复率的一些重要问题;(4)需要更多地讨论一些结果;(5)需要对结论进行一定的修改,以与该研究中的具体内容更紧密地联系起来。通过这份清单,大家应该能够理解我的结论,即剩下的这些虽然令人担忧,但大致上都是可以解决的。最后,我想指出,一位评审人认为,三个子研究中最弱的一个是不必要的(考虑到其局限性以及其他两个子研究)。我向作者们表示,尽管我同意这个研究的洞察力存在不足,但我更愿意保留这一特定研究,因为它专注于中国工人群体中的一个部分。我还指出,我认为作者们已经充分讨论了这个研究的局限性并将其"降级"为初步的支持作用。我一般都不喜欢这样的想法,即在缺乏非常有说服力的理由的情况下,删除那些涉及论文重点问题的数据。我认为责任编辑在这种情况下提供的指导很重要。鉴于一位评审人建议删除这个研究,如果责任编辑不给予明确的指导意见,作者们可能真的会删除它。

第二轮和第三轮修改

第二轮修改仅由我自己和其中一位评审人予以评审;鉴于没有任何重大遗留问题,我没有将它发回给另外一位评审人。我相信作者们再次展示了他们对所需解决的问题做出积极应对的能力,但是审阅文稿的那位评审人尚未准备做出接受的推荐。事实上,他的整体建议是"很难说修改是否有帮助;最终被接受的机会中等",这是JAP使用的5点推荐量表的中间锚点,低于"鼓励修改;成功的机会良好"和"照原样接受或稍做修改后接受"。作为责任编辑,有时你会觉得,无论作者怎么做,评审人都是不会被说服的。这方面的证据包括评审人关注作者在稿件中所做或所说的某件具体的事情,并过度强调它,从而形成各种各样的"稻草人争论"(strawperson argument)的情形。我相信这种情况就发生在这篇论文的评审过程中。具体而言,其中一位评审人抓住不放的一点是,作者们认为这篇论文的贡献在于,文献中探讨公平前因的研究数量比探讨公平后果的研究数量更少。我同意评审人的意见,即在某一领域进行的研究数量并不足以作为论证论文的理由,并进一步指出,仅仅在文献中找出差距也是不够的。同时,正如我在决定信中所解释的那样,我自己阅读论文时注意到,虽然作者们在第一段中提到探讨公平前因的研究比探讨公平后果的研究在数量上少了很多,但他们实际上并没有把这一点作为论文的理由。因此,我并不关心这个具体的问题,而关心他们以最令人信服的方式来建构他们的贡献这个大问题。因此,我鼓励他们发展我认为他们最令人信服的贡献角度(关于挑战公平及其确定性的基本假设),即在导论和讨论部分,提出该研究与以往研究的不同以及这种差别在概念上和实践上的意义,并包括一些揭示现有文献中的这种隐含假设的更具体的证据。

鉴于以下原因:(1) 这是提交上来的第三轮修改后的论文;(2) 我相信作者们可以在下一阶段成功地改进对于贡献的阐述;(3) 我质疑新一轮审查的价值,我决定在这一轮有条件地接受这个版本的文稿,并指出在正式接受之前,作者们需要成功地改掉其中的问题(以及一些额外的小问题)。正如预期的那样,当我收到最终的修改稿时,作者们确实做了非常好的工作,进一步发展了这方面的贡献并处理了所有剩余的问题。因此,我很高兴能够接受这篇论文在JAP上发表。这篇论文在整个评审过程中得到了显著的改善,因为作者们非常愿意努力解决我们提出的问题。

Deidra J. Schleicher,得克萨斯农工大学梅斯商学院管理学副教授。现任美国管理学会人力资源分会主席。研究兴趣包括绩效管理、人才管理、员工发展、工作态度、员工敬业度等。论文发表在 *Journal of Applied Psychology* 等著名期刊上。

第7章 旧文为镜,砥砺新知

魏 昕

Xin Wei, Zhi-Xue Zhang, & Xiao-Ping Chen (2015). I will speak up if my voice is socially desirable: A moderated mediating process of promotive versus prohibitive voice. *Journal of Applied Psychology*, 100 (5): 1641—1652.

编者导言

在国内外学者开展的进言研究已经非常多的情况下,魏昕等人的这篇论文是极有特色的。作者认为,员工进言体现了他们在企业中尤其在上级面前展现自我时的"社会赞许性动机",从这个角度去探讨进言的机理和边界条件。这是组织管理领域中为数不多的将个人、团队和组织三个层面的概念纳入同一个理论当中的研究,揭示了影响员工进言的个人价值导向、团队氛围和管理授权的三种因素,以及预估进言有效性和人际风险的中介作用。这篇论文是基于魏昕的博士毕业论文,她是中国高校为数不多的以第一作者的身份在国际顶级期刊上发表论文的年轻学者之一。可能由于这项研究视角的独特性,以及研究数据来源于现实企业中的工作团队,这篇论文早先的版本获得了2012年"International Association for Chinese Management Research"双年会唯一的最佳微观论文奖。

魏昕在这篇随笔中完整地回顾了论文一波三折的发表过程,从中可以体会到一位中国学者尤其是年轻学者在国际顶级期刊上发表论文的不易。不过,读者也可以从她的反思中体会到,为什么在不同期刊中总是有评审人很喜欢同时也有评审人很不喜欢她的论文。喜欢这篇论文的评审人会觉得其视角独特、问题来自作者对于现实的现象的思考,而且收集数据的难度大,不喜欢这篇论文的评审人则觉得这篇论文多少有些偏离主流的进言研究文献,以至于审稿人要求作者将其原来的概念修改为主流进言文献中的概念。创新是要付出代价的——魏昕发表这篇论文的过程很曲折,应对评审人也颇费周折,论文被修改得面目全非,第一稿的研究完全放弃,最终接受的论文是原来研究的升级版,等等。不过,创新又是值得的——从魏昕的这篇反思文章中可以看出她在思考这项研究和修改论文过程中的快速进步,在论文投稿出去之前已经想到评审人会提出只研究抑制性进言而忽视促进性进言的欠缺。通过设计并实施新的研究提前做好回应评审人的准备,寻遍众多的相关理论,向众多中外学者咨询,最终在赵志裕教授的启发下找到了"社会期许反应"理论;不断向同行讲解自己的叙述逻辑,最终将复杂的模型以让人容易理解的方式阐述清楚,等等。我们相信,这些丰富的经历对于年轻学者而言将会是巨大的财富。

魏昕本科期间学习金融专业,但逐渐发现自己对组织行为研究更感兴趣。与本书的其他作者一样,她进入光华 IPHD 项目学习之后,接受到很多国际著名学者的训练,其间,也先后到中国香港地区和美国与国际一流的学者合作做研究。在这篇随笔中,她讲述了自己博士毕业论文选题的经过,从与导师合作的"冲突回避"话题联想到组织中的进言,之后开始了自己与导师既独立又关联的学术之旅。她的经历对于在读的博士生如何选择自己的研究选题具有启发意义;基于导师已有的研究积累可以获得相对多的学术支持,同时在理论和思想上有自己的独立见解才能体现自己的学术身份。

年轻的教员如何才能胜任针对 MBA 和企业高管的教学?这是国内外很多年轻教员面临的难题。魏昕进入商学院任教之后,在教学上的表现特别出众。她在论文中分享了自己的心得,从中可以看出她是如何使得研究和教学相得益彰的。商学院的研究和教学不是相互冲突的,处理得当还可以实现协同。商学院的教员需要不断在研究上推陈出新,并将研究发现搬到课堂上,让学员听起来津津有味,引发他们的反馈和提问,最终实现教学相长。这是商学院的教员能够保持研究和教学上的持久热情的一个重要方式。魏昕正在这条路上不断探索。

魏昕等人这篇论文的责任编辑 David Day 在其撰写的文章中,除了简单回顾了这篇论文的评审过程,更详细地介绍了 *Journal of Applied Psychology* 对于投稿的评审过程和标准,读者可以从中了解到向顶级期刊投稿前需要做好哪些准备,以及在顶级期刊上发表论文需要注意的若干方面。

2015年2月14日早上,我跟往常一样打开邮箱准备开始工作,却收到了一份不同寻常的"礼物"——*Journal of Applied Psychology*(JAP)发来的论文录用邮件。我们的论文"I will speak up if my voice is socially desirable: A moderated mediating process of promotive versus prohibitive voice"从2013年7月投稿至JAP,到2015年2月被正式接受,耗时一年半,在顶级期刊的审稿流程中属于正常水平。但实际上,这篇论文从想法的酝酿到最终被接受发表,花了将近六年,见证了我人生的几个重要时点;也让我在曲折的"打怪升级"中,逐渐形成了作为研究者的身份认同;更重要的是,在与合作者、同行、编辑、匿名评审人等的互动中,我开始主动学习、更新自己。可以说,这篇论文就像是我的一面镜子,亮点和缺陷都无比真实。

前身:我的博士毕业论文

2009年的夏天,我和我当时的导师张志学教授讨论我的博士毕业论文选题。此前我们合作在一般社会情境中做了一些关于中国人冲突处理方式的研究,发现冲突回避在中国社会是个普遍存在的现象。张老师鼓励我进一步在组织情境中去思考这一问题,比如,冲突回避在组织情境中是否也存在?如果存在,表现为什么方式?我在查阅文献时发现,当时组织管理领域兴起了对进言和沉默(voice and silence)的讨论。其中,梁建老师及其合作者曾经在美国管理学会年会上报告过他们的一个研究,将进言分成促进性进言和抑制性进言。于是我发邮件给当时素不相识的梁建老师,询问他们的研究进展。梁老师很快给我发来了他们最新的论文,我读过之后非常兴奋,认为抑制性进言跟冲突回避之间有着很强的关联——员工之所以不愿意指出上级决策中的问题(发表抑制性进言),是因为他们担心进言可能导致自己与上级之间的冲突,而这种冲突正是他们想要回避的。因此,我决定我的博士毕业论文要用冲突回避的视角来研究组织中缺少员工的抑制性进言的问题。在张老师的支持下,我很快完成了若干个情境实验,用研究一证实了组织中抑制性进言的匮乏,用研究二验证了员工的表面和谐、权力距离的价值观与他们的进言倾向之间的关系(魏昕、张志学,"组织中为什么缺乏抵制性进言?",《管理世界》,2010年第10期)。研究三是一个实地研究(field study),我在初步设计了研究思路之后,就开始了在华盛顿大学福斯特商学院为期一年的访学。接待我访问的陈晓萍老师对这个研究也很感兴趣,在理论模型和研究设计上都给了我很多非常好的建议,因此我和张志学老师邀请陈老师作为第三作者加入,将来一起把这个实地研究单独成文,投稿至顶级期刊。

实地研究的真正实施是在2010年我结束了在美国的访学回到北京大学之后。由于我最初是从"冲突回避"这个角度去看进言,认为只要聚焦在抑制性进言这一最容易引起冲突的进言类型上即可,并没有去比较主流研究中的促进性进言与我们所感兴趣的抑制性进言在发生机制上的不同。在开展实地研究时,我也只测量了抑制性进言,没有测量促进性进言。这给我们的论文后来在顶级期刊的评审过程留下了一个巨大的漏洞,以至于之后不得不重新做了一个新的实地研究来弥补缺陷。然而,时光倒转到2010年10月,我完全没有预见到日后的这一麻烦,只是欣喜于数据分析的结果与我之前的理论假设基本符合。进言在当时还是一个刚刚开始有些"热度"的领域,我除了阅读顶级期刊上最新的文献之外,又从中文的古籍里找了许多与进言相关的论述。我在写作的过程中,常常感觉自己好像并不是在写一篇管理学的论文,而是在探索一个新奇的问题,每次在中文古籍与西方文献里找到有所关联或者互为印证的论述、轶事、谚语,我都非常开心,忍不住要在博士毕业论文里分享出来。大概是因为这样,参加我的博士毕业论文答辩的老师们开玩笑地说:"写得太有文采,都不大像论文了。"当然,这些"段子"最后在学术期刊上发表的论文中已经无影无踪,可是它们在我日后教学的过程中起到了非常好的效果,特别是在和业界的人士谈起这个研究时,使我能够深入浅出地让对方理解研究结论的现实性。

第7章 旧文为镜,砥砺新知

重拾:发现研究的价值

2011年8月,我博士毕业,来到对外经济贸易大学国际商学院任教。经历过毕业、找工作、第一次独立授课的年轻教员们大概都有体会,第一个学期只有一个词可以形容——焦头烂额。研究被我暂时搁置到了一边,我当时教了两门课,其中一门是给留学生开设的"管理沟通"。我在这门课里设计了一章是关于冲突及冲突处理的,除了教材上的常规内容,我还分享了自己的研究发现。在讲到员工为什么不愿意进言时,我把《贞观政要》中提到的"懦弱之人,怀忠直而不能言;疏远之人,恐不信而不得言;怀禄之人,虑不便身而不敢言"用英文翻译出来,指出它们与西方管理学文献中提到的影响员工进言的因素(having ideas, perceived efficacy, and perceived risk)一一对应。留学生们的反应很热烈,还向我讲述了自己国家中类似的现象或谚语。这让我再次燃起了对这一研究的激情,甚至让我开始意识到学术研究的价值。

在此之前,我多多少少会有些不安,不知道我所做研究的价值何在,是不是只是学术圈的小游戏?但面对"素人"(lay people)的肯定,我意识到,我所研究的问题,是真实存在的、有意义的问题,并不是凭空想象出来的假问题。如果我的研究结论能对现实有所启示,那该多棒!

于是我重拾博士毕业论文的第三个研究,在和张老师、陈老师讨论之后,将其改写成英文版本,投到了2012年IACMR双年会。惊喜的是,我们的论文得到了该年的会议最佳论文(微观方向唯一一篇)。那年的会议在香港尖沙咀的唯港荟酒店举办,我和张老师、陈老师在会议间隙约在酒店顶层的咖啡厅,讨论如何修改、投到什么期刊合适。两位老师一致鼓励我先尝试 *Academy of Management Journal*(AMJ),一是因为目前看过这篇论文的同行都评价不错,又得到了IACMR的最佳论文,说明论文的质量是有保证的,值得冲击一下AMJ;二是因为AMJ评审人的平均水平都很高,就算被拒了,能得到他们的意见和建议也是很值得的。

博雅光华：在国际顶级期刊上讲述中国故事

初试 AMJ：从飘然云端到当头棒喝

2012年7月，我把这篇论文投给了 AMJ，其实这是我第一次作为第一作者兼通信作者投稿英文期刊，一上来就投了 AMJ，无知者无畏，竟然也没有多少战战兢兢的感觉。两个月后，我们收到了决定信，编辑给了我们修改后重新提交的机会。张老师和陈老师都是非常有经验的研究者、期刊编委成员，他们读完决定信后认为我们的论文很有希望，因为三位评审人都表示我们的论文有很多亮点，比如将员工的价值观纳入影响进言的因素之中，采用了多层次的研究设计，考虑了情境与个人的交互，等等。但同时评审人也指出，论文缺乏一个有力的理论框架，我们所谓的"冲突回避的视角"不够具体，一些关键变量也需要阐述得更清楚。有一位评审人建议我们把促进性进言加入模型中，与抑制性进言的机制进行比较。责任编辑在主动性、进言等相关领域有不少作品，可以看出他对这篇论文很感兴趣，还给出了非常具体的关于理论框架的建议。责任编辑还提到，如果我们不想在模型中增加新的变量，那么可以基于理论框架来强调我们的研究重点以及与以往研究的不同。

种种这些评论都被我们"破译"成了比较积极的信号，我在倍感幸运的同时，也不由得放松了警惕，恍惚觉得 AMJ 已经在向自己招手啦！怀着这种轻松的心情，我按照责任编辑的建议对论文进行了小幅度的修改，并没有修改模型或者重做一个研究，而是怀着侥幸的心理，想着"如果下一轮评审人还是要求改模型或者重做一个研究，那时候再做吧"。

2013年2月，收到 AMJ 拒稿信的那一刻，我有点儿懵。比起六个月前那封充满希望的决定信，这封拒稿信像当下的天气一样冷酷。第一位评审人一改之前的态度，非常不满意新的理论框架，认为是生搬硬套，文章的贡献还比不上前一版！第二位评审人也认为理论框架、关键构念等重要方面存在缺陷。只有第三位评审人看上去比较温和。关键是责任编辑也不再支持我们，尽管我们采用了他所建议的理论框架，但他认为还是不够有说服力。张老师和陈老师也非常吃惊，当作者按照责任编辑的建议进行修改之后，出现前后这么大的反差并不常见。我对自己产生了怀疑，之前一切看上去都很顺利啊，是不是我搞砸了这次机会？或者，我是不是应该试着向主编申诉（appeal）看看？其实我当时已经拟了一半的申诉信，但是和几位前辈交流时，了解到这种申诉的成功率通常来说很低，审稿本来就有很大的主观性，只要审稿过程是公平的，一般来说没有太多可供申诉的点。

实际上，顶级期刊的审稿确实有不确定性，得到修改后重新提交机会之后被拒也并不是多么可怕的事，这种怀疑和消沉在今天看来不值一提，但当时的我迟迟无法摆脱。直到我的一位同事也是光华的校友李瑜学姐对我说："你要相信，能在AMJ得到修改后重新提交的机会，说明你的论文具有很大的潜力，你只需要继续把它改得更好。"这句话给了我很大的启发，我回过头仔细阅读两轮的评审意见，惭愧地承认，自己在修改过程中太偷懒了——既然编辑已经建议了理论框架，那我们就应该照做啊。评审人要看不同类型进言的对比？我们研究的焦点不是对比啊。要求增加一个研究？这么麻烦，留到下一轮吧——多年后，我在一次聊天中听到JAP的副主编汪默教授说："其实第一稿投出去是风险最高的，因为你不知道评审人喜欢什么、不喜欢什么，但如果你得到修改后重新提交的机会，其实是评审人对你亮出了底牌，那你还犹豫什么呢？尽力按照评审意见去修改就好啦！"我不禁回想起自己当年的这段经历，如果面对评审人那么清晰的要求，我都没有尽到一百分的努力，怎么能说我的研究作品就是好的呢？

转战JAP：陡然变大的模型

在AMJ被拒三个月之后，我终于坦然接受自己的不成熟与这篇论文的不足。与此同时，张老师和陈老师也发来邮件询问我对这篇论文接下来的安排。经过讨论，我们决定修改之后转投JAP。2013年7月，我们重新采用第一版的框架投给了JAP，一方面是因为我们想看看到底这个"冲突回避的视角"能否行得通，是不是恰好因为AMJ那几位评审人不喜欢；另一方面也是没有其他合适理论之下的无奈之举。

有了在AMJ的教训，在JAP的审稿过程中，我们对责任编辑和审稿人的每条意见都非常重视。但JAP的评审过程也充满了曲折。与AMJ的责任编辑不同的是，JAP的这位责任编辑的主要研究方向并不是进言，从决定信中也很难看出他的倾向,基本上是对两位匿名评审人的意见的综合,很少表露自己的立场。两位评审人第一轮的主要意见与 AMJ 的评审人的意见相似:文章需要一个强有力的理论框架,最好加入促进性进言与抑制性进言的对比,再做一个实地研究检验全模型,详细解释几个关键变量与文献中已有变量之间的区别和联系。实际上,在这次投稿之前,我们意识到,梁建等人的文章让促进性进言和抑制性进言两类不同的进言广为接受,而我们的研究仅仅关注抑制性进言,估计评审人会要求我们对两类进言进行比较。所以,我们在投稿之前就已经开始着手准备补充新的实地研究,以满足评审人可能提出的要求。在得到第一次修改后重新提交的机会时,我们的新研究已经基本完成。在分析数据的时候,我遇到了一个问题:如果要比较影响促进性进言和抑制性进言的不同前因变量,是否也要加入不同的中介变量进行比较呢?如果是那样的话,模型可就太复杂了!而且,统计上如何实现这种比较,也是个难题。

实证的问题相对来说要容易解决一些,我马上发邮件给佐治亚理工大学的刘东请教,他在华盛顿大学跟随陈晓萍教授读博的时候,我也在华盛顿大学访学,从那时起我就常常把他当作"百宝箱",经常在遇到统计上的难题时向他请教,而他每次都不厌其烦地解答我的各种问题。这次也不例外,他很快给我指出了解决方法。既然统计上可以实现,那么关键的问题就是,理论上的价值有多大?

梁建老师是促进性进言和抑制性进言这一分类的提出者,2013 年年底,在参加国家自然科学基金在广州组织的一次分享会时,我带着这个问题,和他讨论了几个小时。经过这次讨论,我感到还是需要再加入中介变量的比较,这样逻辑上才更加合理。但是现在模型变得极其复杂,给我们的理论构建带来了极大的挑战:怎么才能用一个完整的理论,把这八个变量串在一起讲出一个紧密的故事?而且还要以此为依据,论述促进性进言和抑制性进言受到不同因素的影响?这简直是不可能完成的任务!

料峭初春:变"笨"的美好

带着这块难啃的硬骨头,2014 年 2 月,我来到马里兰大学史密斯商学院开始为期一年的访学。从 2 月到 4 月,我的主要精力其实都在修改这篇论文上。进言这个领域比较新,本身没有太多成型的理论,但其他领域的理论又没有非常适合的,所以我只能用笨办法——用每个可能的理论当作框架,都写上一稿试试,看哪个在逻辑上更顺。那段时间,我恶补了与几个理论相关的几乎所有的文献,看的时候经常自嘲:"这都是读博的时候应该干的事,该吃的苦头多晚都得补啊!"我在光华管理学院读硕士期间的同学董韬韬当时刚刚从马里兰大学毕业、在康涅狄格大学任教,我常常写好一稿,就发给她请她提建议,她总是"炮火猛烈"地直击软肋,她的这种"抑制性进言"常常让我避免了深陷自己的逻辑怪圈而不自知的困境。比如有一次,我自认为已经改得差不多了,陈老师修改后也觉得问题不大,但张老师深夜看后觉得很危险,他说自己"惊出了一身冷汗",觉得这么投回去很可能会被毙掉,他不知道自己的判断是否准确,让我再问问韬韬的意见。韬韬看完后直言不讳地对我说:"逻辑太乱了!"我意识到论文的质量还远远达不到标准,连忙向责任编辑写信要求延期,自己则继续修改。

  与此同时,我跟周围的人一遍又一遍地讲起这篇论文,希望能得到理论上的灵感。几乎每个人的第一反应都是,哇,这个模型很有趣!但是,怎么才能找到合适的理论框架呢?模型中的一个变量——表达疑虑的自由(freedom to express doubt)——来自 Debra L. Shapiro 教授 2001 年在 AMJ 上发表的论文,却总是被评审人质疑这个变量与进言氛围究竟有何区别,因此我向 Debra 请教,她一看到模型中的八个变量也是直呼,这太有挑战性了!Subrahmaniam Tangirala 教授的研究方向也是进言,在顶级期刊上发表了许多作品,我们俩曾经在办公室里一人拿着一支笔,对着我那个复杂的模型绞尽脑汁、一筹莫展,倒是在谈及其他研究方向时发现有不少共同兴趣。心理系的 Michele Gelfand 教授也从她所擅长的文化心理学的角度给了我不少建议,但是兜兜转转,这些理论都无法契合我们的模型。

  马里兰那年的春天特别冷,直到 3 月还下了几场大雪,停了几次课。我总是坐在窗前的书桌旁,从早到晚看文献、改论文。我总记得,房间窗户正对着楼前一个小小的滑梯,大雪积压之下透出一点点红色,给了那时的我莫大的安慰。虽然还不知道未来在哪里,但我知道自己在变得更"笨",也变得更好。我从小到大一直被夸聪明,博士毕业前我的导师曾经评价我说"目前为止你得到的一切都是靠你的天分,而不是勤奋"。我曾经以为天分是一份礼物,但其实对学术研究来说,所谓的天分远远比不上严谨、系统的训练,比不上日复一日的刻意练习(deliberate practice),比不上用"笨人"的心态去认真做好每一步。

从某种意义上来说,我在写这篇论文的过程中,相当于重读了一遍博士,补吃了以前应该吃的那些苦。从最初文稿被老师们满篇改红,到可以得到一句"写得真不错";从上学时对统计畏而远之,到自学、熟练掌握HLM、MPLUS;从应付了事的修改,到主动去想能不能做得更好。我对这个职业的热爱开始真正萌芽,也许是因为不断学到新的东西让我兴奋,也许是和其他研究者的智力激荡让我脑洞大开,也许是同侪的支持鼓励让我觉得孤而不独,我逐渐接受了这份职业的所有美好与痛苦。

转机:最值的一顿饭

由于一直没有特别合适的理论框架,我们决定先从 Morrison(2011)的论述出发,强调"感知到的进言有效性""感知到的进言风险"对两种不同类型进言的影响。我们在修改稿中报告了新做出的研究结果,于2014年4月把稿件投回了JAP。同年6月,我回国参加IACMR在北京的十周年双年会时,恰好也收到了责任编辑的邮件,我们得到了第二次修改后重新提交的机会。但责任编辑同时强调,这是一次高风险的修改机会,两位评审人尽管认可我们修改后的模型和新的研究结果,但还是认为我们的理论不够强,并且坚持让我们把其中两个关键变量改成文献中已有的变量名称。

比起第一个问题,第二个问题在我们看来是可以商榷的。评审人的意见也有一定的道理,毕竟科学研究需要避免"变量泛滥",如果两个变量的理论定义、意义网络高度重合,那么沿用已有的名称可以在一定程度上避免混乱。这几次评审人在这一点上的坚持也让我们意识到,发展一个新的构念需要极其精炼的理论定义、大量严谨的实证证据,否则很容易就成了"靶子",坐等被攻击。

在IACMR开会间隙,我和张老师、陈老师一起讨论如何修改理论框架。当时看上去只有两个理论还凑合,一个是关系主义(relationalism),一个是调节聚焦理论(regulatory focus theory),但是采用前者显得这一研究太局限于中国情境,采用后者则要面临"为什么不测量两种调节聚焦"的质疑。陈老师主张采用关系主义,认为这一理论尽管有些"中国化",但能够较好地解释模型。可我始终觉得这两个都不尽如人意,但又茫茫然不知道上哪儿去找一个完美的理论?

大概是我这种迷茫的神色跟以往的我太不一样了,会场上遇见梁觉(Kwok Leung)老师的时候,他笑着打趣我:"你看你,早点像现在这么用功就好啦!"梁老师在我读博士二年级的时候就认识我了,那时我参加了他组织的一次社会心理学的暑期学校,后来又到香港城市大学给管理系的一位老师做了一个月的研究助理,梁老师当时正是该系的系主任,跟学生讲起研究来总说:"写论文就像拍电影,你要花心思去构思、去剪裁。"我毕业前一年又去了一趟香港城市大学,有两周的时间每天和他一起工作,修改我们合作的一篇论文,每天在他无形的压力之下反而激发出潜能来,以前最讨厌做的数据分析竟然做得不错,发现了有意思的结果。毕业后,我真正在学术上开始主动地"上道",逐渐忙碌起来,见梁老师的机会反而不如以往多了。我们的模型中最重要的一个构念就是他所开发的"回避不和(表面和谐)"的价值观,许多看过我们论文的同行都认为论文的新颖亮点之一就是将这个价值观与进言之间建立起关联。我一直想再找机会当面跟梁老师详细讲讲我们的研究,但没有想到,2014年会场上那次短暂的照面,竟然就是最后一次。

大概很多事情都是这样无法预期,但我们仍然在没有明确预期的情况下尽自己最大的努力。那次 IACMR 双年会,赵志裕(Chi-yue Chiu)老师也来参加了,他和张老师是多年的至交好友,跟我也有合作。赵老师是文化心理学研究领域的大家,理论功底极为深厚,每次跟他讨论都感觉像参加了一次研讨会。同时他的思维又极活跃,总能几句话就抓住问题的本质,从新颖的角度给出合理的建议。我们本来约了某天会后一起吃饭讨论正在合作的一个研究,席间张老师和我向他提及现在面临第二轮修改后重新提交的难题——很难找到一个理论能够将模型中的八个变量统合起来。赵老师听我讲完模型之后说:"你可以看看 Lalwani 他们在 *Journal of Personality and Social Psychology*(JPSP)上发表的关于社会期许反应(social desirable responding, SDR)的研究,我觉得可以跟你们的模型联系起来。"

后来我每次回想起来,都觉得和赵老师吃的那顿饭实在是太值了,虽然我基本上没怎么动筷子,一直在琢磨怎么才能把 SDR 套在我们的模型上。一回到家我就开始了新一轮的"疯狂扫荡文献",把所有能找到的跟 SDR 相关的研究都下载下来仔细阅读,同时也比较了一下这一理论与其他理论的优劣之处。这个过程异常痛苦,我在几个理论之间纠结不定,画了几张巨大的表格来比较每个理论的优势和劣势。其间,我在清华大学的一个学术讨论会上遇见了 James Detert(进言领域的一位知名学者),也与他简单探讨了我的模型。那段时间,"改论文"就是我生活的全部内容,我不由自主地开始患得患失:假如评审人不喜欢这个理论呢?假如评审人觉得那个理论也不合适呢?假如就是没有一个完美的理论怎么办?

决定:自己创造答案

有一天晚上,我在光华听完一场讲座后,站在门口向张老师诉苦,希望张老师给我点建议,到底用哪个理论好?张老师一句话点醒了我,"你要自己大胆做决定,没有人比你更了解这篇论文了"。当时正是盛夏,光华新楼外那几棵银杏的绿叶在月光下脉络清晰,我突然意识到,对啊,我是第一作者,是那个应该做决定的人,不能总想着老师或前辈们给我现成的答案,我得在搜集信息、全面分析的基础上,自己创造答案。

第二天,我写了封邮件给张老师和陈老师,决定结合 SDR 和情境认知理论(situated cognition)来作为论文的理论框架,他们都支持我的决定。确定了这个方向之后,我开始"面目全非"地重写论文。说是重写一点都不为过,不管是理论还是实证研究,都和第一版完全不同。一直到 8 月底,我们才完成了第二轮的修改,投回了 JAP。在此期间,我和另外的合作者完成了一篇 B 级期刊论文的第一次修改后重新提交,也投了出去。没过多久,那篇论文就被接受发表了,我半开玩笑地跟合作者说,多亏这两年在 AMJ 和 JAP 被"虐"的经历,被虐得越狠,成长得越快,这篇 B 级期刊的顺利发表就是证明啊。

收到 JAP 第三轮的评审意见是 2014 年国庆放假期间,我当时由于身体原因已经从美国回到国内,正在家里养病。看到评审意见,我第一反应是"完了,又不行了"。第一位评审人大力赞扬了我们采用 SDR 理论,并且建议去掉情境认知理论,只用 SDR 这一个理论来讲故事就足够了。但第二位评审人依然不喜欢我们的修改,认为我们没有解决他提出的问题。责任编辑要求我们缩短篇幅,如果能妥善解决评审人提出的问题,就改成以研究报告的形式发表,但同时又说明这仍然是个高风险的修改。

我心里的沮丧无以言表,那天是我当时的男友(现在已经是我的先生)第一次来我家拜访未来的岳父岳母,没想到我一见到他就委屈地直掉眼泪,吓了他一跳,以为出了什么大事。等我说完事情的经过,他长出一口气,说:"责任编辑让你继续改,就是好事啊,你不要自己瞎猜了,跟合作者商量商量再说吧。"我擦干眼泪,想想也对啊,于是给张老师和陈老师发邮件商量,是否还值得继续修改?张老师当时正在台湾出差,看到我的邮件后马上用 Skype 和我通话,对我说:"这是个正面信号啊,当然要继续修改,我们已经很接近了!虽然两位评审人的意见不一致,但责任编辑应该是支持我们的,所以建议了这么一个折中的方法吧。"没过多久,陈老师也在邮件中回复说我们应该继续。于是,两位老师再次把我"拽"上了岸,开始了第三轮修改。

去芜存菁:带有遗憾的作品

这一轮的修改其实更有挑战性。一方面,两位评审人的意见不一致,第一位评审人虽然首肯了我们的理论框架,但对论文质量、各方面的细节有着非常高的要求;第二位评审人始终不喜欢我们的论文;而责任编辑的态度并不明朗。所以,我们必须在这一轮用更为严谨的表述和简洁明了的写作来赢得第一位评审人、减少第二位评审人的"子弹",让责任编辑的天平能够向"接受"的方向倾斜。另一方面,要在有限的篇幅里把如此复杂的理论模型阐述清楚,实在非常考验我们这样的非母语人士(non-native speaker)的英文写作功力。

我们首先去掉了原来那个只测量了抑制性进言的实地研究,因为新的研究对全模型进行了检验,原来的研究没有更多的增加价值(added value),去掉之后可以节省一定的篇幅。接下来,我们对理论部分进行了"割肉"式的修改。在这个过程中,我看清了自己在写作中长期存在的问题。真正好的写作一定是简洁有力的,如果能用一句话讲清楚一个问题,就绝不要用两句;如果你觉得讲不清楚,那多半是因为你自己还没有真正想清楚。

在经过我们几个作者对内容大刀阔斧的修改之后,我们请了一位很有经验的文字编辑(copyeditor)来对文章进行润色,但由于她个人的原因,只编辑了三分之一就无法继续了。于是我参考她已经编辑好的风格,完成了其他部分的文字修改。2014年12月,我们将第三轮的修改稿投递出去,2015年1月20日收到了有条件接受的邮件。经过简单的再次修改之后,2015年2月14日被正式接受在JAP上发表。2015年9月被印刷出版,巧合的是,同一期刊登的还有一篇论文是我的好友也是在光华读硕士时与我同一个导师的同学董韫韬作为第一作者的作品,不知道这算不算我们俩"同甘共苦"的另类见证?

但如果说这算是大功告成,我并不认同。这篇论文是一个带有遗憾的作品,直到第二轮修改时我们才终于找对了方向,用"旧瓶"装"新酒",其实本应具有相当高的理论价值,但由于种种原因没有充分展现。如果换做现在的我,会一开始先从构建理论入手,而不是在有了结果之后艰难地"找理论"。尽管最后我们做到了,但所花费的精力不可相提并论;更重要的是,理论就像是一把雕玉刀,能够剖开现象,去除杂质,把最精华的部分呈现出来。我的这篇论文,就像一块璞玉,我第一次上手时毫无技法可言,险些破了它的相;随着我的技艺逐渐精湛,它的美才开始一点点显现,但前期造成的伤害是无法修补的。

不过,这种有缺憾的真实才是它对我来说不同寻常的意义所在吧,不仅仅是作为第一作者在顶级期刊上发表第一篇论文,而且会让我想起曾经为它辗转反侧、柳暗花明的那些瞬间,还有在这些瞬间中逐渐成长的自己。我还留着梁建老师给我发来的一封邮件,那是他在看到我们线上发表的版本之后,特意写来的祝贺邮件,他说:"我知道这一过程非常不容易,很高兴你能够克服这些困难。真心为你的坚持得到回报而感到高兴。这对一个年轻人而言是一个莫大的鼓励,也给了我们更加坚持的理由,祝你在今后取得更大的成就!"是的,与其说这篇论文的发表是回报,不如说,是肯定我们的努力,鼓励我继续前行。

前行:学者的平凡与不平凡

几乎所有的传说都在主人公攻下难关、打败大反派、鲜衣怒马的欢乐时刻戛

第7章 旧文为镜,砥砺新知

然而止。但是现实生活比传说中要漫长和平凡,我也并没有像之前听说的传言"只要在顶级期刊上发表过一篇论文,下一篇就容易啦"那样的感受,依然在每项研究上下着"笨"功夫,为了加强理论绞尽脑汁,被不理想的数据弄得灰头土脸,和小伙伴们吐槽评审人有多难伺候……

听上去很乏味是不是?换作是16年前刚刚进入北京大学经济学院金融系的我,一定会难以想象,从小对外面的世界充满好奇,热爱舞蹈、音乐、艺术,拿了一堆演讲比赛奖项的自己,日后竟然老老实实做起了学术研究。跟很多人一样,以前的我对"学者"这个职业有很多误解,把"学者"跟"枯燥、无聊、与现实脱节"等词语画上了等号。进入光华IPHD项目读博以后,接触到许多知名的学者,这才发现,学者可以是梁觉老师、赵志裕老师那样学贯中西、温润如玉的谦谦君子;可以是徐淑英老师那样充满普世情怀和责任感的"教母";可以是张志学老师那样精于篮球、游泳的运动健将;也可以是陈晓萍老师那样文笔细腻、画中有神的文艺女神;还可以是Michele Gelfand那样动若脱兔、妙语连珠的女超人。好的学者千姿百态,但他们身上都有一点迷人的矛盾性:对科学怀有理想主义的热情,但在实操中严谨而踏实;对现实高度关注,却又与世俗若即若离。

对一个商学院的教授来说,这种尺度的拿捏尤为重要,这也体现在研究和教学的平衡上。表面上看来,教学是一件只有投入没有产出的任务,不像研究会带来直观的成果。但是,教学和研究其实有很多相通之处,如果能把二者融合在一起,是能够实现教学相长的。我任教之后的教学任务一直比较多,从第二学年起开始给MBA授课,第五学年开始给企业高管项目(EDP)授课,教学效果一直不错。学生予以最多的两类评价,也是我认为体现了教学与研究相结合的两个特色,分别是"讲授内容有自己的思考""课堂活动设计有创意、效果好"。

关于第一点,就像我在前文中提到的那样,我在课上经常会讲到最新、最前沿的研究发现,包括我自己的一些研究。好的研究本身就来自对现象的观察、思考,具有很强的现实性,很容易引起MBA、EDP学员的共鸣。比如这篇论文在JAP上发表之后,我和合作者们写了一篇通俗易懂的介绍性的文章,在微信公众号上颇受欢迎;另外在实践导向的刊物,如《中欧商业评论》《管理视野》上也都先后发表了几篇与之相关的实践性文章,其中的许多小案例、小故事都是讲课的好素材。

关于第二点，很多课堂活动其实是我的研究的一部分。比如最近两年我在做与创造力、创新相关的研究，就与合作者一起设计了若干个实验，适合作为教学活动在不同层次的课程中使用。在这些活动中，学生能主动、全面地参与，体验性、互动性都远远好过教员单方面的讲授；同时，我又能观察、收集与研究相关的数据，或者根据学生的反馈改进研究设计。当然，这样的教学方式需要活动前精心设计、活动中教员具备较强的控场力，在活动后的讨论环节中教员要能够以较高的理论水平对学生的讨论进行提炼，引出相应的知识点并予以总结。本质上，这些也都是对日积月累的研究能力的试金石，我仍然在不断地尝试和改进中。

这样的矛盾与平衡、融合与相长，大概是一个学者在平凡生活中保持一点不平凡的秘诀。从事这份职业，就像进行一场维系一生、没有对手、没有已知目标的马拉松，沿途中每一个小小的进步都是茫茫地平线上的一个标记，记录下我们的足迹，更激励着我们把视线投向更远的方向，继续探索和创造更多的新知。

附录　在顶级期刊上发表论文所需要了解的背景[①]

David Day

关于期刊发表过程以及如何在顶级期刊上发表论文，前人已经写过许多——包括要有有趣的研究问题、扎实的理论以及对可验证假设的理论构建、与假设检验相关的数据、恰当的统计分析、强有力的结果、明显的理论和实际意义，如此等等。在那些很少被讨论到的"如此等等"当中，有一点很重要的是，要有称职和负责的评审人。在好的期刊上发表论文需要一些运气，其中很大程度上取决于能否遇到合适的评审人。在这篇短文中，我将以 Wei, Zhang 和 Chen (2015) 的文章发表过程为例，介绍优秀评审人的重要性。

需要注意的是，期刊评审人在评审工作上的付出是没有任何经济补偿的。此外，评审意见质量高的评审人基本上一定会被要求评审更多的论文。这项任务被认为是专业服务，而唯一的实质性回报就是评审人的名字会出现在期刊刊

---

① 原文为英文，没有标题，标题为编者所加。——编者注

首编辑委员会的成员列表中,或许还可以免费订阅该期刊。

特设的(ad hoc)评审人甚至连这些回报都没有。幸运的是,在这个领域,许多学者都认真承担这项专业责任,并对他们同意审查的稿件提出深思熟虑的建设性意见。但也并非人人如此,所谓的运气实际上是指能遇到以专业、严谨的态度来承担他们职责的评审人。无论论文最终能否发表,都会得到改进。当然,这要求作者认真考虑并采纳评审人提出的建议。这是 Wei 等人的论文 2015 年在 *Journal of Applied Psychology* 上得以发表的重要幕后故事。

当期刊收到稿件后,主编必须先决定是否送去评审。这是一个重要的决定,因为评审人是非常宝贵的资源,期刊不想浪费评审人的时间,不能让他们去审阅达不到标准或者超出该期刊编辑指导范围的论文。如果某一论文被视为不适合评审,它就会经历所谓的桌面拒绝(desk rejection)。主编会通知通信作者,其论文不会被送去评审,通常会说明这样做的原因。有时作者们会很反感这种不公平或反复无常的拒绝,认为这种做法是主观的,甚至可能是武断的。实际上,桌面拒稿是对学术期刊越来越多的投稿进行管理的必不可少的重要部分。各期刊的桌面拒稿率有所不同,但顶级期刊平均约为 25%。因此,让你的论文能够进入期刊的评审流程,是发表过程中的一个关键步骤,至少四分之一的论文连这一步都没能达到。

如果论文被送去评审,主编可能会负责指派评审人,或者可能会指定一位拥有与论文主题相关专业知识的副主编作为责任编辑。在 Wei 等人投稿时,大概有十几位副主编,我就是其中之一。当我在 2013 年 7 月初收到投稿时,我的第一个任务是指派两位评审人。在这一点上有一种额外的"运气"的成分。理想的评审人是否有空?对于某个特定主题的论文或许会有"完美"的评审人,但是他可能已经有了其他的审阅任务或者根本没有时间。幸运的是,我选择的两位评审人(一位编委会成员和一位特设评审人)都有时间并接受了这项安排。这对本次评审来说尤其幸运,因为这篇论文所关注的话题(即员工的进言行为)并不是我特别擅长的,因此我必须仰仗评审人对该论文的意见与评估。

一旦评审人接受了评审邀约,他们将有大约四周的时间来提交他们对论文的评级和具体的意见。这是评审过程中的关键环节。大部分论文在这一环节会被拒绝,没有进行修改和再次提交的机会。但是如果允许修改——可能性是从

"有希望的"到"高风险的"之间的某个值——最终发表的可能性就会大大提高。要清楚的是,通常来说,此时的修改机会并不能保证论文最终能被接受发表,但可能性是50%。在接下来的每一轮修改中,最终发表的概率都会提升。在第一轮就接受发表几乎是不可能的,特别是那些声望更高的期刊(通常影响因子也更高)。

评审意见返回之后,现在轮到责任编辑(即我)仔细阅读论文和评审意见,并参考每位评审人提交的评级。每位评审人被要求在5分量表上,从9个维度对论文进行评级,并加上一个整体评价(需要注意的是,JAP目前的审阅流程已经有所改动,不再是当时的流程了)。这些维度包括:(1)这个研究问题适合该期刊吗?(2)该论文能否启发思考?(3)文献综述是否合适?(4)研究设计是否合理而恰当?(5)对数据的分析是否合适?(6)结论是否合理?(7)是否有理论上的贡献?(8)写作是否清晰、可读性强?(9)是否具有应用价值?这些维度对任何有潜力的作者来说都是需要注意的,但最重要的还是对论文的整体评价。针对Wei等人的这篇论文,其中一位评审人的评价为"3"(很难说修改是否会有帮助,有中等程度的概率最终会被接受),另一位的评价为"2"(如果修改,最终被拒稿的概率很高)。这是令人鼓舞的,因为评审人都没有将其评为"1"(拒绝,不值得修改或重写)——对第一轮投稿来说最普遍的评价。

接下来我仔细考虑了两位评审人提供的具体评审意见。考虑到每篇评审意见的长度,我不会去复述或总结所有意见。在这些意见中有趣的一点是,第一位评审人私下里对我说,自己是这篇论文之前在另一个期刊上的审稿人,并有点"恼怒"。因为作者并没有解决任何理论和实证的重要缺陷,而只是增加了一些控制变量。从这件事中我们应该吸取的教训是,作为作者,你永远无法确保评审人是第一次看到你的论文。这个圈子非常小!尽管如此,第一位评审人还是给出了相对公正和客观的评价意见。第二位评审人其实更加严苛,他肯定了研究问题,但对论文所使用的具体理论和构念评价不高。由于评审人认为这项研究有一定的潜力,因此我给了作者一次"高风险"的修改机会,并指出无法保证最终能够发表。我差不多是在原稿提交的两个月后,也就是2013年9月初,做出以上决定的。

2014年4月初,我将收到的修改稿和作者对评审意见的逐项回复发给原来的两位评审人,大约一个月后,即5月初收到了评审意见。两位评审人都看到了该论文修改后的进步,但是他们都表示理论建构上还存在各种问题。尽管他们认为这次修改在技术上非常好,但用第二位审稿人的话来说,研究动机和潜在贡献并不清晰。事实上,第一位评审人现在对这项研究的潜在贡献略显悲观。但在给责任编辑的意见中,两位评审人都表示,如果我认为有必要的话,他们愿意再次审阅这篇论文。我在2014年5月底左右做出决定,给了作者第二次高风险的修改机会。

长话短说,作者坚持不懈,审稿人继续提供既有批判性又有建设性的意见来帮助论文的修改。最后,这篇论文经过四轮修改(加上首次投稿),于2015年2月13日被接受发表,总共历时大约19个月。对于在顶级期刊上的论文来说,这是相当常见的评审周期。有些人可能很幸运,经历的修改次数较少、评审周期较短;而有些人则可能经历了更长的评审周期。能够熬过这个过程坚持到最终发表的人都是幸运的!

最后,我总结一下在论文发表过程中值得注意的一些要点:

第一,不要放弃!这篇论文在投稿至JAP之前,显然曾被其他至少一家期刊拒绝过。很少有轻松的直接发表的过程。研究者得相信他们所研究和报告的内容,同时也得仔细听取评审人和责任编辑的反馈。

第二,如果你的论文被某一期刊拒绝了,请尽可能地解决评审人提出的问题,因为你永远不知道投稿到下一个期刊时会遇到哪位评审人。评审人很反感作者忽视他们的反馈。诚然,评审人提出的有些修改建议可能不那么容易,甚至不可能完成,但是你需要诚恳地采取行动。

第三,如果得到修改机会——那就修改吧!顶级期刊提供的修改和再次提交的机会是非常少的。无论风险有多高,都要把握每一个机会。

第四,响应评审意见以及责任编辑做出的总结。一个好的责任编辑会帮助作者梳理在修改中需要解决的关键问题。但这并不意味着你可以随意忽略评审人的其他意见。相反,你需要逐项回应每个问题。这并不是说你必须完成评审人所要求的一切。但是如果——无论出于何种原因——你没有采纳某个建议,请陈述清楚你的理由。无须多言,不要与评审人争论,也不要与他们或你的责任编辑形成不必要的对立。相信我,这对你没有好处。

第五,在提交论文之前请他人评阅一下。在提交初稿之前进行"友好评审"通常会帮你发现问题,提高被评审人接受的可能性。这也适用于期刊评审过程中的修改。让一个比你更资深的同事或你的导师评阅你对评审人的回应,与让评审人评阅论文本身一样有用。对评审过程的管理是一门艺术,而那些成功者的建议和指导具有不可估量的价值。

第六,着眼长远。从评审到接受发表通常需要几个月甚至几年的时间。不要抱有不切实际的期望,你需要付出大量的时间和艰辛的努力来不断打磨你的论文。

最后,如果你的论文能够顺利通过评审、得以发表,请在适当的情况下奖励自己和团队。在顶级期刊上发表论文,是学术生涯中值得珍惜且至关重要的一件事。如果你成功了,用一顿大餐、短期休假或其他的方式来奖励自己。然后,回去继续工作!

David Day,美国克莱蒙-麦肯纳学院克拉维斯领导力研究所教授、学术主任。

第8章　学海茫茫，载舟远行

林道谧

Daomi Lin, Jiangyong Lu, Xiaohui Liu, & Xiru Zhang (2016). International knowledge brokerage and returnees' entrepreneurial decisions. *Journal of International Business Studies*, 47(3): 295—318.

编者导言

林道谧与合作者的这篇论文，是国际学术期刊上发表的探讨海归创业机理比较早的文章。正如道谧在她的这篇回顾文章中所说的，这篇论文赶上了天时、地利和人和。

这篇论文既不同于在校园中招聘实验参与者到实验室完成某项任务，也不同于很多经济学或者战略管理研究者分析二手数据的做法。要完成这篇论文，研究者需要接触到那些从海外归来并且创业的人。道谧本科时期也从事过消费者调查的项目，加上她喜欢并擅长与人打交道，她的特长和优势都体现出来了。此外，她还采用了增加被访者合作概率的方法，将调查研究方法教科书中的技巧付诸实施。这些都成为她能够成功地完成这个项目并且在 *Journal of International Business Studies* 上发表论文的重要原因。从她的回顾文章中可以看出，无论在光华管理学院读博士的前两年还是她在英国学习的那一年，她都能静下心来思考问题。从事管理研究的学者,需要既善于沟通又保持独立(reach out but lonely),道谧可谓是一个楷模。

在这篇文章中,道谧分享了与导师合作的经验。她总结出资深的合作者修改论文时的五个层次,而她能够很好地"管理"资深的合作者,使得他们在第五个层次上去修改论文。可以想见,她为此提前做了非常充分的准备,以便让他们将精力集中到论文的观点而非修改文字表述上。

除了回顾论文的发表过程,道谧还分享了做学生时的心路历程,让人看到"干一行,爱一行"的至真道理。她的经历能给那些因拥有太多机会以至于不知如何选择的优秀年轻人深切的启迪。此外,对于希望获得海外访学经历的博士来说,她独特的见解也是值得借鉴的。

道谧博士毕业论文的指导老师路江涌教授在其撰写的文章中介绍了自己让道谧从事海归创业研究的原因,以及道谧能够在这个项目上取得成功的个性因素,让人体会到学术研究中"天时、地利、人和"的重要性。

我们关于"海归创业决策"这篇论文从开始调研到发表见刊,历时约五年。从2011年跟随导师路江涌教授涉足海归创业领域,一直到现在以海归创业为研究核心向其他领域拓展,这篇论文见证了我在学术上的成长。如今受母校邀请,以随笔的形式回溯当年撰写此文的点滴,分享当时的思考,也是对自己学海旅程的一次难得的回顾。

缘起

2009年我进入北京大学光华管理学院,从本科时原本学习的市场营销专业转到当时战略管理系的战略与国际贸易专业。我还记得面试的时候,周长辉教授问我什么是"商业模式",我除了模糊的印象什么也不知道,连概念都说不上来。于是我很老实地说"我本科不是学战略的,确实没有太了解过这个概念",然后搜肠刮肚地以当年本科时做过的家乐福的案例尽量阐述了家乐福的竞争优势,以此补救。本以为彻底没戏了,谁知道战略管理系居然收了我。几年后和谢绚丽老师聊起面试当天的情况,我还为自己没回答上这个问题而懊悔不已。谢老师只轻轻说了一句"我当时对你印象很深"。那时我就在想,"视角"真是一个很神奇的东西。作为被面试者,我关注的是我有没有回答"好"或者有没有回答"对"老师的问题。然而,面试老师关注的也许是这个学生"适合不适合"做科研,或者是否足以让人"印象深刻"。

如今我已毕业离开光华,在中山大学执教了三年,视角也逐渐从博士生转变为导师,回顾以往的很多事情也有了新的看法。"海归创业决策"这篇论文能够发表在 *Journal of International Business Studies*(JIBS)上,我认为一半靠的是踏实,一半靠的是运气。在整个战略管理系的博士生里,我绝不是最聪明的,或许只能算智商正常。所以在刚进光华的前两年,我表现得非常平凡,甚至属于被老师批评太沉默的那一类。不过,做学术的好处在于,你不需要太懂得表现自己,也不需要太耀眼,只要足够踏实、足够纯粹,幸运之神总有一天会降临。

2009—2011年博士学习的前两年,在光华博士生的培养计划中属于读文献、打基础的阶段。这两年就像是"恰同学少年,风华正茂"。我们读经典,然后在每周一次的研讨上,用还不熟练的英文各抒己见、针锋相对、畅谈古今。也是这两年,我们无忧无虑,或者说,还没来得及忧虑。后来我才知道,其他很多学校或院系的同学一入学就已经开始跟着老师做助理、做研究,尽快入门。我当时还完全沉浸在文献的海洋里,天马行空地畅想着各种研究问题,却从没想过有关于"发表""终身教职""五年后进行就业市场"等话题。但也恰恰是因为这样纯粹地读了两年的文献,打了两年的基础,才让我在以后的写作过程中对理论视角有了足够的把控。在以后的日子里,也再没有这样集中的时间,可以系统地去学习理论了。所以回想起来,虽然研究的起点晚了两年,但换个视角看,这样心无旁骛地钻进文献里也未尝不是一种好的开始。

2011年资格考前后,我开始跟着我的导师路江涌教授涉足海归创业研究。当时做这个选题是基于几个简单的想法:第一,海归研究是接下来一段时间里路老师的工作重点,而且他在海归研究领域已有所建树,也与海外学者建立了合作关系,所以我可以站在巨人的肩膀上。第二,当时海归正好是政治和社会热门话题,无论是越来越多的留学人员创业园,还是一年比一年更热的海归潮,都昭示着这个话题的重要性。第三,中国是研究海归非常好的土壤。海归海归,总得要"归"了才算,因此,在中国有接触研究样本的便利性。近水楼台先得月,我们能够了解更多的故事和内在机制,这也许可以成为一种研究优势。第四,我本身对人才和创业很感兴趣,且作为一个"长相甜美"的女孩子,个人形象和"战略"这个话题稍显不符,但若从"人才"切入,则和谐了不少。基于种种考虑,我基本上是不假思索地确定了海归创业作为我博士毕业论文的主题。自此,我便和海归研究结下了不解之缘。

漫长的调研期

也许很多博士生的研究是从文献或数据整合开始的,而我却是从跑断腿的调研开始的。我对和人接触交流比对处理数据的兴趣要大得多,我想导师也是对我的个性有了准确的判断之后才给我设计了这样的发展路径。从2011年春季开始,我们就陆陆续续对海归创业者进行了访谈,同时设计调研问卷,准备寻找机会进行大规模的调研。"海归创业决策"这篇论文就是基于2011年冬中国留学人员广州科技交流会的数据完成的。之所以说这篇论文的发表是50%的踏实+50%的运气,是因为当时完全没有想过这个问卷调查能够发表在顶级期刊上。对我而言,只是研究兴趣,同时也是对自己研究能力的一种锻炼和提升。之所以最终能够在JIBS上发表,我觉得很大程度上要归功于天时、地利、人和。若是放在2018年,这篇论文要在顶级期刊上发表恐怕会难上加难。第一,海归研究在当时而言刚刚兴起,正处于一个热点的上升期,因此从话题来讲是有优势的。第二,当时由于现象还比较新,大规模的关于海归的二手数据还完全不可得。以往的海归研究基本上要基于小范围创业园的二手问卷数据,而这些数据的缺点是没有个人层面的调研信息(通常只有基本的人口变量)。因此,我们在中国留学人员广州科技交流会上所做的基于个人层面的调研信息就显得非常独特。第三,当时基本上所有的海归创业研究都在关注海归创业的影响,而没有去问"什么海归会成为创业者"这个问题。因此,这篇论文从研究问题来讲是新颖而且有意义的。然而若放在今天,形势则大不相同。首先,这个话题已经逐步进入成熟期,竞争更大了。其次,大规模的海归数据(精确到简历层面)已经可以公开购买,问卷需要设计得更独特、更细致才有脱颖而出的可能。况且,近年来学术界对于问卷数据存在共同方法变异(common method variance)的问题越来越

第8章 学海茫茫，载舟远行

关注，仅仅采用问卷调查获得的单一来源（single source）数据已经很难在国际顶级期刊上发表。甚至国内诸如《心理学报》这样的期刊已经要求作者投稿时回答一个问题：自变量和因变量测量是否存在同源的问题。最后，目前研究海归创业前因的文章已有数篇，因此新颖性也降低了。综合来讲，这50%的运气，其实很多是天时、地利，再加一点点的人和（即责任编辑和评审人是否喜欢这篇论文）。

2011年，在几个月的问卷设计之后，我和师弟师妹（包括本文的合作者张曦如博士）正式进入了问卷发放阶段。其实当时关于海归的调研非常稀缺，是因为存在一些条件上的限制。调研首先要抽样，那么要找到海归群体，该从哪里入手就成了一个问题，总不能随机抽样然后问他有没有海外经历吧？若从留学人员创业园进行抽样，那么抽到的就是海归创业者，也就无法研究"什么样的海归更可能创业"这个问题了。后来，导师想了个办法。海归和学者们一样，总归是要聚会的，因此是有"圈子"的。我们首先联系了欧美同学会的王辉耀博士，得知他们将和政府共同在广州举办留学人员科技交流会。这个会议是当时中国最大规模的留学人员会议，其中就包括想要回国找工作的海归以及想要创业的海归。这在当时，对于我们的研究问题来讲是个非常好的样本。①

很快，我们便在中国留学人员科技交流会的网页上搜集了所有参会海归的信息，开始了长达三个月的问卷发放过程。一开始是用邮件系统发邮件。为了增加回复率，我们也想了不少小办法：首先，我们常常会收到一些调研信，抬头就是"先生/女士"。这种情况下，我们通常会觉得自己只是茫茫"样本海"中的一个，多我一个不多，少我一个不少。所以这次我们从网上搜集了信息后，在信件的抬头写上"×××博士/先生/女士"，希望让他们感受到我们对每一位研究个体的重视，并且写上了研究团队成员的姓名和联系方式，承诺保护其个人隐私。其次，这两年导师写了两本与海归相关的书，我们就在信中承诺完成问卷的人会得到赠书。最后，我们承诺会在研究完成后把研究成果发给被调研者。所以整个问卷完成后，我们还花了很多时间来兑现我们的承诺，给参加调研的人送书和发送问卷调研结果。事实证明这些工作都是有价值的，后来我们进行另外一次

---

① 当然，几年后美国的学者Dan Wang通过和政府合作，用J1签证进行抽样，得到了一个随机性更好的留美后归国人员的样本。

问卷调研的时候,这些被调研者依然给予了极大的支持,这个样本库对于未来的研究而言也是一个巨大的宝藏。

为了更深入地了解海归群体,同时也为调研增加样本,我和几个师弟师妹跟着导师,来到广州参加了中国留学人员科技交流会。这是非常有趣的一次体验。虽然我在本科阶段读市场营销时也做过跑街发问卷的事情,但那时的问卷都是一些产品使用满意度之类的调查,也没有真正去"抽样"(而是站在街上看谁面善就赶紧逮着问)。但这次在中国留学人员科技交流会上的调研完全不同。海归真的是一个很不同的群体。他们对于"研究者""学者"显得更友善,而且作为一个特殊的群体,他们自己也很希望知道自己和其他人的不同在哪里。因此在现场调研的时候,被拒绝的概率相对较低。而且在发问卷的过程中时不时能聊会儿天,后来研究时的很多想法都是从这些访谈、聊天中得来的。例如,尽管海归创业者的技术优势明显,但在与本土合伙人或投资人的合作过程中却会存在两种可能性:一种是互补,本土经验和海外技术知识互补;一种是互斥,不同的经历会造成双方的看法和表达方式出现巨大差异,从而导致团队冲突。而决定这两种可能性的因素会是什么呢?尽管这只是多次聊天所总结出的现象,却成了我们另一篇工作论文(working paper)最初的思路。我们发现,在海归和本土创业者的合作中,海归的通用性人力资本(general human capital,如学历)越高,则越可能产生互补效应;海归的专有性人力资本(specific human capital,如工作经历)越高,则越可能产生冲突。而这种差异可以用组织学习(organization learning)视角和冲突(conflict)的文献加以解释。这次经历让我意识到,只有自己亲自发过问卷,才能想象到以后委托别人发问卷时需要注意什么问题,也才能真正积累第一手素材,这样亲力亲为的经历尤其宝贵。

2012年3月,我们终于完成了历时三个月的调研,开始回收问卷、录入问卷、整理数据。同期,我用中关村2003年的一个二手调研数据完成了我的第一篇论文并投稿到一本SSCI期刊,也开始基于2011年夏天的案例访谈数据写作案例。如果我把后来去英国的交流学习看作一次形成学术合作上的"战略联盟"(strategic alliance)的话,那么在准备和写作前两篇论文的过程中,与合作者之间的了解和磨合就形成了我们合作的基础。

第8章 学海茫茫，载舟远行

拉夫堡的阳光

我五年的博士生活，有五分之一的时光是在英国拉夫堡度过的。这段出国的经历对我的影响非常大，是我人生轨迹的重要支点，"海归创业决策"的论文也是在英国完成的。但是，每当有师弟师妹问我该不该出国的时候，我的回答依然是："出国了未必好，不出国也未必不好，取决于你自己是否已经准备好。"我见过很多师兄师姐、师弟师妹出国后与合作导师紧密合作，回国后成果颇丰的；也见过出国后音信杳然，回国后未见进步反而荒废一年的。自2005年起，光华管理学院管理方向的博士生绝大多数都有出国的机会，尽管如此，出国却不是一个可以顺理成章的事情，而是一个需要认真准备的里程碑事件。出国可能是一个学习的好机会，但和战略中的知识转移文献说的一样，学习的效果取决于知识转移者(knowledge transferor)和接收者(recipient)的动机(motivation)、能力(capability)以及外部环境(external conditions)。学生自己的准备、导师的投入度、双方之间的信任，都是长期深度合作的必备基础。我在英国的时候，我的合作导师刘晓辉教授给了我极大的支持；在去英国之前，我也看到了我的导师路江涌教授为我做的铺垫。回过头看那段经历，我更加能想象到假如没有这些支持和铺垫，我在英国的这一年也许真会白过。

回想起申请出国的时候，我和所有同学一样，都想去美国。但导师很理智地给我分析：拉夫堡大学的刘晓辉教授已经和我合作了两篇论文，彼此之间虽未谋面，但我基本熟悉刘老师的风格，刘老师对我也有一定的信任；而且刘老师和路老师已经合作过多篇与海归相关的论文，换句话说，相互之间的承诺度(commitment)很高，因此我去英国，会受到刘老师的重视；而且这个出国的时间点是最好的，因为我刚刚在中国收集完数据，正好可以步入模型建立和写作阶段，而合作导师的投入很关键。我总是很佩服我的导师路江涌教授，他平时看起来是个嘻嘻哈哈的"佛系"[①]导师，但在关键时刻从不含糊，总能在岔路口理智分析，找到最优解。

[①] "佛系"，网络流行语，指一种怎么都行、不大走心、看淡一切的活法和生活方式。

于是，2012年秋天，我抱着满满一电脑的数据来到了英国这个优雅的国度。拉夫堡是个名不见经传的小镇，拉夫堡大学虽然在英国排名十几，但在中国听说过的人还不多。全镇除了一条商业街之外，就剩下住宅区、小公园和拉夫堡大学了。我是个很贪玩的人，在英国也花了一两个月的时间旅游，但剩下的时间基本都待在拉夫堡。我以为我会很孤单，但如今回忆起拉夫堡，印象最深刻的却是冬日里的一缕暖阳。我想，也许是因为在那样平和的环境里，不需要社交，不需要处理杂事，能够心无旁骛地写论文，内心也是温暖而充实的。

"海归创业决策"那篇论文基本上是在英国成稿的。写作的速度并不快，但这是我在论文写作能力上突飞猛进的一年。刘晓辉老师每周会保证至少和我讨论一次，每次讨论后我也会写邮件向路江涌老师汇报进展并进行必要的邮件讨论。话题很快就定下来了，因为"什么样的海归更可能创业"是个"low-hanging fruit"（简单且短期绝佳的目标），可以抓紧时机写。然后就是测试模型和撰写论文。关于这段经历我体会很深，现在当了老师以后体会就更真切了。其实学生和老师合作，可以看作学生"管理"老师的一个过程。作为一个管理者，首先要成为一个研究推动者，同时还要创造条件让老师最高效率地投入论文的讨论和修改。① 老师的时间很宝贵，通常会和学生讨论一个小时，不会超过两个小时；老师每天的时间也需要分给很多个研究项目（甚至教学、行政事务和杂事）。那么如果想要老师的产出最大化，就要创造条件让老师能够在有限的时间里做最有价值的事情。所以，在和两位导师的合作中，我总结出一句话：自己能做的绝不让老师做；自己做不了的，也要创造条件让老师最有效率地做。而从学生的角度看，这样才能让自己拥有最大的学习机会，干得越多才能学得越多。合作写论文的过程尤其宝贵，因为我们能够从论文修改的痕迹中看出自己写作的差距，体会合作者的思路，从而提升自己。

我曾经尝试总结过几位合作老师在修改论文时的一些层次：第一个层次是修改语病、用词不当；第二个层次是修改逻辑，比如在推理中缺失了某个环节，或者某个环节逻辑不顺；第三个层次是修改观点，即解释某个现象所用的理论不合

---

① 这里所说的情况主要是指学生在写作自己的毕业论文过程中和导师合作的情况。学生仅仅做研究助理的情况除外，因为这种情况从本质上来讲是雇佣关系；有些老师的风格是自己来主导项目，这种情况也不一定适用我说的学生来主导项目的情形。

适或者欠缺火候时;第四个层次则是修改整篇文章的结构;第五个层次是修改整篇文章的叙述框架(framing),即从切入点、理论视角等方面进行天翻地覆的修改。在我最初写文章的时候,会发现合作者经常要从语法和用词改起,导致他们没有足够的时间去斟酌修改逻辑、观点和结构。所以在写"海归创业决策"这篇论文的时候,我给自己立了规矩:不改到自己改不动了绝不发给老师。于是我一遍一遍地改:一开始我爱写长句,但其实往往是自己说不明白,写长了之后反而迷迷糊糊就过去了。所以,长句尽量改短句,在不能改的情况下,就强迫自己通过断句把这句话说得一清二楚;用词也尽量用简单的词汇,自己不熟悉的词汇尽量不用,除非确认这个词百分之百地恰当;一遍遍检查逻辑,每段用一句话概括,连起来是否逻辑严密?每段中的每句话用短语概括,句与句之间是否逻辑清晰?多次检查之后,总能有所改进。然后我惊喜地发现:原来我完全可以避免语法、用词,甚至大部分的逻辑问题。这样,合作老师在改文章的时候就有更多的精力去考虑观点和结构的问题,也有更多的时间来一起讨论文章架构,而这方面的能力恰恰是博士生最缺的。只有这样,学生和老师之间的合作才能互补,也只有这样,博士生才能不断进步。

完成的论文先是投给创新与创业学会(Association of Innovation and Entrepreneurship,AIE)2012年8月举行的一个会议,会议正好在伦敦召开。这是个小范围的会议,原本我对自己的这篇论文很有信心,但在参会之后大受打击。会议上得到了一些非常负面的反馈,包括这篇论文根本不可能在顶级期刊上发表,数据存在反向因果(reverse causality)和共同方法偏差的问题,等等。但是,当我心急火燎地给二位导师发邮件报告会议反馈时,他们却很淡定,只是说我们需要在方法上再尽量弥补。多年后的今天,当我再回顾当时的情形,也才终于明白:研究可以想办法做到最好,却永远不可能完美。好文章永远是相对的:相对于时间、相对于空间、相对于同时期同话题的论文。所以,要重视和弥补文章的缺点,也要看到文章独一无二的亮点。最终,我们参考了以前类似的论文,处理了共同方法偏差的问题,在进一步打磨文章的理论架构之后,赶在2014年春节前投到了JIBS。

投稿:坐过山车,还要保持冷静

网络上曾流行一句话:"我好气啊,可我还要保持微笑。"投稿的过程,就像坐过山车,看到有了修改后重新提交的机会,开心得飞到云端;但看到具体的评审意见时,又总会一下子跌到谷底。即便如此,还要保持良好的心态,一条一条意见冷静地去剖析、解决、解释……也许某一条意见折腾自己翻遍了理论都无法解决,瞬间以为这篇论文要完蛋了;然后又忽然在某封邮件讨论后找到灵感,重新看到希望的曙光……虽然做研究相对不需要在社会上锻炼人际交往能力,但我相信每一位学者的心理素质(情商)绝对都"杠杠的"。

毕业前,路江涌老师总是说我"太幸运",忧心忡忡地说我没被拒过稿不是件好事(当然,后来我也被拒过稿)。但他的话给了我极为重要的心理暗示:被拒稿是件好事!因为没有学者是没被拒过稿的,甚至80%的稿都被拒过。所以我相信只有被拒的稿子达到一定的数量,才能有被接受的稿子。这么想来,心里就舒坦多了。

文章投到 JIBS 后,得到了一个修改后重新提交的机会。两位导师邮件的第一句话就是:"祝贺!"责任编辑是在外派人员回任(repatriation)领域很有建树的 Paula Caligiuri 教授,三位评审人中有一位反应比较友好,一位比较看不出态度,还有一位非常负面。最为负面的那位评审人直接说我们的话题不适合在 JIBS 上发表,因为我们研究的不是"跨国"的问题。我们每个人都认真阅读完评审意见后,在 Skype 上进行了讨论,并列出了评审人的一个"意见矩阵"①。我们发现,真正棘手的问题主要有两个:第一,文章当时用的理论是"知识溢出创业"(knowledge spillover entrepreneurship),主要由 Acs、Audretsch 和 Agarwal 三位教授提出,以知识溢出来解释创业的动机。这个理论和我们要讲的故事——能够从海外把先进知识"溢出"到国内的海归更可能选择创业——基本符合。但用这个理论的劣势也很明显:这个理论主要是从经济学出发来论证的,和我们推理的逻辑套路稍有偏差;另外,这个理论形成较晚、文章不多,所以写起来总会有

---

① "意见矩阵"是路老师教我使用的,需要把主编和每位评审人的意见按照理论架构、假设提出、方法等分类列出,从而可以清楚地看到哪些问题受到更多关注,哪些评议又是相互关联的。

基础不牢的感觉。因此,这次修改我们需要找一个更扎实的理论基础。第二,评审人认为我们的文章不适合 JIBS,责任编辑也认为我们要重视这个问题。这问题说好办也好办,说棘手也棘手。我们可以从我们自己的角度列出众多理由来说明海归问题就是跨国人才问题,但只要评审人不相信,就没用。而且既然有评审人认为我们的问题不是"跨国"问题,就说明我们在写作上还存在不足。

关于理论基础的问题,我们最终从跨国知识中介(international knowledge brokerage)的文献中找到了答案。其实还要感谢评审人的意见,才让我们意识到我们在前一稿的写作中忽略了一块很重要的文献——外派人员回任方面的文献,这也是因为我们只关注战略管理的文献,而忽略了国际人力资源管理的文献。从外派人员回任的文献中,我们找到了一个更好的理论切入视角:能够把海外先进知识嫁接(brokering)到国内的海归更可能创业。这样,理论基础就变成了社会网络理论和跨国知识转移理论,文献丰富,可以把基础打得更牢固。这个视角也更能体现文章的贡献。如果用"知识溢出创业"的理论来写,我们的贡献就只在于把已有理论扩展到跨国层面;而从跨国知识中介(international knowledge brokerage)的角度来写,贡献就是提出了国际创业的一种新的来源。所以,自从换了理论视角之后,整个文章的写作倒是顺畅了很多。关于是否适合JIBS 的问题,在导师的建议下,我查找了 JIBS 最新的编辑(editorial)文章,把海归创业归入"国际人才管理"的范畴并以"外派人员回任"为例,借此证明此文在JIBS 的合理性。同时,也因为文章修改了理论视角,研究问题的跨国性就有了更好的体现。

除此之外,我们还应评审人的要求增加了控制变量和稳健性检验,完善了假设的提出等。此文第一轮修改时恰逢我入职中山大学,搬家、办手续、第一次上课……焦头烂额。所幸,在两位导师和师妹张曦如的帮助下,只申请了一次延期,最终在 2014 年 11 月投回了 JIBS。虽然已经做了很多准备,也自认为论文有了很大的进步,但是心情依然忐忑。就看我们的修改是否能够打动评审人了。

2015 年 1 月,忐忑不安的我接到了第二轮修改的邀请。那一刻,真的是欣喜若狂。至少,我们修改的方向是正确的;至少,认为我们应该由责任编辑直接拒绝而无须送审的评审人已经开始提具体的意见了!但很快,过山车又落到了谷底。评审人虽然不再提是否适合 JIBS 的问题,但他提了两个我最怕的问题:

我们对因变量(创业决策)的测量是主观测量,并没有看他们是否真的创业了;对自变量(跨国知识转移)的测量也是主观的,而这种主观感知也许是错的。我当时的感觉是"一夜回到解放前",因为这两个问题真的从方法上揪的话,我只有重做研究才能解决,而重做肯定是不现实的;真正要匹配到客观数据难度也极大:且不说填问卷的人大部分不愿意透露企业名称,就算有,创业企业哪来的二手数据呢?

不记得纠结了多久,我终于抛开这些关于"解决不了会有什么后果"的杂念,开始重新审视这个问题。写文章跟演讲一样,要让观众入我的"坑"。评审人之所以问这个问题,一方面是我们在方法上确实受限,但另一方面,也是因为我们的文章没能吸引读者。所以,在讨论后,我决定从整篇文章的意图、构念等角度阐述我们使用主观测量的合理性。首先,我们研究的是创业决策(entrepreneurial decisions)。从创业决策到实际创业还是有距离的,这当中可能会受到个人执行力等很多因素的影响,而这并不是这篇文章希望关注的。其次,主编曾建议我们用创业意图(entrepreneurial intent),但我们最终还是坚持使用了"创业决策",因为创业意图是一种长期的个人变量,而我们关注的是海归针对某个海外先进知识所形成的创业机会的创业决策。最后,在我们的样本中有一部分已经回国的海归,他们创业还是就业已成客观事实。我们针对这部分海归做了一个稳健性检验,结果相似。关于自变量跨国知识转移的测量,我们重新增加了访谈数据,以此从侧面描述所谓的"技术转移"在海归的主观认知上到底是什么,以及证明他们的主观判断是有依据的。

经过上述修改之后,我把第三稿投回去的时候是惴惴不安的。因为我知道,我对评审人疑问的回答不够完美。但就像我们常说的,"就算说服不了评审人,也要感动他",我已经在现有条件下尽力做到了最好,那么对于这篇文章来讲,它已经获得了它能得到的最好的机会;而我在投稿过程中所看到的不足,会在以后的研究设计中进行优化,这就是进步了。

三个月焦急的等待后,我终于等到了第三轮修改后重新提交的机会……但仍然是中度修改(moderate revision)。当时有点儿崩溃,感觉都第三轮了,责任编辑还是不够满意。如果这一轮再不能彻底拿下,恐怕就要"凉"了。看完评审意见,心想还好,之前那些让我忐忑不安的问题总算是过去了,这一次问的都是一些"澄清式"(clarification)的问题。即便如此,我们还是认真谨慎地改了四个月,再次投回,此时已是 2015 年 12 月 4 日。

本以为还要等上三个月,谁知道十天后,我就等来了惊喜:文章被接受了!幸福简直来得太突然,JIBS 的速度很快,2016 年 2 月就在网上刊登了。过山车终于安全到站!

反思:我是谁?要到哪里去?

文章在 JIBS 上发表,给了我一颗定心丸:冲击顶峰的可能性是有的,虽然路还很长。我没有很高的天分,思维也不够敏捷,看问题常常比较感性,也没有把学术当作最高理想,所以我知道自己并不会成为很耀眼的学术明星。但我可以一步一步稳扎稳打,每年都进步一点点,对于我自己的人生来说这就是最好的成长。我不用一步登天,在 *Academy of Management Journal* 这样的期刊上发表论文,但我可以从 SSCI 练起,然后到 B+,然后到 A+,再到 A+ 中的 A+。人有很多种,学者也有很多种。不同的人路径不同,但可以殊途同归。

决定走学术这条路的时候,我所有朋友的第一反应都是"不会吧,这么可惜"。也许在他们的心目中,我是一个很好的"协调者"(coordinator),因为一直到读完大学,我在学校里都非常活跃,人缘也很不错。如今反而喜欢一个人静静地待着。年过三十,在而立之年我也常常会审视自己,重新认识自己。刚进光华的时候,我就和导师说的一样,"不知道自己想做什么"。一直到 2010 年,我梦想中的职业都是战略咨询顾问,就像《我的前半生》中的唐晶那样,可以在商场上叱咤风云,可以有能力为朋友倾尽所有,也可以独立地追求爱情或拒绝爱情。但有些事情只有做过,才知道自己是否喜欢。2010 年夏天,为了更加确认自己的心意,我在实习中跟着一家世界前三的咨询公司的顾问团队做了一份五年战略规划。在某个瞬间,我忽然意识到,咨询和研究虽然都是解决问题,但咨询主要是"应用"知识"解决"问题,而学术研究则是"创造"知识"回答"问题。也是在那个瞬间,我发现自己喜欢创造知识远远大于应用知识。也许在进入光华之前,我从来没有尝试过创造知识;但经过博士一年的训练后,我已经开始体会到创造知识的乐趣,也叹服于知识本源的那种智慧和美感,于是便再也无法放下。

同时,做学术会让人养成一种独立性和批判性:对任何事情,包括对很多应用型知识都会有独立的判断,所以"怀疑"是一种常态;对很多现象都会有自己独立的看法,不再会轻易赞同他人,但也更能包容不同的观点;对自己的人格会有更独立的思考,作为女性来讲依附性会大大降低,这自然会影响到生活,但这种影响不是被动的,而是主动的。总之,做学术既是一种职业,也是一种生活态度。它会对人生产生一系列的影响,但所幸,我喜欢这种变化。

读博士的这五年里,当遇到困难或是不开心的时候,我也无数次怀疑过自己的选择。但我的想法也很简单:与其花时间犹豫自己已经做出的选择,还不如把当下的事情做到极致。退一万步讲,假如多年后我真的发现自己选择错了,我依然没有荒废这些时间。我要在短期已经无法改变的"岗位"上交出最漂亮的成绩单,那么将来无论做什么,这些经历都会成为我的财富,也都会成为证明我能力的证据。因此,既然选择了,就心无旁骛地做到最好。而巧的是,每次心无旁骛投入后,又总能发现新的天地,从而打消自己对自己的疑虑。

我也时不时地会问自己,如果不做学术会怎样?但每次,我都会毫不犹豫地再次选择学术,因为学术里有探索,有青春,有自由。这是一种探索未知世界的乐趣,找一个知识的缝隙问一句"为什么",然后解答,有着无尽乐趣。这包含了创意,包含了美,也包含了孜孜以求的执行力。作为教师,面对的是这个世界上最纯真、最青春的脸庞。诲人不倦,既是作为教师的一种成就感,也是保持纯真、保持初心的保鲜剂。而教职,又是最自由的工作,虽然压力很大,但就像"学术创业"①一样,自己当"老板"。虽然学海茫茫,我只是一叶小舟,但得而自己掌舵远航,又有众多师长同僚同行,何乐而不为?

附录　选择自己有优势的研究方向,并持之以恒

路江涌

林道谧是2009年在中山大学完成本科学习后,以直博生的身份进入北京大

---

① 陈明哲教授2016年3月发表在《管理学季刊》上的文章"学术创业:动态竞争理论从无到有的历程"提出,从既有的领域中区隔出一个独立的课题,然后进行深入的发展与延伸也是一种学术创业。

学光华管理学院学习的。说实话，本科年龄段的同学很多并没有想好将来要做什么工作，更不知道读博士，特别是在光华读博士意味着什么。

2009年，我刚刚加入光华管理学院，负责战略管理系博士生的协调工作。所以，对当年入学的博士生留心更多一些。那一年，加入组织管理系和战略管理系的博士生后来大多都在国内外高校任教。回想起来，那一批学生好像是比较活跃，也比较有学术热情的一批人。

两年之后，也就是2011年，同学们过了资格考之后开始选导师。道谧和我聊了两次，问我有什么方向适合她做。我思考再三，和她讨论了几个方向，最后确定为我当时在做的一个方向，即与海归人才有关的创新创业方向。

这些年，我在指导博士生选择研究方向上的想法一直在变。最初，我会和学生反反复复讨论很多次，最后帮助学生确定一个方向。后来，我和学生讨论几次后就会确定方向，然后和学生一起推动研究。再后来，我会和学生讨论几次，然后让学生自己去探索，最后由学生来确定自己的研究方向。这几种方式没有明确的好坏和优劣之分，需要根据导师与学生当时的具体情况、导师与学生的兴趣相似程度等进行具体的分析。

道谧研究方向确定的过程大致属于第二种。当时我正在做海归创业方面的研究，与一些创业者和科技园区有所接触。2011年，在道谧要选择论文方向的时候，我正在与留学人员交流会以及中关村管委会等机构洽谈合作，有不错的现实机会可以利用。

当时，我跟道谧分析说，选海归创新创业的题目有三个原因：

首先，创新创业会是未来中国经济发展的一个重要动力，管理学研究需要和社会发展紧密结合。这一点被我说中了。后来几年，中国果然掀起了"大众创业、万众创新"的热潮，创新创业也成了研究的热门话题。虽然跟踪社会热点不一定对学术研究和发表有非常直接的帮助，但是，对这些话题的了解对于在商学院给学生上课肯定是有帮助的。

其次，我说，海归是两个字，一个是"海"，另一个是"归"。"海"的意思是，这个话题是国际化的。我们的研究对象在海外工作或学习过足够长的时间，他们创新创业的思路和本土的创新创业者会有一些差别，可以进行对比研究。另外，这些人离开海外所在国回到母国创新创业，对海外所在国是有影响的，这个现象是个全球现象,欧美发达国家的学者也会关注这个问题,而关注这个问题的学者,很多是国际期刊的主编或副主编。他们对这个现象的关心,能在很大程度上缓解研究者们对这类选题的疑虑。

最后,海归的另一个字是"归"。"归"的意思就是这些人是回到了母国。对于中国的海归来说,就是回到中国了。作为身在中国的研究者,我们就有天然的优势,可以更方便地接触到被研究者。这个问题想清楚,研究就有了动力。

2011年年底和2012年,我推动了几个和海归相关的研究,主要目的就是为道谧的论文收集数据。那一年,团队的好几个同学帮忙,在北京、广州、大连等几个地方跑中国留学人员广州科技交流会、园区、企业,收集了两轮问卷,做了百十家企业的访谈。基于这些数据和访谈,道谧写了几篇论文,其中包括发表在 Journal of International Business Studies 上的 "International knowledge brokerage and returnees' entrepreneurial decisions"。这篇论文研究了海归人员创业的决定因素,我们发现海归人员起到了社会学结构洞理论所说的桥梁作用。他们在留学国和中国之间搭起了一座交流的桥梁,能够把握中外的商业机会。

道谧在海归创业这个选题上能够取得成功,在一定程度上也得益于她的个性。她比较善于和人打交道,也比较踏实,对这个需要跑腿儿的事情似乎也乐此不疲,至少做到了持之以恒。记得2012年夏天,北京很热,我们没有车,当时也没有滴滴,只能站在路边打车。有时,一天会约四五家企业,分布在北京的东西南北。一个假期下来,我们竟然没有迟到一次,而且每次都能打到车。我们笑说,这已经不是运气的问题了,简直是在拼人品了。

当然,这是玩笑话,但这句话背后的真实含义是:做研究,要选择自己有优势的研究方向,然后持之以恒。

路江涌,北京大学光华管理学院组织与管理系教授、系主任。在香港大学获得经济学与企业战略学博士学位。2015年国家杰出青年基金获得者,2016年获选教育部"青年长江学者"。研究方向主要包括创业、创新、国际商务和国际经济学等。在国内和国际权威期刊上发表论文六十余篇。

第 9 章 志存高远,厚积薄发

曲红燕

Yan Zhang & Hongyan Qu (2016). The impact of CEO succession with gender change on firm performance and successor early departure: Evidence from China's publicly listed companies in 1997—2010. *Academy of Management Journal*, 59(5): 1845—1868.

编者导言

  曲红燕与张燕合作的这篇论文,根据社会心理学的社会身份理论和社会类化理论,推导出企业高管继任中因性别转换会导致企业业绩变差以及继任者提前离职的可能性增加。作者基于微观领域的理论,针对高管继任过程中性别转换产生的可能结果做出预测,她们的推理非常扎实、合理,难怪她们随后通过分析中国上市公司的数据很好地支持了她们所提出的假设。近年来,战略领域的学者开始注重寻找企业战略或者运营的微观基础,这篇论文是一个非常好的范例。这或许是这篇论文所经历的评审过程比较顺利的原因。不过,找到企业现象的微观基础既需要学者具有良好的基础学科理论背景,同时也需要其能够落脚到恰当的研究场景,并快速地分析数据从而检验基于微观理论所做出的解释是否合理。从这篇随笔中可以看出,两位作者的合作满足了这两个条件。她们从身边出现的女性领导者现象出发,随后开始回顾社会心理学中的大量理论并做出解释,之后从中国上市公司的数据获得的重要发现支持了她们的假定。

红燕攻读博士之前已经做好了充分的准备。她在本科时期受到了良好的训练,不仅从战略的经典文献中发现了自己的兴趣,而且主动加入教授的学习小组,从教授、博士同学那里以及企业现场调研中获得了学习的机会。我们在光华多年的执教和培养博士生的经验表明,那些在本科时期已经开始从事研究性学习的学生,来光华攻读博士学位的过程通常是比较顺利的,最终在学术上的表现也会比较成功。红燕就是这样的学生。

她们这篇论文的创作过程启示我们,作为管理学者具备触类旁通的品质非常重要,为此需要保持思维的开放性,善于从生活中的现象中提出有意思的问题,并试图找到合适的理论去解释现象,再将这种解释运用到与企业有关的话题中去。

在这篇随笔中,红燕对于博士生甚至青年教师的三个常见困惑(是否走学术研究的道路,怎么确定自己的研究方向,以及如何发表高水平的学术论文)发表了自己的看法,相信她的分享有助于青年学者找准自己的定位并取得好的成绩。

Laszlo Tihanyi 是这篇论文的责任编辑,他在应邀撰写的文章中,介绍了 *Academy of Management Journal* 的编审理念以及这篇论文的评审经过,印证了红燕在随笔中所描述的对论文的修改的确有效地解决了评审人和责任编辑提出的问题,从而使得论文得以发表。

张燕教授和我合作的论文探讨了中国上市公司中不同性别的 CEO 继任者对于企业绩效和继任者提前离任的影响。在这篇论文中,我们试图解释"在上市公司中女性 CEO 的比例一直处于非常低的水平"这一现象的原因。利用社会身份理论和社会类化理论,我们对中国上市公司 1997—2010 年的数据分析发现,区别于"性别效应"(性别差异本身带来的影响),"性别转换效应"(也即高管变更同时伴随着性别转换所带来的影响)能够更好地解释我们的研究问题。这篇论文 2016 年正式发表在 *Academy of Management Journal*(AMJ)上。应张志学老师的邀请,我非常荣幸能够将这篇论文的研究过程以及我自己的经历和心得写下来，希望能够对年轻学者们有所帮助。

2010年6月，在通过博士生资格考试后，考虑到国内企业的公司治理现状，我认识到，国内公司治理的研究十分欠缺。因此，我将自己的主要研究方向确定为公司治理和高管，试图通过我的研究，为国内的公司治理理论和实践做出一定的贡献。12月左右，我联系到了美国莱斯大学的张燕教授。张燕是少见的既非常关注商业实践、从现实问题出发，又有非常深厚的理论基础、注重理论贡献的学者。她也是国际上在公司治理和高管领域非常知名的学者，曾在国际顶级期刊上发表了多篇有影响力的论文。张燕当时正考虑做一些关于中国公司治理的研究，这使得我们一拍即合。

2011年8月，在国家留学基金委的资助下，我到达莱斯大学，开始了为期一年的访问。经过一段时间的密集讨论和对彼此研究兴趣点的了解，我们初步将共同的研究方向定为国内的高管和女性领导力。我们2016年在AMJ上发表的论文就是基于第二个研究方向的成果。

问题的提出

作为女性，张燕和我对于女性在职场中的艰难都深有体会，也因此对女性相关的话题更加敏感。莱斯大学位于美国得克萨斯州的休斯敦市，当时的市长是Annise Parker——一位女同性恋者，也是双重意义上的少数人（minority）。在一次与张燕的闲聊中，她由这位市长的状况提到一个现象：美国近年来不论在政治系统中还是在《财富》500强企业中，对女性领导者的接受程度和关注程度都要更高，比如近年来出现了前惠普总裁Carly Fiorina、Google副总裁Marrissa Mayer等女性领导者；不过整体来看，女性CEO的比例仍然只是一个非常小的数字。

针对女性CEO的研究在美国一直非常难以进行，其中一个最重要的原因在于，女性CEO数量的稀缺使得进行实证分析的结果无法令人信服。根据Lee和James两人2007年在 *Strategic Management Journal* 上发表的论文所总结的历史文献数据，2000年左右，在《财富》500强企业中，女性CEO的比例约为0.5%—2%。出于好奇，我统计了一下中国上市公司中女性CEO的情况。令我们意外的是，中国女性CEO的比例相对而言比美国更高，1997年约为4.6%，到

2010年则达到了5.6%。张燕敏感地发现,中国上市公司或许提供了一个研究女性领导力的极佳的背景和数据库。我们的研究问题也因此引出:为什么女性CEO在上市公司中一直非常少见?是女性在公司的管理上显著差于男性吗?是由于纯粹的社会歧视吗?如果都不是,那原因是什么?又有什么方法可以逐步改变这种状况?

研究理论和研究思路的确定

围绕这一研究问题,我们对现有的研究女性领导力、女性高管(包含女性CEO)、女性董事等所有相关的理论和文献进行了回顾,一是为了确认研究问题的理论价值和研究意义,二是为了寻找解释这一研究问题的可能思路。

对相关文献的整理发现,现有的对女性领导力的研究主要集中于几个方面:(1)女性高管和男性高管领导风格的差异。几乎所有的文献都证明,女性高管和男性高管有着显著不同的领导风格。(2)领导风格的不同使得女性高管和男性高管在公司的决策和行为上也表现出显著的差异。比如,男性高管更倾向于做出并购和负债的决策,而女性高管往往比男性高管的风险厌恶程度更高。(3)女性和男性担任高管时的绩效差异并不明确。虽然研究女性高管和男性高管绩效差异的文献很多,但结果却显示出很大的差异。有些研究发现女性担任高管时的绩效要显著优于男性高管,但有些研究发现这一关系并不显著,还有些研究发现控制了风险后,男性担任高管时的绩效要更好。(4)市场对女性高管和男性高管的认可程度不一样。不少研究发现,相对于男性新任CEO,资本市场上的投资者对新任女性CEO的反应更为负面,这可能对女性CEO任职后的股价直接造成负面的影响。

同时,对相关理论的梳理发现,可能解释女性领导力的理论包括:(1)能力视角(competency perspective),认为女性在某些职位(包括高管职位)上的能力显著弱于男性,使得她们担任高管时的公司绩效会更差,也最终导致了高管职位上女性数量非常少的结果。(2)偏见/刻板印象/歧视视角(bias/stereotyping/discrimination argument),认为女性高管一直处于少数的原因在于社会的偏见或者歧视,这一歧视可能是基于性别的,也可能是由性别所导致的精力和经验的偏差。(3)资源依赖理论(resource dependence theory),认为相对于男性高管,女性高管的一些特质能够降低公司对于环境的资源依赖。(4) 象征主义理论（tokenism/token status theory），认为当女性在高管团队中属于少数的、象征主义的群体（token group）时，会使得股东、董事会和其他男性高管的核心群体（majority group）对女性群体有所疏离并对其造成压力，进一步对女性群体的绩效和整体团队的绩效产生负面效应。(5) 社会身份理论（social identity theory）和社会类化理论（social categorization theory），认为每个人（包括高管）都会对自己和他人有所认知，并根据这些认知对跟自己类似的人形成更高的认可度，这种认可会最终导致不同群体的形成。这些认知和分类往往是根据最可见的特性来实现的，比如性别和种族。因此，社会类化后的群体也往往是基于性别或种族的，比如男性群体 vs. 女性群体、白人群体 vs. 黑人群体等。

基于对已有文献和理论视角的分析，我们确认这个研究问题是有意义的。首先，我们从现有的文献中发现，主流的研究理论为能力视角、偏见/歧视视角和资源依赖理论，但三种视角对于男性和女性高管业绩的预测是不同的。具体而言，能力视角和偏见/歧视视角都认为，出于生理或经验、精力等原因，女性高管最终的绩效会差于男性高管；相反，资源依赖理论则认为女性高管的绩效会优于男性高管。然而，女性高管和公司绩效之间的关系，不论是正向的还是负向的，都没有被文献统一证实。我们在论文中将这些由性别本身所引起的绩效差异统称为"性别效应"（gender effect）。这说明，在解释女性在高管职位上的数量非常少的问题上，"性别效应"可能并不是一个有力的解释。于是，针对上述研究问题，就产生了一个很好的研究机会。如果我们寻找到了一个更强有力的解释，就能够对女性领导力领域形成显著的理论贡献。接下来的问题是，既然不是"性别效应"，又会是什么原因呢？

我们进一步梳理了理论和文献，得到了几个关键的点：第一，女性高管和男性高管在能力上可能并不存在差异，原因在于文献没有得到一致的实证结果；第二，女性高管和男性高管的领导风格存在重大的差别，并且这些差别的确可以带来决策和行为的不同；第三，这些不同是不受投资者或者股东欢迎的。

基于这些思考，我们提出了一个大胆的猜想：在一直以来由男性主导的治理结构中，很可能形成了类化的男性高管群体。一旦女性高管加入这一群体中，女性高管拥有的不同的领导风格和女性作为"圈外人"受到的排斥和抵制就会导致管理的混乱,进而导致短期绩效的下滑和股东/董事会对新任女性高管的不满,而这种对新任女性高管的不满会导致她们离职的风险更高。我们在论文中将这些后果称为"性别转换效应"(gender change effect)。如果我们的这一猜想成立,就可以得出如下的推论:(1)当有不同性别的高管进入类化的同一性别高管群体时(不论是男性高管进入类化的女性高管群体,还是女性高管进入类化的男性高管群体),都会产生"性别转换效应",也即新任CEO的短期绩效下降和离职风险提高;(2)在对女性高管态度更友好、更有经验的企业,"性别转换效应"相对较弱。也就是说,在这些企业中,男性高管离任后由女性高管继任对短期绩效和继任者离职风险的影响要弱一些。

我们采用社会身份理论和社会类化理论,形成了如上的两个基本研究思路,并进一步将企业对女性高管的态度和经验细化为三个变量:董事会中女性董事的比例,高管团队中女性高管的比例,女性高管是否从企业内部选拔。

研究数据和模型的探索

有了以上的推论,还需要找到一个恰当的研究场景来验证这些假设。我们认为中国上市公司中女性高管的相对高比例为我们的研究提供了一个可行的研究场景。于是,我们便选取中国A股上市公司1997—2010年的数据进行分析。

前期的数据整理耗费了我们大量的时间。中国上市公司的数据仍然不成熟,存在大量的错误和缺失。为此,我们耗费了很长的时间和极大的精力去校对不同来源的数据,并补充关键的数据。

在基本清理和整理数据之后,我们开始利用数据构建所需要的变量,并寻找合适的分析模型。最开始,我们以1997—2010年所有的A股上市公司为样本,以绩效(ROA)作为因变量,采用了GLS回归模型。后来,根据审稿人的意见,我们又加入了继任CEO的离职风险作为因变量,采用了多项逻辑回归模型。在分析回归结果时,我们发现自变量"性别转变"并不是随机出现的,它首先依赖于高管变更事件的发生,其次,带有"性别转变"的高管变更和一般的高管变更都受到前期绩效及前期高管变更事件的影响。因此,自变量"性别转变"和潜在的变量"高管变更"都与我们的两个因变量有着内生性的关系。因此,我们将模型调整为赫克曼两阶段模型。一阶段模型有两个,分别是用绩效和高管特征等指标预测一家企业产生高管变更和高管变更伴随性别转换的可能性,并将两个一阶段模型产生出的两个米尔斯比率(mill's ratio)代入二阶段模型。二阶段模型也有两个,分别是因变量为绩效的 GLS 模型,以及因变量为继任 CEO 变更风险的多项逻辑模型。

初步的研究结果与我们的预测非常吻合,这使得我们很受鼓舞。但张燕告诉我,必须要想尽一切办法,对数据进行辅助分析(supplementary analyses),排除掉所有可能的解释,才能使得我们的研究和数据分析结果稳健,达到顶级国际期刊的标准。于是,我们花了很长时间去寻找其他可能的解释,并进行辅助分析。我们根据每一次辅助分析的结果去修正原有的思路和逻辑,而每一次修正都要求我们重新修改已经写成的论文,有时甚至是大幅的修改。这种修改进行了三十多次。我非常佩服张燕,她永远对论文保持高度的热情和新鲜感,每一次修改都像第一次想到这个想法、第一次写初稿那样兴奋不已。修改到最后我已经改得心力交瘁,她竟然还"鸡血满满"地给我发邮件讲她半夜又"灵光一现"想到了要怎样修改。看到邮件我的内心是崩溃的,年轻学者应该可以体会那种感觉,就像在沙漠中的旅行者,每天都抱着"今天就可以走出沙漠"的信念和热情行走,结果走了一个月都没有走出去,失望和沮丧必定是难免的。我那时才更加深刻地明白,张燕之所以能成为国际顶级的学者,最重要的原因是她真的热爱研究这项事业,并且能够不遗余力地投入自己全部的热情和精力。张燕对研究的热爱和严谨深深地感染着我,使我在内心深处把她当作自己在学术上的标杆。

论文接受评审的过程

2014 年 1 月,我们将论文投到了美国管理学会的年会上。本来想等有了评审意见进行修改后再投稿,但由于我正面临毕业找工作,为了有利于我的求职,张燕决定提前将论文投出去。考虑到 AMJ 一直以来都非常关注女性领导力等相关话题,我们把目标瞄准了它。

评审人和责任编辑对我们论文的评审是非常快的。我们在投稿一个多月后,于 4 月份得到了修改后重新提交的机会。审稿人的意见主要集中在三个方面:(1) 文献和理论的整理不够到位,评审人尤其提到了刚刚发表在 *Management Science* 上的一篇同样研究女性高管的论文,认为我们的论文与其中的某些假设几乎一样。(2)理论上存在其他的可能解释。评审人提出了如玻璃悬崖(glass cliff)等理论,似乎也可以解释我们的数据结果。(3)逻辑思路可能还存在问题。我们最开始的因变量只有延后半年的绩效,但评审人认为,根据我们的理论和逻辑,继任CEO伴随性别转变给企业带来领导风格的改变,导致内部的震荡,进而影响绩效,这个效果真的会在那么短的时间内表现出来吗?此外,审稿人还提出了其他一些关于变量、模型方面的意见。

得到审稿意见后,张燕首先让我对着意见一条一条地分析我们的问题出在哪里,可能怎么解决。当时她有一句话让我印象特别深刻,大意是说我们要尊重审稿人,对于他们说的有道理且正确的,我们要接受他们的建议并对论文进行修改;对于他们说的有道理但不符合我们论文情况的,要有理有据地给予回复;对于他们说的没有道理的,要坚持我们自己的思路并将其说服。本着这样的原则,我们又开始对论文进行大刀阔斧的修改。这一次修改大概耗费了四个月的时间,主要是针对审稿人的上述三个主要意见进行了修改:(1)进一步对文献进行了回顾和梳理;(2)对可能的解释思路都用辅助数据分析和逻辑推导逐一排除;(3)将延后半年的绩效改为延后半年和延后一年的平均,另外加入了一个新的因变量:继任CEO的离职风险。我们在2014年9月底将修改后的论文和给审稿人的答复返给了AMJ。

我们在2014年12月下旬得到了第二次修改后重新提交的机会。这次的审稿意见就已经不那么尖锐了,意见数量也几乎缩减了一半。不过,审稿人仍然指出了两条重要的意见。第一条意见认为逻辑思路仍然不够坚实,逻辑思路和理论之间的关系也还有些脱节,建议进一步精化、优化理论逻辑;第二条意见则集中于论文的内容能对现有理论和研究形成什么贡献,审稿人据此还提出了自己的一些看法。2015年5月,我们将修改后的论文再一次返给了AMJ。

7月,我们收到了AMJ的邮件,告知我们论文已经被有条件地接受了。有两位审稿人仍然提出了一些修改意见,但已经对论文的理论和逻辑思路、研究内容和意义予以了肯定。张燕仍然"鸡血满满"地带着我对论文进行了最后的、无比细致的修改。一直到投稿的前一天深夜,张燕还在享受修改论文的过程!9月20号,我们将最终修改完毕的论文返给了AMJ。两天后,论文正式被接受,并提前发布在了AMJ的网站上。大概一年后,论文正式刊登出来。

第9章 志存高远，厚积薄发

这篇论文其实并不是我跟张燕合作的第一篇论文，但却是第一篇发表出来的论文。从与张燕的合作中，我在研究问题的提出、研究意义的确定、理论逻辑的构建、模型的采用和论文的写作上都学到了很多。张燕是我的良师益友，我在此借这个机会向她表示诚挚的感谢。

为了能够对读者有所帮助，我把发表高水平论文的心得总结为如下四点：

首先，要有热情。我感觉自己对学术研究还是很热爱的，但与张燕一比，往往觉得有些惭愧。因此，我一直认为，学术研究做得好的学者，首先必须是热爱它的，能够从中获得成就感、价值感的学者。对于年轻学者来说，往往对要不要走学术研究这条路感到迷茫，那么我认为最重要的一个评价标准就是看自己是否热爱。

其次，要志存高远。从进入光华就读博士开始，老师们就一直不停地念叨要"志存高远"。所以从光华出来的学生，往往让周围的人觉得"不一样"，以至于很容易一眼就被挑出来。我觉得这种"不一样"是"志存高远"的结果。人的潜力往往是超出自己想象的，不把自己逼到那个份儿上，你可能永远不知道自己真正的力量有多大。但是，古语有云，"十年磨一剑"，高水平论文的发表虽然可能严格来说不会花费十年，但从博士生的积累，到论文最终的发表，对青年学者来说，可能至少也要三五年的时间。同样的精力和同样的时间，如果用来在普通的期刊上发表论文，可能足够发表几篇甚至十几篇了。国内的科研环境相对复杂，评价标准也纷繁多样。坚持发表高水平的论文，对于青年学者来说，不论是在求职市场还是在评职称的过程中，可能都"奇妙地"处于劣势。在这些态势面前，很容易会心生不满、沮丧，然后妥协。我自己在求职和评职称的过程中也曾不可避免地遭遇了这些，也对自己的"志存高远"不被接纳、环境的标准和自我的标准差距颇大而感到迷茫、不解和难过。每当这些时候，我都会自省、自问："愿意改变自己的标准吗，即使这使自己处于劣势？""如果改变自己的标准，将来会后悔吗？"每次质问自己的结果，还是想要坚持初心，因为一旦妥协、降低自己的标准，可能就再也无法在顶级的期刊上发表论文了。

再次，年轻学者要寻找与国际上有经验的学者合作的机会。在我们合作这篇论文时，张燕让我自己独立写第一稿，我写完后感觉还不错，但看了张燕修改的那一稿之后，我简直想找条地缝钻进去。在寻找研究问题、寻找理论和逻辑思路、建立模型、撰写论文、回复审稿意见等方面,我都从张燕那里学到了很多的理念和技巧。如果没有张燕,我自己再摸索五年也不一定能够积累到现在这种程度。

最后,要有坚实的理论和方法基础。所谓"厚积薄发",只有经过多年的理论和研究方法的积累,才能对研究问题有高度的敏感,也才能在识别到有价值的研究问题后选择合适的研究方法进行实证分析。我在和张燕的合作中,对"厚积薄发"的感触非常强烈。在跟张燕合作以前,我已经在光华管理学院IPHD项目中学了三年,这给我打下了相对坚实的理论和方法基础。这些基础是我和张燕识别研究问题、寻找理论支撑、构建自己的假设和逻辑体系以及寻找合适的变量及研究方法最重要的基石。

我是如何走上学术研究道路的

年轻学者每天苦恼的问题无非那几个,归纳起来就是:(1)我到底应不应该走学术研究这条路?(2)怎么确定我的研究方向?(3)怎么发表高水平的学术论文?为了能够对年轻学者有所帮助,我把我自己的经历也简单写出来,希望能够在这几个关键问题上对读者们有所帮助。

所谓伊人,在水一方

2008年9月,我成为光华管理学院战略管理系的一名推免直博生(本科起点直接攻读博士学位)。不同于硕博生,直博生没有转硕通道,属于"侯门一入深似海"的境况。当时,很多同学和朋友对于我做出这样一条没有后路的选择颇为疑惑,大有"从此萧郎是路人"的感慨。现在想来,当时这个选择,一方面是因为有一些客观的因素使得我无法拿到硕博生所需要的推免指标(当时光华的政策是直博生不需要推免指标),另一方面,也是更主要的原因是我自己对于走学术道路比较坚定。这一决心,早在我本科时期就已经明确了。

我本科是在浙江大学管理学院读的。在大三的时候有一门必修课"战略管理",由魏江老师教授。魏老师是一位深受学生喜爱的老师,他的课既有理论高度,又能与实践结合,有着令人为之倾倒的魅力。我至今还深深记得当时所读的

第9章 志存高远，厚积薄发

第一篇文献，是 Micheal Porter 所写的"How to gain competitive advantage"。我一下就被迷住了。既震惊于 Porter 的犀利睿智，又赞叹于理论对实践的指导意义。从这门课开始，我又陆续上完了吴晓波老师的"管理学"、王重鸣老师的"组织行为学"等课程。大约是量变引起质变，到大三下学期的时候，我基本已经确定了自己的心意：我也想成为一名学者，像我所仰望的老师们那样带领学生学习知识、发现理论的精妙；像那些名字刊印在学术期刊上的学者们一样，能够总结、分析这纷繁喧嚣的世界，抽丝剥茧，寻找其中的"道"，再回归这世界，给出一丝清明的指导。

我找到魏江老师，希望能够得到他的指导并跟随他做一些研究。我本来并不抱希望，但没有料到魏老师很高兴地同意了。于是，我进入魏老师的研究团队中，跟随团队里的博士、硕士师兄师姐一起看文献，去企业调研，尝试着分析数据，有时自己还偷偷地写文章练手。在这个过程中，魏老师给了我莫大的鼓励和支持。魏老师对学生的要求是很严格的，但对我却从不吝惜夸赞，我受宠若惊之余，更加希望能够做得更好。现在想来，魏老师有意无意之中给了我一个学术生涯的良性开端。

大四上学期，我面临着一个极其艰难的选择：在本校还是到其他学校读研。虽然特别舍不得魏江老师及其研究团队，但是由于个人的一些原因，我还是决定到北京大学光华管理学院战略管理系攻读博士学位。之所以选择战略管理方向，一方面是深受 Porter 等战略管理"大牛"的影响，认为在企业管理的三个方向（战略管理、组织行为和人力资源以及市场营销）中，战略管理能够对企业有更广泛的实践价值；另一方面则是受魏江老师的影响，对战略管理领域产生了浓厚的兴趣。

在参加光华管理学院战略管理系组织的面试时，几位老师也给我留下了极为深刻的印象。除了例行的自我介绍以及针对简历的问答之外，周长辉老师当时提了一个让我紧张到冒汗的题目。他问道："俗话说，八月十五云遮月，正月十五雪打灯。怎么验证这句话？"我一下就懵了，这句话是什么鬼，我可从来没有听说过啊！我看了看武常岐老师，他是面试的老师中态度最和善的一位了。常岐老师又好笑又好奇地看着我。我又看了看武亚军老师，他也饶有趣味地盯着我。我压了压内心的紧张，一边想这句话是什么意思，一边说："验证一个假设，需要收集一定的数据。可以有两种方法,自己收集一手数据和从其他渠道获取二手数据。"几位老师脸上的笑意更浓了。我忐忑地继续说道:"自己收集数据不太可行,因为一年只能观测一次,我恐怕等不了那么长时间。要是我做这个研究,就从史籍中去找记载,整理二手数据进行分析。"我说完心虚地看了看几位评委老师,他们都没绷住,一个不落地全笑起来了。我松了一口气,心想:感觉这是愉快的笑声,我应当是过关了罢,还好没给魏江老师丢脸呐。

等我进入光华就读之后,又想起那次面试,才恍然发觉,这就是光华的风格啊!看上去那么自由、那么天马行空、那么出人意表,却都是在科学的范式之下,在对真理的追求之路上。原来北大的校训"爱国、进步、民主、科学"已经深入骨血。

溯洄从之,道阻且长

2008年9月,我正式进入光华管理学院,成为一名IPHD项目的博士生。光华的博士训练是我的学术生涯中第二个重要的节点。不论是当时还是现在,光华的博士生项目都是国内领先的,并且完全与国际接轨:全英文授课,并融合了西方的理论和方法训练体系。尤其是IPHD项目,是光华与国际接轨的博士生项目,全英文授课,授课教师也都是光华或外请的知名学者。初入燕园,还没来得及兴奋,就被各种"虽然每个字都认识但就是不明白这句话是什么意思"的英文文献给弄懵了。

读博的第一年,我相信对于任何一个博士生来说都是艰难的,尤其是在全英文的情况下。不过,非常幸运的是,我不仅遇到了许多愿意为学生全心付出的良师,也遇到了一群志同道合的益友。直到现在,我还经常想起在光华新楼与武常岐老师、周长辉老师、武亚军老师等讨论学术问题时的情形。光华的老师们,毫无疑问保留了老北大人的传统,无比的包容和开放。惭愧的是,我当年经常跟老师们因为学术问题发生争执,老师们却一直非常耐心地跟我讨论,引导我去伪存真,更引导我找到自己真正的兴趣点和研究方向。博士生第一年的主要内容就是学习战略管理的理论流派和研究领域并掌握基础的研究方法。经过这一年,我首先初步了解了战略管理的几大研究领域,并直觉性地找到了几个自己感兴趣的方向;其次,我也对战略管理的重要理论流派有了相对清晰的认识;最后,掌握了一定的研究方法方面的知识。

博士学习的第二年,在基础理论和研究方法学习的基础上,我们引入了战略管理前沿文献研究以及更加深入和高级的研究方法课程,如实验、生存分析、结构方程等。在这一年的下半学期,我们也迎来了博士生资格考试。资格考试分成两部分,一部分是学术论文的设计和写作,另一部分是对一篇学术论文的研究方法提出评审意见。学术论文的写作部分由几位老师出题,介绍一个现实中的现象,博士生自己从中找出研究问题、构建理论框架、进行文献综述,并设计好用什么数据、变量和模型进行实证分析。两部分要求在48小时内完成。论文完成后还有类似于答辩的面试,介绍自己研究的内容、意义和可行性。我记得当年正是中国企业大举进行海外并购的时候,我由此对并购尤其是海外并购产生了浓厚的兴趣,选择了与并购后的绩效相关的主题。2010年6月,我顺利通过博士生资格考试,正式成为一名博士生。也是在那段时期,我投稿的第一篇会议论文被接受,我也赴巴西里约热内卢参加了国际商务学会年会。这也是我第一次参加国际性的学术会议。我带着兴奋又忐忑的心情在会议上报告了我的论文,并在报告后收到了小组主席和成员的反馈,这些反馈在我之后的论文修改中起到了非常重要的作用。更令我惊喜的是,有来自多个国家的年轻学者,在看到我的论文或听过我的报告后,给我发来邮件询问论文相关的问题或提出建议。这使我发现,参加国际会议的重要性在于,一方面可以了解学术研究的最前沿,另一方面也可以与来自全世界的学者取得联系。于是,在这之后,几乎每年我都会到国际性的学术会议上报告论文和学习其他学者的前沿思想。

进入博士学习的第三年,我很荣幸地成为武常岐老师的学生。这时,我也开始思考自己的研究方向。我们系当时仍叫战略管理系,系里的老师各有专攻,整体最强的是国际商务方向,而武常岐老师也是这个领域非常重量级的学者。国际商务在中国加入世贸组织和经济全球化的影响下,一度成为一个非常热门且有影响力的学科,我自己当时也对海外并购等研究方向很感兴趣。然而,在一次与武常岐老师的讨论中,他说道:"学术研究是非常需要厚积薄发的,因此,你所选择的博士毕业论文研究方向应该足够让你研究五年。"我意识到,研究方向的选择不是看当下哪个方向最热门,而是应当着眼于未来,着眼于商业实践中的需求。经过多次与多位老师的讨论以及我自己对商业实践的了解,我基本将公司治理和高管确立为自己的主要研究方向。由于武常岐老师主要的研究方向为国际商务,而当年的战略管理系也几乎没有这个研究方向的老师,我开始寻找出国交流的机会。我找到了张燕,并很幸运地获得了跟她学习与合作的机会。

在莱斯大学的一年,我在与张燕的合作中所学到的东西是全方位的,从研究问题的寻找、文献的综述,到假设的提出和验证,我无一不是受益匪浅。学术上的在前面的合作过程中我已经基本都讲过了,这里不再赘述。还有生活上的,张燕对生活的热情和格调令我赞叹,她和李海洋老师美满的婚姻也令我钦佩。我从来没有见过像她这样能够在生活和事业上都如此完美的女性!所以,在多重意义上,张燕都成了我的榜样。

2012年7月,我结束了一年的访问回到国内,一方面继续推进和张燕合作的两个研究,另一方面开始准备我的毕业论文。按照正常的学制,我理应在2013年7月毕业。但是,考虑到求职市场的情况(当年美国求职市场的情况非常不好,导致大批海归回国寻找教职)和我自己的论文(两篇论文都没有完成,更不要说投稿了)都不是在最佳的时候,我决定延期一年毕业。说到延期,我认为国内的很多博士生对延期有极大的误会。首先,博士期间能够心无旁骛地专心做学术研究,现在想想简直太幸福了!其次,中国人讲究"天时、地利、人和",对于博士毕业求职来说,我的理解是求职市场处于有利状况,自己的材料相对令人满意,有良好的求职信息和老师/朋友的推荐。那么在踏上求职市场时,我们也要尽量符合这三个标准。如果在一个标准都不符合的情况下,就贸然踏入求职市场使自己陷入被动的局面,是非常鲁莽和不明智的。

从2013年到2014年,我和张燕完成了两篇合作论文的写作,并投稿了一篇。我自己专心完成了博士毕业论文的写作和答辩,并发表了两篇中文论文。从2012年到2014年,我每年都向美国管理学会年会投稿并宣读论文。美国管理学会年会的评审水平大部分情况下是很不错的,根据评审的评阅意见可以对论文进行进一步的修改。

路漫漫其修远兮,吾将上下而求索

写到这里,我想回到上面提到的三个问题:(1)我到底应不应该走学术研究这条路?(2)怎样确定研究方向?(3)怎么发表高水平的学术论文?

第一个问题,应不应该走学术道路?以我自己的经验,我认为基本的标准有两个:首先,是否对学术研究有兴趣?学术研究有时会很枯燥、乏味,如果没有兴趣很难坚持下来。其次,是否耐得住寂寞?学术研究是一个厚积薄发的过程,可能需要三五年的积累才能逐步产出成果,耐得住寂寞是很重要的。

第二个问题,怎样确定研究方向?前面也讲过这一点了,我认为也有两个标准。首先,这个研究方向是不是对现实实践具有重要的意义?好的研究方向,一定是植根于实践、上升到理论,最后仍然回归到实践的。其次,这个研究方向是不是针对现在普遍的且未解决的问题?普遍才有重大研究价值,未解决才使得可能有一个较长的研究周期。

第三个问题,怎么发表高水平的学术论文?这一点在第一部分已经详细讲过了,我这里再简单总结一下我认为最重要的四点。首先,要有热情。没有热情很难坚持,更不要说发表高水平的论文了。其次,目标要高,即志存高远。不要妥协,不要给自己找借口。再次,与有经验的学者合作。正如我前面提到的,与有经验的学者合作所能学到的,比自己能感悟到的要多得多、快得多。最后,有坚实的理论和方法基础。在这一点上,没有任何捷径。

当然,以上种种都是我个人的一点感悟,可能并不适用于所有的人,请读者酌情考量自己的实际情况。最后,发表高水平的论文道阻且长,学术研究之路漫漫,与大家共勉。愿我们都能不忘初心,上下求索;志存高远,厚积薄发。

附录 接受张燕和曲红燕的论文在 AMJ 上发表

Laszlo Tihanyi

美国莱斯大学的张燕和中国中央财经大学的曲红燕合作的这篇论文在 AMJ 的评审中,我担任了责任编辑。以下是我对这篇论文评审过程和这篇论文能够成功发表的原因的总结。

我将首先从我的角度简单介绍一下 AMJ。AMJ 和其他社会科学期刊在很多方面是类似的。它是管理学领域的顶级期刊,并且是美国管理学会的旗舰型实证期刊。美国管理学会在全球 100 多个国家拥有超过 20 000 名会员,是全球最大的管理学者专业组织。AMJ 的使命是"发表那些能够检验、拓展和构建管理理论,并且对管理实践有所贡献的实证研究。所有的实证方法我们都是欢迎的,这包括但不限于定性的、定量的、田野调查、实验方法、元分析以及混合型的研究方法"。一项研究要想发表在 AMJ 上,必须在实证上和理论上做出贡献,并且应当突出其对管理实践的贡献程度。作者应当努力做出原创的、富有洞察力的、重要的和理论上进行大胆拓展的研究,这些研究应当能够对某一领域针对一个问题或话题的理解做出显著的"增值"贡献。

AMJ 每年会收到大约 1 500 篇新投稿的论文,但仅会刊出其中的不到 100 篇。现在 AMJ 的接收率在 7% 左右。同其他的期刊一样,AMJ 的编辑委员团队由各自领域的知名专家自愿和义务担任。他们的工作是为绝大多数投稿的稿件免费提出富有启发性的审稿意见,并选择其中最优秀的论文刊登出来。我个人认为,对那些在 AMJ 中担任编辑角色的学者来说,他们的目标有三个重要的结果。第一,对编辑来说,为尽可能多的作者提供启发性的反馈应当是一个很重要的动机。因此,AMJ 一直以来所被称道的是它保持了很低的直接拒稿率(现在大概是 30%),并且这些直接拒稿的决定被限制在两种情况下:一种是在 AMJ 关注的范畴之外,另一种是论文还没有做好进入整个审稿周期的准备。第二,AMJ 仅仅是当下研究状态的一面"镜子",也因此仅能选择给定时期内最优秀的研究予以发表。拿美国电影艺术与科学学院的年度奖项来说,在某些年份,有可能会出现几项非常杰出的电影同时争夺"奥斯卡";而在某些年份,也有可能会出现奖项获得者甚至无法与其他年份的入围者相提并论的情况。不同于审稿人的是,编辑需要识别在给定情形下的最佳稿件并引导它们到发表阶段,而不是等待那篇最理想的"独角兽"文章,否则会耽搁 AMJ 期刊原定的期数和卷数。第三,我认为,编辑不应当成为"守门人"。相反,他们应该能够在稿件的早期阶段就识别出稿件的潜力,这些潜力包括在未来成为优秀论文并对它的领域形成有意义的贡献,形成有趣的未来研究,与实践联系密切,以及其他的学者有兴趣阅读它们。

张教授和曲教授在 2014 年 2 月底将她们关于 CEO 的稿件投到了 AMJ。在确定这份稿件适合进入 AMJ 期刊的完整审稿周期后,考虑到我在公司治理和高阶梯队领域的经验,总编辑 Gerry George 教授把这篇论文分派给了我。在通读这篇论文后,我将其分派给了三位专家评审人,其中包括 AMJ 编辑委员会的成员。AMJ 的审稿过程是"双盲"的。评审人不知道稿件作者的姓名,作者也不知道他们稿件的评审人是谁。评审人在要求的 30 天审稿期内完成了他们对稿件的第一轮审阅,然后我又仔细地通读了一遍这篇论文,并谨慎地进行了评估。整体来说,三位评审人对稿件的接受程度是比较好的,他们认为这篇论文在理论上进行了发展,其实证的几个方面也都形成了很好的补充,不过他们对于这篇论文能否成功修改有不同的意见。

由于 CEO 继任领域已经有非常多的现有研究,想要对这个领域做出新颖的贡献是非常具有挑战性的。不同的管理者特质也曾成为之前的众多研究的焦点。虽然研究 CEO 的性别具有很强的实践意义(尤其是考虑到美国《财富》500 强企业中,有 480 家都是由男性 CEO 运营的),但性别往往被认为是一个非常宽泛的概念,经常被用来解释所有的事情,可事实上的解释力度却非常小。而且,高阶梯队理论的学者们倾向于质疑女性 CEO 对性别问题解释的可推广性,因为他们认为相对于其他的女性,能够到达公司管理最高层的女性 CEO 的性格特质可能会更类似于她们的男同事们。

经过对稿件的谨慎审阅后,评审人和我得出结论,认为作者们对 CEO 继任文献和更广泛意义上的公司治理文献做出了新颖的贡献。与聚焦于 CEO 的性别相比,张教授和曲教授研究了 CEO 性别转换(男性 CEO 离任后由女性 CEO 继任,或女性 CEO 离任后由男性 CEO 继任)的绩效效应。她们也探索了可能减弱以上负面效应的几个环境和组织因素。她们采用"偏常正态化模型"(the normalization of deviance model),研究了公司历史上的女性 CEO 情况,公司董事会中是否有女性董事,继任 CEO 是来源于公司内部还是外部,以及公司是否为国有。

在我们看来,作者们为她们的实证部分找到了一个有信服力的情境。她们的样本包括来自中国上海证券交易所和深圳证券交易所超过 3 000 次的 CEO 继任事件。在这些 CEO 继任事件中,作者们识别出了 289 次伴随着性别转变的继任事件。虽然 AMJ 是一份国际性的期刊,它的读者和评审人代表了全球多个国家,但所发表的大多数论文是利用美国的样本。由于语言限制或者对当地的制度情况不了解,AMJ 的评审人可能无法接触到不同国家的数据,这就要求投稿的作者们完整地解释他们如何收集他们的样本,如何落实他们的概念,以及他们的发现如何能够被拓展到具有不同制度条件的其他研究情形中去。评审人和我都同意这篇论文的作者们绝大多数情况下在方法部分做得很好。因此,我们对她们的实证部分形成了初步的一致意见。这也是 AMJ 的编辑委员会在发表上做出正向决策(如"修改后重新提交"或"接受")时非常重要的一项考量指标。

在得到修改后重新提交的机会后,作者们花了大概六个月的时间来修改她们的论文。评审人又一次在 30 天内给出了他们的审稿意见。第二轮的编辑决定函与三份审稿意见一起,发送给了作者们。在审稿过程进入这个阶段时,大约有一半的稿件都会被 AMJ 拒绝。我们得出结论认为作者们成功地处理了所提出的大多数问题。她们对我们的个人意见的注意程度尤其令我们印象深刻。虽然这时对于稿件价值的评估三位评审人仍有不同的个人意见,但我们一致认为论文有了很大的进步。邀请进行第二次修改的信件中,我们指出了这些忧虑,并强调为了能够使论文更进一步接近发表,充分应对这些意见是很重要的。

张教授和曲教授在春季末将她们完成了第二轮修改后的稿件以及她们给审稿人的详细回复返回给了我。这次的修改很好地被评审人接受了,因此"有条件接受"的信件在 7 月发送给了她们。作者们将剩余的意见处理完后,将第三轮修改后的稿件返回,论文在 2015 年 9 月被正式接受。这篇论文几天后被发布到了 AMJ 网站上的"刊印中"部分,并在 2016 年的第 5 期正式刊登,这大概是论文初始投稿的两年半后。我非常高兴能够看到这篇论文刊登出来,并且我确认评审人一定跟我一样高兴,因为我们都曾尽力使论文开花结果。我们希望作者们能够从我们的审稿意见中获益,也希望其他的读者在阅读文章的过程中能够和我们一样有所收获。

请允许我以我自己的观察来结束本文。尽管我认为,对同行们稿件的审阅和编辑能够对学界尤为有价值,但我想不到比和其他学者一起做些有趣的实证研究更令人满意的经历了。这个过程涉及学习新的思想、论辩理论视角、收集数据、寻找有趣的结论,以及将自己的发现分享给同行和公众。读完张燕和曲红燕的这篇出色的论文,我们能轻易地看出她们有多么享受其研究过程的每一步。

第9章 志存高远，厚积薄发

Laszlo Tihanyi，得克萨斯农工大学梅斯商学院管理学教授。研究兴趣包括跨国公司的公司治理、国际战略、新兴经济中的组织适应等。论文发表在 *Academy of Management Journal*、*Academy of Management Review*、*Strategic Management Journal*、*Organization Science*、*Journal of International Business Studies* 等众多国际顶级期刊上。

第 10 章　风雨过后方见彩虹

丁　瑛

Ying Ding，Echo Wen Wan，& Jing Xu (2017). The Impact of Identity breadth on consumer preference for advanced products. *Journal of Consumer Psychology*，27(2)：231—244.

编者导言

　　近几年，中国的营销学者陆续在国际一流期刊上发表论文。丁瑛就是年轻学者中的杰出代表。她的第一篇英文论文就发表在顶级国际期刊 *Journal of Consumer Research* 上，她也是那篇论文的通信作者。在那之后，她先后在多个著名期刊上继续发表论文。与本书其他部分不同，本部分讲述的这篇论文发表的期刊并非营销领域的顶级期刊，但这是本书主编有意为之。因为它代表了一位年轻学人在与更资深教授合作，在顶级期刊上以通信作者的身份发表论文之后，继续就同一个主题进行深入探究，并且领导新的项目的进行和论文的写作。

　　丁瑛是北京大学光华管理学院 2004 级本科生，与众多光华本科毕业生选择进入高薪单位不同，她选择了成为直博生继续在本院攻读博士学位。本书编者之一的张志学参加了她的论文答辩，她的论文包括两篇子论文(essay)，每篇子论文中又包括多个实验研究，每个研究设计得都很精巧，彼此之间丝丝入扣。针

第10章 风雨过后方见彩虹

对答辩委员的各种问题,她显然都有充分的准备。她展示了一个卓越年轻学者的素养和巨大的潜力。她进入中国人民大学任教之后,不仅在学术发表上表现卓越,而且承担了MBA"消费者行为"课程的教学任务,教学评估位列全院的前五名。刚刚毕业的博士生能够取得如此的成绩,实属罕见。她做到了研究和教学的有机结合。

丁瑛的成长代表了光华博士生的一种模式。美国很多名校的博士生项目非常注重基础学科的学习,例如,消费者行为或者组织行为的博士生,往往需要具备扎实的社会心理学训练。然而,中国的商学院往往并不提供相关的基础学科,导致博士生从事论文研究时才觉得理论基础捉襟见肘。光华管理学院从2001年起将"社会心理学"作为最重要的基础课之一,旨在让大一的学生了解这门学科的基础理论,从而为营销系高年级的其他课程做好铺垫。

丁瑛的导师徐菁教授接受了世界一流的社会心理学训练,丁瑛显然受到影响,她从阅读社会心理学的经典理论开始,梳理出社会认同、社会身份、内群体与外群体、自我构念等理论之间的内在逻辑,又从自我分类理论中发现了一个可以拓展的方向,那就是不同等级的自我分类具有不同的抽象程度。她在这篇论文中提出了社会身份广度这个全新的概念。博士毕业论文通常会在已有的理论或者概念基础上进行深化,而丁瑛的创造性表现在她基于严密的理论推导,提出了一个让学界接受的概念,并采用系统的实验证明了这个概念的效度。这篇论文基于社会心理学范式,但其变量操纵方式却比很多社会心理学采用的方式更加贴合消费者的实际情况。研究者是基于实验参与者的真实背景去操纵社会身份广度的。让参与者在给定的地图上用荧光笔圈出他们家乡所在的省或直辖市并写出其名字,这是非常巧妙的。

在这篇随笔中,丁瑛不仅回顾了论文发表的每一个环节需要应对的问题,而且还回顾了读博期间的经历。尤其是她博士毕业获得教职之后,不仅没有因博士期间的辛苦而想稍微歇一歇,反而继续努力工作应对各种压力,从未懈怠。她在概念化中展现出的创造力、对于学术研究的挚爱与执着、对于为人师表的敬重和坚持,使得她成为一位非常优秀的学者和教师。

丁瑛的论文导师徐菁教授回顾了丁瑛攻读博士学位期间的表现,揭示了她良好的学习和工作方式。徐菁教授还指出了导致丁瑛取得成功的几个特点。的确,拥有这些特点的年轻学者应该能获得成功。

博雅光华：在国际顶级期刊上讲述中国故事

如果将从事学术研究比喻为一段征程,那么沿途一定会经历风霜雨雪,挫折与坎坷总是伴随着我们前进的步伐,但唯有经历风雨,方能领略到彩虹,才能体会到成功的果实。本章由三个主要部分组成。第一部分"研究里的苦与乐",我将以刚刚发表在 *Journal of Consumer Psychology* 上的论文为例,回顾一篇论文从想法的产生到最终发表的整个过程。第二部分"十载求学路",我将分享自己在光华管理学院学习和进行科学研究的体会与感受。最后一部分"结语",我将借此机会感谢所有在我成长过程中提供过帮助的老师、同学、朋友与家人。

研究里的苦与乐

2017年的春天,我和万雯、徐菁两位教授共同合作完成的学术论文"The impact of identity breadth on consumer preference for advanced products"发表于国际高水平国际期刊 *Journal of Consumer Psychology* 的4月刊上。虽然这不是我第一次在国际期刊上发表论文,不过发表这篇论文却带给我新的经验。现将这篇论文从无到有的整个过程陈述出来,供正在博士求学路上探索的同学们或者正在致力于高水平发表的年轻同行们参考。

研究想法的形成,众里寻他千百度

这篇论文以我的博士毕业论文中的一部分为蓝本,前后经历了近三年的匿名评审,过程充满了艰辛和曲折。我在博士阶段的第三年就开始构思博士毕业论文的选题,这期间我的导师——光华管理学院市场营销系的徐菁教授给我提供了几个研究方向供我选择。我所从事的是消费者心理与行为方面的研究,属于市场营销研究领域的一个重要分支。传统的消费者行为研究通常将消费者当作独立的个体,然后关注哪些情境因素(选择集的构成、温度、环境布置等)或个体差异(性格、自尊、信息处理方式等)会影响消费者的后续选择和偏好,以及它们是如何影响的。

然而,消费者作为一个社会人不是孤立存在的,其所有决策都会或多或少受到社会身份或是所属群体的影响。根据马斯洛的需求层次理论,归属感是人类的基本需求之一,在社会心理学领域也有不少关于社会认同的经典研究。这也一直是我十分感兴趣的内容,然而在营销领域对于社会属性如何影响消费决策的研究却很缺乏。尽管当时的消费者行为研究圈已经开始关注诸如社会排斥（例如，我参与的在国际顶级期刊上发表的第一篇论文就探讨了社会排斥如何影响消费者的独特性需求）等社会型情境变量对消费者偏好的影响，但相对缺少消费者自身的社会身份在消费决策中所起的作用的探索。因此，我开始了对这一领域的钻研，希望能将社会心理学的理论应用到营销学上，但作为博士毕业论文的选题，其本身的理论贡献和创新性是首先要解决的问题。

我在光华求学时，彭泗清教授曾在课堂上将做研究、写论文比喻为搭建房子，现有的理论和前人的发现是构造房子的砖、瓦、柱子等，研究者需要用创新的方式来组合这些现有的材料，从而搭建出一座新的房子。当然，在这个过程中，研究者有时也能创造一些新型的材料，即新的理论。这两种形式都是理论创新。秉承着这一理念，我认真阅读了社会心理学关于社会认同、社会身份、内群体与外群体、自我构念等理论的经典文献，梳理了这些文献内在的逻辑和理论框架。在阅读的过程中，我对于自我分类理论（self-categorization theory）颇感兴趣，并从中找到了博士毕业论文研究选题的一个核心切入点。自我分类理论认为，自我概念是个体有关自我的一组认知表征，而自我分类是一种等级系统，每一等级的抽象程度不同，该类别的包含程度（inclusiveness）也不同。在社会型自我概念中，至少存在如下三种不同层级水平的自我分类：

第一，自我的最高水平——人类，即建立在一个人对整个人类的认同基础之上的自我分类，关注与其他的生存方式（例如，动物、微生物等）相比，与人类种群的其他成员共有的一般特征。

第二，内群体-外群体分类的中间水平，建立在内群体成员之间相似、内群体成员和外群体成员之间差异的基础之上，例如性别、国籍、种族。

第三，处于次级的个人的自我分类，建立在自己作为唯一的个体与内群体其他成员之间的区分的基础之上，这种区分将一个人定义为一个具体的个体（例如，根据一个人的人格或者其他形式的个体差异）。

通过这个理论，我意识到在中间水平的自我概念中，现有研究多数只关注不同类型的社会群体认同，或探讨当不同类型的社会身份被激活时，个体的行为模式和思维范式会发生哪些变化。然而，是否有可能在现有水平下还有不同广度的区别？我的脑海中开始浮现出一个新的研究视角，就是社会身份的广度是否会影响消费者的购买决策。发现这一视角的我就像发现了一个新大陆，异常兴奋，我与徐菁老师立刻开始了对这一问题的探索。徐老师提供了许多有益的建议，在发现选题的过程中，她始终在身旁鼓励我、支持我，多次与我反复讨论，也帮我向多位海外学者求证了这一研究的创新性和理论价值。与此同时，徐老师也给了我许多独立思考的空间，她一方面在与我讨论中通过发问让我意识到自己的想法中存在的问题，同时又让我阅读更多的文献，使想法变得更加清晰，这对于培养我今后从事独立研究的能力来说至关重要。

在与徐老师反复沟通后，我们确定了我的博士毕业论文选题，即提出了一个新的社会身份广度框架，在自我归类理论基础上，将中间层级水平的社会性身份更进一步分为宽身份和窄身份。具体而言，宽身份是指将个体定义在一个较广的社会身份层级上，此时个体属于一个更高包容性的群体，更多地关注群体内个体的共同点（比如"宝洁公司的员工"或"北京大学的本科生"就代表了个人较宽的社会身份设定）。相反，窄身份是指将个体定义在一个较低的社会身份层级上，此时个体属于某个具体的群体子集，更多关注个体之间的不同点（比如"宝洁公司北京区研发部门的员工"或"北京大学光华管理学院市场营销系的本科生"就是相对比较窄的一个社会身份设定）。人们通常认为社会身份是相对固化的，然而在现实生活中社会身份却是弹性的，可以在不同的社会情境中被启动。

基于对个人身份宽窄的界定，我的论文系统探讨了身份广度在消费者进行产品购买决策中的作用机制，分为两个具体的子研究问题，其中一个研究问题就是关注不同广度的社会身份被激活后，消费者对自我知识水平的认知是否会发生变化，进而影响其产品偏好，而这个想法就是发表在 *Journal of Consumer Psychology* 上的这篇论文的核心内容。

合作者的磨合，志同道合共携手

我深刻意识到一篇论文的写作很难由一个作者独立完成，通常都是几位作者合力完成的成果，因此，选择合适的合作者对论文的成败具有举足轻重的意义。因为这篇论文源于我的博士毕业论文，所以我和我的导师徐菁教授自然成为这篇论文的主要作者，而第三位合作者万雯教授则来自香港大学。我们和万雯老师有着长期的合作关系，我的第一篇论文"To be or not to be unique: The effect of social exclusion on consumer choice"就是在万雯老师和徐菁老师的共同指导下完成，最后发表在营销领域国际 A 类学术期刊 *Journal of Consumer*

Research 上，具有较高的引用量。

万老师加入这篇论文的研究团队后，提出了许多建设性的改进建议，重新完善了论文的研究框架，并且提出了一些关于主效应的调节变量。为了深入合作，我在选择国际交流时放弃了去北美名校的机会，而是到香港大学进行了为期半年的学术交流。我到香港的第一天，就接到万老师打来的电话，她关心我是否带了足够的港币现金，提出可以先借一些现金给我，让我可以顺利在香港安顿下来，这让我倍感温暖。这期间有一次遇上"八号风球"，万老师怕我不了解当地的情况（在香港挂"八号风球"的时候学校会停学、公司会停工），一早就给我打电话提醒我外面正在刮大风，暂时不要出门到学校，在家里要注意安全。这些细节都体现了她对学生的细致关怀。

在讨论实验设计时，万老师会给出许多具体的建议，细致到一个实验指导语的措辞、一个标点符号的位置都会一一告诉我其中的奥妙，我从中学到实验设计应当注意的许多细节。而徐老师则更多地从论文的总体思路和实验之间的逻辑顺序上给出提纲挈领的意见。两位老师各有自己的特点，但对于学术却有着同样敏感的触觉和严谨的态度。

我始终坚信，能够长期合作的学者们不仅是对同样的研究问题有着共同的研究兴趣，他们彼此之间更是有着共同的价值观。此后，我与万老师一直维持着良好的合作关系，毕业工作后至今，徐老师和万老师一直都是我的良师益友，除了研究项目上的合作无间之外，我们更是生活上的好朋友，她们给了我许多建议和意见，都让我获益良多。从她们身上，我学着如何做一名合格的老师，如何指导和帮助自己的学生，如何担负起一位母亲的责任，如何平衡工作和照顾新生宝宝的时间矛盾，如何站好讲台讲好每一门课。无论是对于学术的严谨态度，还是对于教育的热忱，她们两位都是我的人生楷模。我十分感恩自己如此幸运，在博士求学阶段一开始就遇到了两位优秀的老师，感谢她们一直以来的帮助和支持，让我坚定地在学术的道路上不断奋进。

论文写作的过程，精雕细琢玉方成

如果说一篇论文研究想法的产生是来自充满思想碰撞的火花，实验设计兼具趣味和企业营销实践的意义，那么论文文本的写作过程则相对来说比较枯燥。一篇一万余字的论文，首先是语言上的难关，对于一直在国内读博士的学生来说,英语不是我们的母语,所以我们需要付出比北美学生多得多的努力才能用英文完成对论文的写作,而要达到国际高水平期刊的语言要求更是难上加难。这篇论文的初稿由我起草,在写作过程中我反复查阅字典,避免出现用词上的歧义和不地道。尤其是一些理论的关键词,更需要核对相关文献,避免出现错漏。我的两位合作者万雯老师和徐菁老师也提供了许多帮助。在我完成第一稿后,她们两位分别进行了好几轮的细致修改,之后我们又邀请了拥有丰富论文编辑经验的美国人帮我们对论文进行了详细的校对和改进。

其次,一篇消费者行为领域的学术论文通常包含:引言,引出研究问题,阐释问题的重要性和研究背景,给出基本的研究设想和论文布局安排;理论回顾和假设提出,在梳理经典文献的基础上提供具体的可被验证的研究假设;实验数据结果,这部分需要详细介绍每个实验的目的、实验设计和流程、样本信息、数据分析方法和结果的讨论;讨论部分,需要重点阐明这篇论文的研究发现有哪些具体的理论贡献,可以为企业营销实践提供哪些具体的建议,在此基础上提出研究存在的不足和今后研究可开展的方向与角度。理论和假设提出部分可以充分体现研究者的理论功底,我们不能简单罗列引用了哪些文献,而应该把所有文献和理论都吃透,然后融会贯通地整理出相应的逻辑链条,以便为每个假设提供具体的理论支持,假设论证中的所有内容都必须做到有理可依、有据可查。而在实验部分,我们做了很多实验,做到不同样本、自变量和因变量的操纵方式有所不同的情况下,所得到的结论还是相似的,从而证明我们的理论推导和假设是合理的。不过限于学术论文的字数要求,我们需要精挑细选出最为合适的实验放到论文当中,并且先后顺序也要细细斟酌。

在经过十几轮的反复修改和讨论后,在最终投稿到 *Journal of Consumer Psychology* 的论文里,我们研究了社会身份广度对消费者产品选择的影响机制。具体而言,我们在前人研究的基础上提出了新的社会身份广度框架。人的知识水平分为主观知识水平(感知到的自己的知识水平)和客观知识水平(实际掌握的知识水平)。其中,主观知识水平是与社会身份相关的,当一个身份在某个场景中被激活时,与这个身份相关的知识也会被激活。举个例子,当我站在学校讲台上时,我作为营销教师的身份被激活,与营销相关的理论和知识有更好的可达性(accessibility)。而当我回到家里跟女儿做游戏时,作为母亲的身份被激活,那个时候我的大脑对于儿歌和母婴类知识会更敏感。因此,我们具体假设相对于窄身份,宽身份能够让消费者感觉到更多的自我知识,从而使得消费者在后续的产品选择任务中更偏好专业型(而非业余型)产品。

为了检验这一效应,我们在论文中陈述了三个实验,第一个实验为单因子设计,分为三组,除了窄身份和宽身份的启动外,我们还加入了控制组,用于检验究竟是宽身份提升了人们的主观知识水平,还是窄身份降低了人们的主观知识水平。实验的结果发现是由宽身份驱动了这一效应。第二个实验关注了社会身份广度对于产品选择的主效应。而最后一个实验则对主观知识水平的中介效应进行了具体的检验。每个实验中,我们都采用不同的方式对社会身份广度进行了操纵,同时对因变量也选择了不同的产品类型,旨在扩展这项研究的结果适用性。

在此基础上,我们检验了一个调节变量,即产品与身份类别的一致性。当产品所属类别与身份类别不一致时,激活一个宽身份可以让消费者觉得自己拥有更广的知识,从而提升感知到的自我知识水平,进而更多地选择专业型产品,这与我们的主效应一致。但当产品所属类别正好与窄身份的类别一致时,激活一个窄身份更能令消费者意识到自己对这一领域的深刻认知,从而更偏好专业型产品。这个调节变量是在匿名评审人的建议基础上修改所得的。举个例子来说,如果选择的目标消费者是高中英语教师,我们可以激活他们的宽身份(教师),也可以激活他们的窄身份(某所高中的英语教师)。当推荐视频编辑软件时,因为这一产品类别与身份类别不相关,所以宽身份会提升专业版本软件的需求。反之,当推荐英语教学软件时,反而是激活一个窄身份更能有效地提高专业版本软件的需求。我们在实地实验中,邀请高中英语教师参与实验,对这一现象进行了检验,也进一步明晰了身份广度框架理论的边界。实地实验的发现不仅大大加强了我们对于自己进行的理论建构和假设推导的信心,更使得我们的研究发现对于实践具有重要的意义:广告传媒呈现的方式一旦与其目标消费者的身份或者在情境下激活的身份相吻合,就会起到更好的效果。

投稿后的匿名评审,精益求精多曲折

经过近两年的研究和论文写作,我们于2013年年底终于将论文投稿到了 *Journal of Consumer Psychology*。第一轮的匿名评审历时三个多月,我们等来了一位主编、一位联合主编、三位匿名评审人的意见。可喜的是我们获得了修改后重新提交的机会,大部分的专家都十分认可我们研究的意义和创新性,认为具有重要的理论贡献。

但评审人也提出了一些问题和需要改进的建议。主要的修改意见有几个方面:首先,社会身份广度是一个全新的概念,评审人需要我们厘清这个概念和其他现有相关概念之间的区别。其次,我们在实验中操纵社会身份广度用的是投射式阅读法,即让实验参与者想象自己是故事中的主人公,写下相关感受。在不同的实验情境中,我们让实验参与者假想自己是惠普的员工(宽身份)或是惠普公司某个部门负责某项职责的员工(窄身份)。虽然在心理学上这是常用的一种操纵模式,但评审人认为这种操纵不够贴合消费者的实际情况,我们应该去真实地操纵实验参与者真正的身份(而不是单凭想象),这样可以显著提升我们研究发现的实际应用价值。

针对这些问题,我们先从理论上对论文的假设部分进行了重新梳理和阐释,更加凸显了社会身份广度的创新性,并且具体区分了相关概念之间的异同点。最为重要的是,我们在新的实验中,都基于实验参与者的真实背景对社会身份广度进行了具体操纵,并且所有操纵都有相应的前测确保其可行性和有效性。具体而言,我们在新实验中运用了两种方式操纵社会身份广度。在一个实验中,实验参与者来到实验室后被告知我们想要了解他们家乡的信息。在宽身份组,实验参与者需要在给定的地图上用荧光笔圈出自己家乡所在的省或直辖市并写出其名字。而在窄身份组,实验参与者需要在同样的地图上用荧光笔具体标示出自己家乡所在的城市或区县,并写出相应的名字。在另一个实验中,我们用实验参与者的学历背景操纵了他们的身份广度,比如宽身份组的人需要写出自己所在的学校,而窄身份组需要写出自己所在学校的院系、年级和专业。在完成所有修改后,我们对论文进行了细致的修改,并撰写了一份详尽的修改说明,逐条阐释了我们做了哪些修改、修改的原因和修改后的结果等信息。

这一轮重新投稿到 *Journal of Consumer Psychology* 后,我们获得了积极的反馈。评审人非常认可我们做出的努力,并提出了一些小的修改建议,比如对概念要定义清晰,是否存在其他调节变量或是理论的适用条件,等等。我们据此进行了修改,直到第三轮,联合主编和两位评审人已经认为可以接受论文,但仍有一位评审人提出了不同的建议。这位评审人认为,虽然我们操纵的是社会身份的广度,但是否有可能只是改变了消费者心目中的分类模式(categorization mindset),比如把身份归为大类是否引发了抽象思维、高解释水平(construal level)？而把身份定位在窄的小类别上时人们是否容易具象思维,进而引发低解释水平？简言之,简单的分类模式(simple categorization mindset)或是解释水平理论(construal level theory)能够解释我们的研究发现,它们是否有潜在的其他解释机制？主编认为这位评审人的建议十分重要,所以我们在最后一轮又做了两个新的实验。在新实验中,我们直接操纵分类范式和解释水平,然后用了在前面实验中用过的因变量即产品选择来检验主效应。结果发现这两种操纵都不能发现同样的研究结果,即排除了分类范式和解释水平作为竞争型的心理机制。

论文终被接受,苦尽甘来春方到

至此,我们终于赢得了所有专家的一致认可,这篇论文被 *Journal of Consumer Psychology* 有条件接受了,我们根据要求在对论文的格式和部分文字做些微调后就收到了正式的录用邮件。这个时候已经是 2016 年年底,距离我们正式投稿正好三年时间。在这三年里,这篇论文经历了数十次的修改,重新做了许多实验,我与合作者万雯老师和徐菁老师平均每隔一两周就要进行视频讨论。改进实验,分析数据,查找文献,所有这些基本工作我们都一一核对。这段时间我刚入职中国人民大学,面对许多新的压力,包括第一次登上 MBA 讲台时备课、授课的压力,作为青年教师申请国家自然科学基金的压力,担任班主任处理班级事务的压力,等等。面对繁重的工作,我经常需要利用晚上的时间通宵加班,北京凌晨的样子我早已司空见惯。虽然极度疲劳,但正是对于这个研究议题的兴趣和热情支持着我一直没有放弃,一直满怀希望,也要由衷地感谢徐老师和万老师一路以来的鼓励和支持。

论文进入最后一轮修改时,恰逢我处于孕晚期,我要感谢我的母亲和丈夫的悉心照顾以及包容与理解,让我能在当时继续保持高强度的工作,终于使得我们能够在我分娩前将论文的最终修改稿返回给 *Journal of Consumer Psychology*。还记得收到主编的论文接受邮件时,我的孩子刚刚满月,双重喜悦使得这之前一切的付出和努力都有了意义。

没有一个学者可以轻易成功,每一份成功的背后都是日积月累的辛勤钻研。也没有一篇论文能够轻易发表,相信每一篇发表在高水平国际期刊上的论文都凝聚着作者的心血,其中的辛苦经常不足为外人道也。卢梭有句名言:"问题不在于教他各种学问,而在于培养他有爱好学问的兴趣,而且在这种兴趣充分增长起来的时候,教他以研究学问的方法。"同样,对于博士生而言,首先要找到自己的研究兴趣,只有真正对学术怀有热忱,对所从事的研究问题具有浓厚的兴趣才能支撑起坚强的意志力,去面对学术道路上的崎岖与荆棘。学术的道路是孤独的,所以我们感恩愿意一路同行的合作者们。学术的道路也是曲折的,所以沿途的挫折与考验都应该视为正常,只有经历了最严格的学术训练和最严苛的论文匿名评审制度,才能保证最后得以发表的研究具有很高的理论和实践价值。

十载求学路

每个人的人生都由若干个重要的转折点组成。对我而言,选择读博士无疑是最重要的转折点之一,从此改写了我的人生轨迹。时光倒流回2007年夏天的未名湖畔,我没有像本科同学那样忙于实习和找工作,而是参加了保研夏令营。我的学术之路从那里开始,从此就坚定地在这条路上奋进、求索。如果要用一句话来概括我的博士求学经历,我想将之形容为"一段不忘初心的旅程"。还记得当年参加保研夏令营面试时,老师提问:"光华的本科生毕业起薪都很高,你为什么要选择读博而不是工作?"我当时的回答即我心中所想:希望创造更多的管理学知识,用这些知识帮助企业进行更好的管理和运营。

这个信念一直支持着我走过博士旅程。旅程是辛苦的,可谓荆棘满布。第一次读英文的学术论文,纵使花了七个小时却依旧似懂非懂;第一次做行为实验,纵使努力准备却依旧错漏百出;第一次在国际学术会议上用英文报告论文,纵使一字一句背下所有内容却依旧紧张得手心冒汗。太多的第一次,太多的挫折和考验,所幸我一直没有忘记想要做学问的初心,学会了苦中作乐,沉下心来做研究。尤其要感谢我的导师徐菁老师,一路上对我支持帮助,倾囊相授。读博旅程中,我去过很多地方:上海、广州、香港、东京、圣路易斯、巴尔的摩……有幸见到了许多营销领域的优秀学者,结识了一批志同道合的青年学子。那些师长的声音引领着我继续前行,那些同学的脚步鼓舞着我们彼此结伴同行、风雨无阻。

回顾我做学生时艰辛却美好的岁月,依然感觉自己的成长受益于多个方面。限于篇幅,下面主要从三个方面阐述我在光华学习时的收获和体验。

第10章 风雨过后方见彩虹

良好的学术氛围

2004—2014年的十年间,我都在北京大学光华管理学院求学,在这个"因思想而光华"的学院里度过了我人生中最美好的十年。这里有着前沿的学术理念、优秀的教师团队、严谨的治学态度和始终追寻卓越的青年学子。我对这里的一草一木、一砖一瓦都满怀感情。时常有人问我,是否后悔没有出国深造,而是留在光华读博士(以我当时的本科成绩,如果申请出国可以去到常青藤名校),我的回答从来都是坚定的,我从没有后悔过自己的决定,因为我相信也肯定光华的培养模式和理念已经达到了国际水平,只要自己足够努力,同样可以发表高水平的论文。事实证明光华在这几年培养出的学生中有不少在国内外的知名院校获得教职,更有多位同学在毕业时已在国际A类学术期刊上发表过论文。

2008年9月,我进入光华的IPHD项目,成为一名直博生。我们的课程基本与国外院校一致,几乎所有的专业课都是全英文授课,无论是课堂讨论还是论文报告都用英文进行。此外,几乎每个月都有国际上的顶级学者到访光华,为我们做讲座,这其中更包括徐淑英老师、奚恺元老师等在学术上集大成的大家。能在课堂上听到这些学术大家们的报告无疑是一种享受,也是我们学术上的一种启蒙。未名湖畔好读书,大概说的就是这个意思吧。

光华为学生们营造了一个轻松的学术氛围。大家能够自由选择自己喜欢的研究议题,平等地探讨学术问题,互相交流,彼此增进。与此同时,光华的博士生项目通过优秀大学生夏令营遴选出全国各个重点大学的尖子学生,班里的同学几乎都是来自各个高校的第一名,有些甚至是高考状元,能与众多如此优秀的同学一起学习也是一个相互促进的过程。课余时间,大家都在彼此讨论,小组作业时也不会有人搭便车,而是都在尽最大的努力展现自己,像一块海绵尽力吸收知识的营养,学习如何做研究,如何成为一名合格的学者。

卓越的良师益友

梅贻琦老先生曾经说过一句非常经典的话:"大学之大,非大楼之大,乃大师之大。"同样,光华最迷人的不是高大上的教室和教学楼,而是汇聚了一批博学睿智的学术大师以及锐意进取的年轻学者。我在光华上本科时,厉以宁教授仍然坚持在教学第一线,亲自为本科生们上课。还记得厉老在讲台上即兴挥毫所作的词,那样慷慨激昂,那一刻,我领略到了老一辈学者的风范和风骨。

在营销系,我们开设了一门面向本科生的研究前沿课程,由营销系的各位老师各自主讲其中的一节课,分享自己的研究经历和从事学术研究的心路历程。因为对学术的热爱,我自告奋勇成为这门课的课代表。在这门课上,符国群教授、彭泗清教授、张红霞教授、何志毅教授等纷纷倾囊相授,他们或严谨,或幽默,或通俗,或深情,向我们娓娓道来的不仅是研究成果,更是他们与研究结缘的过程,这让我们受益匪浅。更令我印象深刻的是,这门课还穿插着邀请了几位营销系的优秀学长前来交流检验,例如孙瑾(现为对外经济贸易大学教授)、庞隽(现为中国人民大学副教授)等。这些优秀的学长用自身的行动向我们证明了博士生并不是书呆子,而是有理想、有抱负、有热忱的有志青年,学术的道路虽然曲折,学者的人生却同样有趣、同样精彩。

在进入IPHD项目后,我遇到了刚刚从海外毕业的苏萌老师和徐菁老师,他们两位充满活力,在各自的研究领域颇有建树之余,还多才多艺,对学生更是关怀备至。老师们除了与学生一起探讨学术问题,平时还会组织与学生的联谊活动,比如大家一起去唱歌,或是营销系年会时与学生们一起表演节目,与学生的关系真是亦师亦友。我们尊敬这些可爱、可敬的老师,为能在营销系这个大家庭学习和生活而感到无比幸运。

完善的培养体系

除了课程培养体系与国际接轨,光华的IPHD项目还在几个方面做了创新:

首先,为了让博士生们尽快进入研究状态,鼓励大家开展学术研究,学院组织了一年级论文竞赛(first year paper competition),由徐淑英老师参与点评,同学们都踊跃参加。原本第一年的博士学习是以阅读文献为主,但参加这个比赛让我们第一次自己动手做研究,体会到实验设计中"失之毫厘,谬以千里"的原则,也意识到写作成文的不易,第一次站到台上报告自己的研究成果也是紧张与兴奋并存。

其次,学院加大了对博士生的资助力度,使得学生们不会为了生活所迫而不能静下心来做研究。作为一名光华的本科生,在我进入IPHD项目后,我的大部分同学都开始工作了,他们都有丰厚的年薪和体面的生活。感谢学院为我提供了奖学金,让我不必再由父母资助,而是可以自给自足,有时还可以省下一些生活费用于储蓄和理财。

最后,学院为了扩展学生的眼界,特别提供了博士生参与国际高水平学术会议的专门资助,并且被高水平国际会议接受的论文也被认可为博士毕业所需的论文发表,这些都是在鼓励学生们多投稿,多去参会。得益于此,我能够到美国参加美国消费者研究协会的北美区年会,这是消费行为研究领域最为权威的国际会议,其中有竞争力的论文(competitive paper)每年的接受率仅为30%—40%,我第一年参会的论文后来被 *Journal of Consumer Research* 发表,并被国内的一些媒体转载和评论。第一次在国际会议上做论文汇报,我感受到一份沉甸甸的责任与压力,索性在老师们的帮助下顺利完成了任务。当时有几位海外的学者私下评论说,没有想到国内的学术研究已经如此前沿,国内的博士生站在世界舞台上也毫不逊色。为此,我备受鼓舞。此后,我陆续在多个国际会议上汇报研究成果,越来越放松和纯熟,但每次上台前我都提醒自己是一名华人学者,要用最大的热情和努力去赢得世界学术圈对我们的认可,能为此而努力,我与有荣焉。

这就是光华给我的责任和荣耀,一批又一批的学子在这里追寻自己的梦想。我们也曾彷徨过,也曾跌倒过,也曾累到哭过,但我们没有放弃最初的理想,没有忘记对学术的信念。学术的道路无疑是相对清贫的,但我相信这个世界总有人愿意沉下心来坐冷板凳,愿意去做研究,为推动人类知识体系的进步而努力。企业管理是一门应用型的学科,终有一天,我们的研究成果能为企业所用,为更好地提升企业服务和改善消费环境做出贡献。

在光华毕业后,我获得了中国人民大学的教职,成为一名大学教师。工作是繁琐而又辛苦的,科研、教学、带学生、社会服务,每一项都不能掉以轻心。许多人会认为教师的工作轻松自由且有寒暑假,殊不知我们的工作只有上班时间,没有下班时间。任何时候只要一支笔、一本书,或是只要打开电脑,我们的工作便开始了。熬夜改实验设计、除夕夜写论文,这些旁人无法理解的工作状态便是我们的生活常态。在从学生到教师的身份转换过程中,我始终秉持着严谨治学的理念,尝试开展独立的研究,认真对待每一个研究项目,努力备好每一门课,用心关怀我的每一个学生。这些都是光华教给我的教育理念,我将终身受用。

博雅光华：在国际顶级期刊上讲述中国故事

结语

我非常荣幸能受张志学教授的邀请参与本书的写作，让我能有机会静下心来回忆自己在光华学习和研究的点点滴滴，回顾这篇论文从无到有，从有到精的每一步心路历程，让我更加深刻地体会到和明白每一项科学研究的成果都来之不易，都是多方合作和努力的结果。而我自身的成长也离不开光华对我的教育和栽培，离不开导师徐菁教授和合作者万雯教授的支持与帮助，更要感谢在我求学期间为我提供建议的众多优秀的老师们。我深信这些登堂顶级期刊的感悟里，融汇了许多青年学者的成长历程，如果这些经历能够帮助到有志于从事科学研究的年轻学子和同行们，我们与有荣焉。

"路漫漫其修远兮，吾将上下而求索。"学术是一条漫长而又略显孤独的道路，我将不忘初心，秉持严谨治学的理念继续在这条道路上奋进，我相信唯有经历过风雨波折，方能欣赏雨后彩虹的美景。

附录 年轻的学术之星丁瑛：最柔和即最闪亮

徐 菁

我与丁瑛相识于2008年，当时她刚刚从光华管理学院本科毕业，加入市场营销系的博士生项目。在我为博士生一年级的同学开设的"判断与决策研讨"课上，丁瑛表现出的认真和投入给我留下了深刻的印象。于是2009年当丁瑛提出想要选我为她的论文导师时，我毫不犹豫地答应了。事实上那个时候我加入光华管理学院的时间不长，自己还是个"小青椒"，指导学生几乎是零经验。照理说我应该会有很多顾虑，但是丁瑛以出色的基本素质和对学术的热情打动了我，也打消了我的顾虑。我还清楚地记得丁瑛来找我确定导师那次我们之间的谈话。虽然丁瑛当时还没有确定一个具体的研究方向，但是她对社会关系和社会情境对消费行为的影响颇感兴趣。我建议她对这个领域的研究做深入的文献整理和提炼，并识别出一些有创新性的理论概念。

第10章 风雨过后方见彩虹

丁瑛随后集中阅读了社会心理学关于社会身份、内群体与外群体、自我构念等理论的大量经典文献，并整理了这些文献内在的逻辑和理论框架。在梳理文献的过程中，她注意到一个相对比较早提出的自我分类理论，并在这个理论的启发下找到了博士毕业论文研究选题的一个核心切入点，即将自我分类的层级理论与社会身份的构建理论做了连接，从广度的不同来构建人的社会身份。她非常兴奋，约我见面讨论这个想法。我立即给出了积极的反馈。对我来说，这样一个理论概念的构建不仅有着深厚的理论根基，概念本身的界定也非常清晰，然而之前的研究从未从这样的角度去构建过社会身份。看起来，这是一个非常有潜力的理论概念（尽管如此，我们在之后的论文写作和评审过程中还是遭遇了很多挑战和考验。我们也真真切切地体验到了做理论创新是一件相当困难的事）。

在这之后，丁瑛倾注了大量时间和精力去发展、完善社会身份广度这样一个理论变量，同时在我和她的博士毕业论文联合指导老师香港大学万雯教授的支持和参与下，她渐渐产生了博士毕业论文的两个子研究，即社会身份广度如何影响消费者的利他行为，以及社会身份广度如何影响消费者对专业型产品的偏好。这两个子研究的进展比较顺利，丁瑛在毕业之前就已经完成了这两篇论文并把它们投到了国际一流学术期刊上（分别是 *Journal of Consumer Research* 和 *Journal of Consumer Psychology*），并很快就收到了第二轮修改的邀请。然而两篇论文的评审意见都对社会身份广度这个理论概念提出了很多疑问和挑战。尤其是投到 *Journal of Consumer Research* 的那篇论文，挑战之大使得我们一时不知如何能做出让评审人以及主编满意的修改方案。可喜的是，丁瑛并没有受到这些负面的评审意见的困扰，她认真且积极地寻找解决方案，反复地与我和万雯老师进行讨论，修改实验设计并重新收集实验数据。在丁瑛的不断努力下，她的第一篇基于博士毕业论文的文章终于被 *Journal of Consumer Psychology* 接受，并于2017年春季正式发表。与此同时，她与其他学者合作的论文也陆续在国际顶级学术期刊上发表。

丁瑛之所以在短短的几年内成长为一名优秀的青年学者，我想，和以下这几个品质有很大的关联：

第一，丁瑛是一个自我（或者说内在）驱动的学习者。丁瑛之所以在光华本科毕业后选择了直博的道路，源于她对研究产生的强烈而持续的热情。在进行研究的过程中，她总是有很强的自觉性来推动项目的进展。可以说，在我指导她进行博士毕业论文研究的过程中,是她在主动积极地推动着项目的进展。比如说,丁瑛会定期给我发送她读了相关文献后整理的摘要及由此引发的思考。我们每周也固定了至少一个时间段见面讨论她的论文进展。在三年的论文写作过程中,这样的惯例一直都坚持着,从未间断。这很大程度上来自丁瑛发自内心的坚持和动力。这也是她区别于其他还需要靠导师来激励和推动研究进展的博士生的很重要的方面。

第二,丁瑛有着极高的自律性和工作效率。每次和丁瑛讨论完问题之后,她都会在第二天就发给我以及合作者一封邮件,把讨论的要点整理好并制订出下一步的实施计划。在她每一次做完实验之后,两天内就会发给我详尽的实验结果。这样高效的工作习惯在博士生中也是很难得的。丁瑛能够在短短的几年内发表多篇高质量的论文与她专业和专注的品质是密不可分的。

在光华遇到兼具前两个品质的学生还不算太难,然而丁瑛的第三个品质使得她卓尔不群,并且是能够帮助她在未来漫长的学术道路上获得持续进步的源泉。丁瑛的第三个品质就是谦逊、为人善良和胸襟宽广。在丁瑛与我及其他合作者合作的过程中,她总是认真而谦虚地听取别人的意见,在做任何决定之前也与所有人都进行充分的沟通和讨论,从来不会以自我为中心,意气用事。

有一件事情给我留下特别深刻的印象。丁瑛在博士第四年的时候曾有一年出国访问的机会,当时她来找我商量此事。根据她当时论文进展的情况,我建议她去论文联合指导老师万雯教授所在的香港大学短暂交流半年,这样可以保证论文的推进和顺利完成。但是这样的话,丁瑛就失去了去美国名校交流一年的机会。丁瑛充分理解了我的用意,当即表示赞同。我想这对于很多博士生来说并非一个容易的决定。丁瑛不仅仅是以这样谦逊、尊重的态度对待我,与其他人的相处也是如此。我从很多同事以及合作者那里也经常听到他们对丁瑛的诸多赞美之词。对我而言,这些宝贵的人格品质是最终将丁瑛引向更为出色的人生的力量。

丁瑛是我在过去十年的教学生涯中遇到的最优秀的博士生之一。她不仅聪明勤奋,更重要的是有一颗朴实善良的心,懂得尊重他人,懂得感恩。与丁瑛相处已有近十年之久,如果用一句话来形容她给我的感觉,那就是坚定而柔和。说她坚定,是指她的意志力以及对目标的确定。说她柔和,则是指她不慌不忙,以柔韧的脚步,踏踏实实地朝着目标迈进。

祝愿丁瑛再接再厉,成为那颗最柔和却最闪亮的学术之星。

徐菁,北京大学光华管理学院市场营销系教授、系主任,银泰公益管理研究中心主任,光华行为科学实验室副主任。2007年在密歇根大学罗斯商学院获得市场营销学博士学位。2012年获得国家自然科学基金优秀青年科学基金项目的资助。研究方向集中于消费者即时效用在消费者决策中的影响、消费者社会比较对产品偏好及选择的作用,以及消费者独特感需求等。研究成果发表在*Journal of Marketing Research*、*Journal of Consumer Research*、*Journal of Consumer Psychology*、《心理学报》等国内外顶级学术期刊上。

第 11 章　欲穷千里目，更上一层楼[*]

刘海洋

Haiyang Liu, Jack Ting-ju Chiang, Ryan Fehr, Minya Xu, & Siting Wang (2017). How do leaders react when treated unfairly? Leader narcissism and self-interested behavior in response to unfair treatment. *Journal of Applied Psychology*, 102(11): 1590—1599.

编者导言

在本书所有作者中，刘海洋是除庞隽之外另一位在毕业之前就在顶级期刊上发表论文的作者。刘海洋与合作者在这篇论文中提出，当具有自恋特性的领导者感觉自己在组织中受到不公平对待后，会做出自私领导行为，进而降低下属的亲社会行为和进言行为。正如海洋在这篇随笔中所交代的，这篇发表在 *Journal of Applied Psychology* 上的论文是基于他在读博士一年级时的课程论文。这再次印证了一个事实：若要在读博期间在顶级期刊上发表论文，通常需要博士生在一年级就开始相关的工作了。从他所叙述的评审过程来看，这篇论文的发表在顶级期刊中算是相当顺利的。

---

* 作者在文中引用了大量的文献，为了保持全书各章风格的统一，没有将文献目录附在文后。读者可以非常容易查找到这些文献。——编者注

第11章 欲穷千里目,更上一层楼

海洋喜欢人格心理学,不过人格心理学在组织情境下的应用不大流行,原因在于组织中的很多因素会制约个人行为的呈现和表达方式,这使得人格本身对于行为表现的预测力降低。特别是自20世纪70年代以来,学者们更加倾向于将组织中的行为表现看作个人特性和情境因素互动的结果。海洋关注到这一理论范式的进展,以互动主义的观点思考领导者自恋人格的作用机理。基于人格心理学中关于自恋者的研究发现,他推测自恋领导者会对来自环境中的负向反馈做出激烈的反应,并将自己的消极行为传递给下属。不过,海洋意识到在组织行为领域中聚焦人格特征可能不太受欢迎,便决定考察领导者感知到的不公平是否会导致其做出自私行为,进而导致下属之间的互助行为减少。他起初关心的领导自恋特性放在哪里呢?他认为,自恋的领导者感知到不公平后更可能做出自私行为。他的这个思路将领导者行为向下传递的涓滴效应作为主要的故事,而将领导者的自恋特征作为一个调节变量。这个模型涉及领导力、公平、涓滴效应、自恋、组织公民行为等,其模型的建构和推理是非常扎实的,自然可以得到 *Journal of Applied Psychology* 修改后重新提交的机会。

根据评审人提出的采用特质激活理论统领论文中所有变量的建议,海洋与合作者采纳了模型2,认为领导者的自恋在感知到不公平后被激活,这个理论模型既符合当前组织行为研究的主流,也使得论文的思想更为新颖。修改模型也使得他们重新审视原来的研究结果,尽管领导者自恋特质与自私领导行为并不相关,但在领导者感知到的不公平水平高和低两种情况下,领导者自恋特质与自私领导行为都是显著相关的。这些发现恰恰验证了特质激活理论的核心。最终,这篇论文还是回到了海洋的初衷,讲述领导者自恋人格的故事,同时结合组织行为学领域中的情境论和互动论的观点,认为不公平感知会作为一种特别重要的情境激活自恋领导者的不同特征。

海洋基于自己对于人格心理学的喜爱,思考组织中的负面领导行为,并结合当前组织行为研究中的重要理论和范式,最终获得同行的认可。他的经验既值得借鉴,也是博士生都可以学会的。同时,他对于博士阶段学习的反思有助于博士生思考如何为未来的学术生涯做好准备。

海洋与合作者的这篇论文的责任编辑 Mark Griffin 教授专门撰写文章,回顾了这篇论文接受评审的过程,从中可以看出同行评审能够提高论文的质量,当然这也源于海洋与合作者深思熟虑地解决了评审人提出的各种问题。

2017年4月,我与合作者的论文"How do leaders react when treated unfairly? Leader narcissism and self-interested behavior in response to unfair treatment"正式被 *Journal of Applied Psychology*(JAP)接受。仍然记得第三次将修改后的论文投回 JAP 时的紧张,以及得知论文被接受时的喜悦。纵观整篇论文从设计到发表的过程,以及自己在光华的求学经历,可以说,对学术的热爱与向往支持着自己的整个求学道路。学术论文的发表困难重重,但也往往伴随着转机,对学术前沿的把握,与自己的学术理论和思考的结合,往往需要坚持本心,时行而行。行与思不出其位,发现自己所处的境地,思变求变,找出切实可行的解决办法是重要的,更重要的是探索的勇气。年轻的学者,如我,可能经常会有很不切实际的想法。希望能通过回顾论文发表的整个过程与自己的求学道路来帮助大家思考如何做得更好。

这篇论文是我博士一年级时的课程论文,从设计到最终被接受发表前后共经历了两年多的时间。从投稿到被接受的审稿过程经历了14个月左右,还是十分幸运和快速的。在整个审稿过程中,也经历了很多趣事与历险,这里分享给大家,希望有助于大家以后的论文发表。

仁者见之谓之仁,智者见之谓之智

我长时间以来一直对人格心理学很感兴趣。作为人格心理学中非常有趣的一块,我很早就关注自恋的发展。但是,与人格心理学在普罗大众中的大受欢迎有所不同,人格在管理学,特别是领导力研究领域似乎渐渐式微,尤其近几年,有种"不成气候"的感觉。

在领导力领域,似乎仅有早期的理论曾经十分关注领导者的特质,后来的文献发展渐渐认为领导力是可以后天习得的,从而开始更加关注领导力的形成,而不是"悲观地"认为领导者是先天的或是由年幼时的经历所决定的。研究的热潮从为什么有些人更可能会成为领导者或好的领导者,渐渐变成如何才能成为好的领导者。研究者似乎认为,人人都有能力成为好的领导者,只要采用合适的领导行为,注重与具体情境的结合,关注下属,就能成为好的领导者。这一说法成为领导力领域的主流观点。自此,一些比较重要的领导力行为概念得到了开发,

第11章 欲穷千里目,更上一层楼

比如变革型领导、授权型领导、真诚领导,等等。

与此同时,一些负面领导行为也得到了极大的关注,比如辱虐型领导。然而,这一系列领导力文献却似乎有这种倾向,那就是虽然早期学者在定义与开发这些负面领导力概念上取得了一定的进展,但人们似乎更加关心为什么人们会做出这些负面的行为。为了回答这一问题,研究者们提出了诸如认知理论、归因理论甚至情感路径等各种解释。但是,学者们开始发现这些行为似乎也与领导者所处的环境有关,领导力似乎也是"环境构建"的。比如著名的涓滴效应(比如Masterson,2001)指出,领导者会向比自己更高层级的领导者学习来构建自己的领导力,比如小领导可能会学习大领导的辱虐式领导行为等(Liu, Liao, and Loi, 2012),这是涓滴效应的社会学习版本。或者更宽泛地,领导者会受到自己所处的组织大环境氛围的影响,成为自己团队的氛围制造器(climate generator; Ambrose, Schminke, and Mayer, 2013)。这一解释着重指出公平的环境氛围会具有阶层的传递性。当领导者所处的阶层具有某种程度的公平氛围时,这种公平氛围很可能被领导者传递下去,因为领导者会根据他所处的环境所传递的信息来构建自己团队的氛围。退一步讲,如果领导者自己被不公平对待,很难期待他会更加公平地对待下属。因此,领导者的一些负面行为似乎不仅仅与领导者个人的认知、态度或情感反应有关,也与其所在的环境有关:被环境直接塑造。

这些相关的研究进展,让我意识到人格的潜在影响。主流的心理学认为,当人们与环境交互时,人的行为会受到环境的直接影响,但也可能会因一个人性格特质的影响而有所不同。这就是著名的互动主义观点(Tett and Burnett, 2003)。在互动主义观点的启发下,我注意到自恋人格的最新研究进展。那就是,自恋似乎与一个人是否会对环境的刺激,尤其是负面的环境反馈做出反应十分相关。换句话说,并不是所有人都会对环境的反馈产生反应,也不一定就是负面的反馈导致负面的行为这么简单。比如,Wiesenfeld、Swann、Brockner和Bartel(2007)的研究表明,当一个自卑的人遇到负向的环境反馈,比如受到不公平的对待时,并不会导致这个人采取负面的行动去反击或报复,反而可能更会接受这样的不公平对待。相反,人格心理学家发现,自恋者却对环境十分敏感,会采取非常激烈的手段对负向反馈做出反应。比如攻击或贬低负向反馈的发出者,甚至攻击并不相干的第三方,将他们作为发泄或平衡自己的工具(Martinez,

Zeichner，Reidy，and Miller，2008）。

这些理论就与负向领导力的前因的研究息息相关，因为研究发现领导者往往具有十分显著的自恋特质。心理学文献表明，自恋作为一个重要的人格特质，不仅会使得自恋者更受欢迎，让人更加感到他们的激情，他们也因为更加主动而更容易成为领导者。但是，大量的文献同时发现自恋者相对一般的人更不容易满足，甚至觉得自己被赋予特权需要被优待（entitlement；Exline，Baumeister，Bushman，Campbell and Finkel，2004）。也就是说，自恋者的性格特质导致这些自恋者很容易觉得自己没有被公平对待，并对这些不公平的对待产生负面的回应。基于人格心理学的这些研究进展，我认为对领导者自恋的研究很有意思，因为自恋可能会改变人们传统上对领导负向行为的理解。无论我们认为领导者的负向行为是因为其本身所具有的特点，还是受到环境的塑造（比如对于特定情境的认知与反应），自恋似乎都是一个十分重要的影响因素。更重要的是，自恋领导者对环境的反应可能与一般领导者不同，具有更加强烈的特征。因此，对自恋领导者的研究会加强我们对领导负向行为前因的理解，同时，对于可能产生的涓滴效应（即领导者自己所感受到的负面信息会因为领导者自己的行为而传递给下属），也会有更为加强的效果。

立地之道曰柔与刚

虽然在设计模型时，领导者自恋是我十分关注的一个特质，但是面对人格心理学在领导力领域的"弱势"，特别是先前对于负向领导行为研究的主流集中在领导者的认知与环境影响，我并没有直接将自恋列为最主要的研究变量，而是沿袭了先前的涓滴模型的范式，考虑了不公平氛围的阶层传递，将领导者感知到的不公平感作为模型的自变量，并将自恋特质作为故事的"配角"——调节变量。我指出，不公平感的阶层传递可能与之前的涓滴模型所讨论的有所不同，不仅仅会传递不公平感，也会导致领导者与下属之间的互动发生变化。由于不公平感会导致领导者觉得自己所处的地位受到威胁，因此会导致其领导团队的目标与行为模式发生改变。这一观点与领导力的进化功能理论（evolutionary functionalist view of leadership；Maner and Mead，2010）相呼应，该理论认为领导者的地位来自团队人员的授权,这种授权的主要目的在于让渡领导权力给某个特定个体,以期待其带领团队实现共同的目标,调节团队成员之间的不一致目标或由此而产生的矛盾。与此同时,领导者便产生了相对于一般成员而特有的权力与利益,即控制其他的成员并获得更多的回报。所以,领导力的核心在于领导者带领团队成员达成共同的目标,为此领导者也拥有了高于一般成员的权力甚至利益。这一理论还指出,即使在现代组织下,大部分的领导者是来源于外部的指派,即权力的授权不一定来自团队成员,但为了便于团队目标的实现,现代领导者仍然继承了高于一般成员的权力和利益这一特征。在这种情况下,我认为,当领导者认为自己被组织不公平对待时,会更加注重弥补自己的损失感,即"从组织中失去的,便要从组织中再拿回来"。这一想法会使得领导者更加注重与自己相关的目标和得失,而忽视自己作为领导者的原本目的——带领团队成员实现团队的整体目标,即受到不公平对待的领导者,其关注的重心可能从团队整体转移到自己本身,为了弥补自己所遭受的损失,或是平衡自己的不公平感而做出损害团队利益的行为。

这一行为后果就使得不公平感的阶层传递性具有更为广泛的影响,即不仅会使下属也感受到不公平的氛围,而且会破坏整个团队的行为模式:服务团队目标的一些行为转变为自私取向的行为。比如,在后续与合作者合写的这篇论文中,我们具体认为,受到不公平对待的领导者会增加自己的自私领导行为,而这些自私领导行为会使团队成员间的互助行为大幅减少。这一涓滴模型认为,团队为了实现共同的目标采取较为集体取向的行为模式。但是,当领导者觉得自己被不公平对待时,他们很难再关注团队的整体利益,而是转向关注自己的利益,增加了自私领导行为。而这些自私领导行为,正是基于进化功能理论所产生的概念,其内涵是通过自己所处的地位与其相对应的权力,向团队成员攫取利益。这些行为会极大地破坏整个团队的行为模型,使得团队成员也转向自己的个体目标,而减少团队内的互助行为。

基于以上的理论推演,我们认为,自恋作为领导者一个常见的特征,会强化这一涓滴模型中变量间的联结。由于自恋者的特质会使他们对外部负反馈的反应加强,因此可以预计,自恋领导者对于不公平对待的反应也更加激烈。当具有自恋特质的领导者受到不公平对待时,他们更可能会做出自私的行为,从团队中攫取利益弥补自己的损失,因为他们十分在意自己的所得。同时,他们倾向于对人更加冷酷,缺乏同情心,其本身也更加独立。简单地说,他们会更容易做出自私的行为,抛弃团队整体的利益。因此,在这篇论文中我们根据人格心理学的一些研究进展表明了自恋领导者在组织中潜在的"大面积的"危害。虽然这种人相较于一般人更容易成为领导者,但是他们对于组织不公平对待的反应也会更大,造成的影响也会更深远。因此,"组织不公平对待对领导者的影响"这一研究课题对于现代组织就显得极为重要。由于自恋是领导者的广泛特质,这就使得组织对待自己的领导层更应该注重公平,构建整体的公平氛围,否则可能会破坏团队整体的协作与运行。我们最初的模型如图 1 所示。

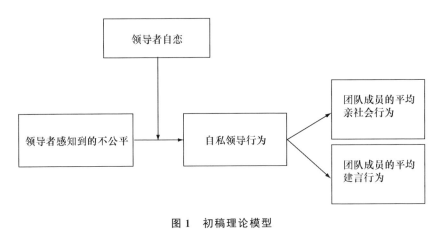

图 1　初稿理论模型

同声相应,同气相求,各从其类也

论文投到 JAP 后,我们幸运地得到了第一轮修改的机会。两位审稿人和责任编辑认同我们的一些观点,认为我们揭示的自恋领导者在下属团队行为改变上的贡献是这篇论文的一大重点与创新。但是,审稿人提了两个比较重要的和"危险的"疑问与建议:

• 第一位审稿人认为,领导者的自私行为存在不易被下属察觉的可能,即领导者可能会隐藏其自私领导行为,从而使得这篇论文的理论与实际的情况存在一定的不一致。

• 第二位审稿人认为,这篇论文的模型与特质激活理论有很深的联结,建议我们采用特质激活理论作为全文的理论架构。

虽然审稿人与责任编辑基本接受了我们的理论,但还是提出了一些建议与疑问。我们做了以下几件事来应对这两个主要的意见。

对于第二位审稿人提出的特质激活理论,我们觉得比较合适。因为我们的主要贡献在于对自恋领导者的关注,那么认为领导者自恋会被不公平的对待激活是一个比较适合情境的说法。此外,采用特质激活理论会使得这篇论文的理论落脚点更加新颖,增加论文的可读性与贡献。在人格心理学中,这一理论主要解释为什么人格并不总是有相应的行为表现。比如,当一个内向的人被面试时,他可能并不会表现得内向。因为环境对人而言十分重要,可能会激活或是抑制人的某些性格特质,从而导致性格并不总是表现为外显的行为。在管理学领域,特质激活理论有其特定的指代,即性格、环境与工作绩效的关系。但是,这样的理论几乎没有在领导力领域的研究中采用过。因此我们考虑采纳这一建议。这一理论与我们的出发点十分契合,那就是突出了自恋人格在这篇论文中的地位。审稿人也认为自恋是一个值得特别关注的人格,加上我们的发现具有一定的创新性,我们对于论文的前景并不怎么担忧,因为评审人的反馈表明领导者的自恋人格是值得探讨的。

探赜索隐,钩深致远

不过,当试图改变论文的理论架构使之适合特质激活理论时,我们似乎遇到了一个很大的危机,回过头来看也是整个审稿阶段"最大的"一个危机。在图1的模型中,将领导者感知到的不公平作为自变量,而将领导者自恋作为调节变量。因此,这个模型与特质激活理论不符。特质激活理论似乎总是以人格作为出发点,然后来看环境的调节作用。与理论相符的模型应该是如图2所示,即以领导者自恋人格作为自变量,然后将领导者感知到的不公平对待作为调节变量。这种简单的改变看起来似乎无足轻重,但却意味着论文整个架构和思路的改变:之前的理论是建立在涓滴模型的架构上,但现在的重点并不在不公平感的阶层传递或是可能的更为广泛的影响,而变成了领导者自恋的团队影响与其相对应的环境激活。这一改变是重大的。由于初稿的理论架构是被审稿人在一定程度上接受的,因此我们并不能确定改变整个思路后是否还符合审稿人的期望。具有经验的合作者也认为这是非常重大的改变,如果审稿人认为存在问题,这很可能就会成为论文被直接拒绝的理由了。

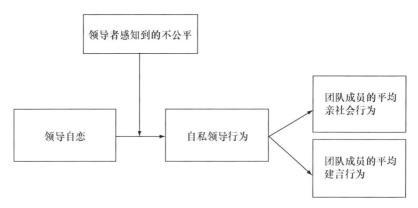

图 2 与特质激活理论相符的模型

更严重的是,当变成这一模型后,我们发现研究结果出现了两个差异。首先,领导者自恋与自私领导行为并不直接相关。在回归方程中,领导者自恋预测自私领导行为的系数并不显著。这就意味着模型中的主效应以及中介作用都不显著了。而图 1 的模型中,领导者感知到的不公平对自私领导行为是有主效应的,两个中介过程也都显著。其次,我们发现,领导者感知到的不公平在高与低两个情境下(均值上下一个标准差),领导者自恋与自私领导行为的简单系数(simple slope)都显著,但两个情境下相关的方向是相反的,如图 3 所示。这一意外的发现,让我们"悲喜交加"! 在图 1 的模型中,仅仅在自恋程度比较高时(均值加一个标准差),领导者感知到的不公平会对自私领导行为与结果变量产生显著的增强效果;而在自恋程度低时(均值减一个标准差),这些效应都变得不显著了。所以,新的结果其实与我们期待的结果有一定的差异,也可以说更为激进。我们一开始认为,不公平感知仅仅会激活自恋不好的一面。但没有想到,低的不公平感知可能会显著地激活自恋降低自私行为的倾向。

这一发现是可以解释的,因为自恋作为一个充满矛盾的人格变量,本身就存在好的一面和不好的一面。这与人格心理学的发现是一致的。比如,Finkel、Campbell、Buffardi、Kumashiro 和 Rusbult (2009)发现,如果操纵自恋者,使其具有一个他人导向的思维方式(communal mindsets),自恋者就会更加具有亲社

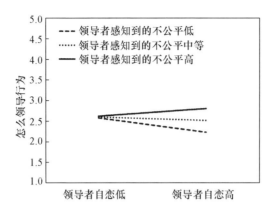

图3　领导者自恋作为自变量的交互图（高与低的简单斜率都显著）

会的动机，可能更加无私，甚至更可能帮助别人。此外，自恋中的一个低层维度叫作浮夸的表现狂（grandiose exhibitionism；Gerstner，König，Enders，and Hambrick，2013）。这一维度表明了自恋者的一个显著特性，即具有极度的表现欲。有学者指出，自恋者可能因为对于自己在他人眼中形象的考虑而展现得更加亲社会、更愿意帮助别人。基于这些发现，我们可以想到，低的不公平感知可能会激活自恋者好的一面。公平感知与一个人的自尊以及对自我的定义是有很大关系的。可以推论，由于公平的环境倡导公平地对待他人，包含一些他人导向的思维，同时会使得自恋者有变好的动机，从而导致自恋者可能会表现出更少的自私领导行为。而在公平感知不是很显著或一般的情况下，环境并不会将自恋者导向任何方向，此时，自恋与自私领导行为的关系就不显著了。这也解释了自恋与自私领导行为之间不显著的相关关系。

这样看来，所有的发现都是可以解释的。但是，决定采用特质激活理论依旧具有很大的风险，因为这些发现在起初投稿的时候并没有，当时也根本没有类似的想法。其次，组织行为或领导学领域中的一些学者对人格心理学中的这些发现并不十分熟悉。我们很担心，管理学者对自恋具有偏见，并不认同我们发现的自恋"好的一面"。因此，这个抉择让我们困惑了很久。

针对这个问题，我们咨询了很多身边更有经验的学者的意见。几乎所有的意见都是建议我们采取比较保守的策略来应对这个问题，即不直接在论文中采用特质激活理论来作为主导，而是在文中的假设推导时指出，这一假设也可以用特质激活理论来解释。这种策略在管理学论文中确实很常见，比如很多论文会用一个以上的理论来推导自己的假设。例如 Ambrose、Schminke 和 Mayer（2013）发表在 *Journal of Applied Psychology* 上的论文，他们在第 680 页标注道：感谢匿名审稿人的提醒，我们的假设同样也可以用攻击转移理论（displaced aggression；Dollard，Miller，Doob，Mowrer，and Sears，1939）来推导证明。似乎我们也可以采用这种策略来回答审稿人的这一问题。

但行前事，勿问元吉

但最后我们并没有采用这一策略。当时正值我的博士毕业论文设计与数据收集阶段，论文也集中在领导自恋这一议题上。论文试图将人格心理学中发现的自恋的两面性与领导学领域的管理现象结合起来。我觉得将自恋作为核心重新理顺整篇论文也有一定的益处。因为将领导人格作为论文的重心会提升人格这一概念在领导学中的地位，如果论文被接受，不仅呼应了我一开始设计这篇论文的初衷，也为未来在同一领域下发表论文奠定了一定的基础。因此，考虑到我本身对自恋这个话题的兴趣，作为第一作者的我还是决心一试。

在和合作者深入讨论了很久以后，为了增加论文的趣味性，以及研究发现的完整性，我们还是决定采取特质激活理论来重新修改论文。正如最后论文被接受时所呈现的，论文的框架在第一轮返回修改后就没有再动过了，表明审稿人和责任编辑都认同了我们的理论架构。这一大胆的尝试，虽然在决策过程中存在很多的不确定性与风险，但我觉得还是很有回报的，当看到自己所感兴趣的领导人格也得到了审稿人的肯定后，自己还是非常开心的，也坚定了我继续写作博士毕业论文的决心。

在选定特质激活理论后，我们选取了自恋作为论文的主轴，对领导者自恋领域的文献进行了回顾，发现自恋存在矛盾的结果。我们指出，自恋本身可能具有两面性（duality）。以此为开端，我们以特质激活理论指出，不公平感知会成为激活自恋领导者不同面相的重要情境。后来的论文相较于开头采用的涓滴模型的初稿有了实质性的改进。论文的趣味性也大大提高了。

此外，我们也做了一些额外的阐述与说明来回应第一位审稿人的建议。我们也认为可能确实如审稿人所说，这一行为或许会被领导者隐藏起来。虽然我

第11章 欲穷千里目，更上一层楼

们采用的自私领导行为量表是前人开发的，但是似乎之前的文献都是让领导者自评。这正好从某种程度上印证了审稿人的质疑。因此，我们也看到了这个问题带来的潜在风险，如果处理不当，这篇论文可能会遇到被拒稿的命运。于是，我们也采用了多种方法来回应审稿人的质疑。

首先，我们试图从情境的角度来解释这个疑问。我们的研究是在中国开展的，在中国高权力距离的情境下，领导者不会受到挑战，从而更可能"自由地"展示自己的行为。很多负面的领导行为在中国情境下都是比较常见的，比如辱虐领导行为。因此我们推论出，在中国情境下，领导者更可能会展示这些自私领导行为。

其次，当我们将自恋作为主轴后发现，领导者自恋对自私领导行为的主效应并不存在。这意味着，很可能仅仅在领导者被不公平对待或是公平对待后，这些领导者才会显著地展现他们的自私领导行为。因为当自恋领导者被不公平对待后，他们更可能会不再考虑下属的感知与意见，而是急需弥补自己的损失或是平衡自己。

最后，我们认为有必要再次收集一批数据去印证自己的推论。我们主要想去看看领导者自评的自私领导行为是否与下属感知到的自私领导行为具有相关关系。在包含 50 对领导-下属数据的一个数据集中，我们发现了显著的相关关系。我们通过这几点回应了审稿人的质疑。

鹤鸣在阴，其子和之

在做了以上主要的改变之后，我们将论文寄回了 JAP。从第二轮的审稿意见来看，第二位审稿人似乎已经被我们说服，并没有再提理论上的问题。而第一位审稿人也没有提很多很严格的意见了。从这一点来看，我们还是很幸运的，自己的理论能够经受三位专业审稿人的检视，并且保留一定的趣味性。后面的修改就相对比较顺利了，再没有非常大的变动，直到最后被接受。

从这一审稿的过程可以看出，严谨的设计模型与一定程度的趣味性都是影响论文被接受的因素。这一过程对我们的启发很大，也坚定了我博士毕业论文从事领导自恋研究的信念。

博雅光华：在国际顶级期刊上讲述中国故事

在光华学习的岁月

"含章可贞，或从王事，无成有终。"自己作为还未毕业的博士生，可以说对学术还知之甚少。但是，这两年来的学习与发表过程正印证了"坚持初心，但行好事，总是有个结果"。我的导师经常教导我，无论如何，每篇论文总会有个着落，或好或坏，无出其二。但是，这个过程，对年轻学者来说，往往又是最经受磨炼与获得启发的过程。在光华读博士期间，王辉老师、志学老师这些良师楷模常常鼓励我们，年轻学者多与前辈沟通会有助于我们磨砺心性，砥砺前行。

行文至此，这几年在光华学习的场景忽然涌上心头，历历在目。虽然自己还未取得什么成绩，但是这几年的教育也让我有所感慨，希望自己能够作为反面的典型供大家警戒。

在进入光华管理学院之前，我自己就有过一次极为痛苦的思想挣扎历程。当时我刚刚下定决心做学术，就面临本科毕业是在国内读博士还是出国读博士的选择。记得当时很早就联系到了去海外读博士的机会。自己正在犹豫要不要去的时候，也收到了来自光华的保送机会。面对这两个机会，自己真的无法下定决心。觉得海外是学术的前沿，可以更加接近学术的殿堂。但是，光华也十分优秀，在国内的声誉很好，学术成绩也日新月异。再三权衡之下，终于下了自己人生中的一个重大的赌注，决定留在国内继续深造。虽然谈不上这个选择是对是错，但既然选择了，就得面对国内读博的很多现实。在这里，回顾自己读博的经历，感觉很多地方做得不好，还希望能分享出来，与君共勉。

后来发现，在国内读博相较于在海外读博，压力还是小了很多。没有压力就没有动力，所以造成自己很多时候心志不坚，也浪费了很多时间。在海外读博，适应语言、国外文化，融入老师和同学似乎是第一年里的重要课题。从第二年开始，参加博士资格考试，确定研究方向，甚至很多同学都开始用外文上课。更不用说接下来要在三年级、四年级从事独立研究，找工作等。这些事情都增加了很多压力，也磨砺了人的能力。在国内读博，这些压力似乎都没有了，更多进行的是对自己是否适合做学术的思考。在国内的商学院，特别是像光华这样的优秀商学院，身边经常会出现一些让人羡慕的例子。比如，自己的学弟成立了某某公司,成为这些年来最为闪耀的独角兽企业,已经身价上亿等的新闻屡见不鲜。光华又十分鼓励创业,这对有很多时间的博士生来说是很大的诱惑。因此,尽快做出选择似乎比较重要。在国外,过重的课业压力似乎让大家没有时间去思考人生的这些选择,但是国内的情况可能截然相反。我自己一直到博士三年级才基本坚定了做学术的信念。因此回顾博士生涯,觉得自己浪费了好几年的时间,特别是在最应该扎实学习理论的前几年,这种浪费还是很可惜的。

回顾博士学习阶段,自己在教学上的学习和历练还是不够。最近正在找工作,在很多海外学校面试的时候,发现他们除了重视学术能力以外,对教学,特别是独立教学的经验也是非常重视的。而这在国内的学校似乎并不是一个重要的选项。因此,如何才能增加自己独立教学的经验,是值得国内博士们思考的问题。虽然很多同学可能认为,在国内找工作并不看教学经验。但是,以我这几年在光华的学习经历来看,教学和学术往往是相辅相成的。很多学术造诣很高的老师,课讲得也非常好。比如,王辉老师、志学老师、建君老师等。上他们的课,往往会发现他们将自己的研究兴趣与课程相结合,寓研究于教学。他们往往也会借助与富有管理经验的同学讨论,发现新的研究课题。这种相辅相成是值得我们在博士阶段好好学习的。因此,教学也应该成为我们这些年轻学子关注的重点。我在光华学习期间在这些方面就做得不够好,很后悔自己没能多给这些老师做几次助教,多争取和同学们交流的机会,多向老师们好好学习教学。希望自己在以后的学术生涯中,能够做到更加重视教学。大学教师的职责之一就是教学,因此,教学也应该成为我们博士生重视的要点之一。

另外,自己在对研究心态的调整上也有很大的可以提高的地方。回顾整个学习阶段与论文发表过程,感觉心态也是学术殿堂十分重要的敲门砖。管理学领域中高水平的论文往往周期长,回报慢。一篇论文从想法开始,到最后成稿被接受,往往要历经数年的时间。这就会造成大家容易遇到挫折,容易想要放弃。这往往是不可取的应对方式。坚持自己的想法是十分重要的。比如,刚来光华的时候,很多老师并不看好我的研究方向——人格在管理学上的应用。人格作为一个较为边缘化的领域,在组织行为领域的影响力确实很小。但是,我通过自己的学习过程体悟出,坚持自己的兴趣比追随热点更重要,因为讲好自己感兴趣的故事往往最能支持自己克服困难与挫折,不轻言放弃。因此,调整心态、坚持自己的兴趣也是我对自己学习生涯回顾的一个发现。虽然道理如此,但是往往还是会迫于外界的压力而有所动摇。在一二年级的时候,自己也做过一些并不十分感兴趣,但是追寻热点的研究。后来发现,这些项目的命运并不好。所以,发现自己的兴趣,坚持初心,对摘取学术果实往往是十分重要的。

希望我的分享能够为大家提供反面的警示。学术之路并不平坦,往往充满荆棘。生活本来就充满了烦恼,但是克服困难、坚持初心就是最好的大道。同时,一个好的心态也十分重要,每篇论文总会有一个好的去处,不必为每一次的拒稿而悲伤,也不必为论文每一次被接受而欣喜。感受投稿的过程,最大限度地汲取养分,为以后的成熟提供养料才是最重要的。最后的最后,祝愿每个年轻学者都能有一个光明的前途!

附录　关于刘海洋等人论文评审的回顾

Mark Griffin

上层的领导不力很可能造成不开心甚至消极的工作环境。因此,人们对于自恋有很大的兴趣,以期理解一些领导者给团队带来的负面影响。针对上述问题,这篇论文对一批雇主和员工进行了调查研究。这篇论文选题有趣,设计周全,整体结构完整,写作流畅。基于这些考虑,我将论文呈递给从事领导力研究的同行进行审阅,让他们来评析论文的洞见,判断研究的价值。

同往常一样,两位评审人指出了研究存在的诸多问题。他们对于此项研究对本领域的整体贡献,也持有不同的态度。我面临的第一项挑战在于,考量论文能否在大框架不变的情况下只通过小的修改就可以解决评审人提出的主要问题。举例来说,如果评审人认为数据缺失和设计不周导致不足以回答主要的研究问题,那么我就会很不情愿地邀请作者修改论文。为什么?因为如果数据和设计存在问题,那么研究的整体目的都要改变,而改变之后很可能又出现类似的问题。关键在于,每一次的修改都是为了要离发表研究成果的最终目标更近一步。

就这篇论文而言,我认为作者们应该更清晰地分析论证自己的研究问题,阐明具体的概念构想,并且证明其测量的合理性。这都是一些相对常见的问题,一般通过修改就能解决。不过当时,无论是评审人还是我自己都无法确知修改的结果将会如何。我所能做的无非是把我认为关键的问题指出来,至于如何很好地回应这些问题还取决于作者自己。

令我欣慰的是,修改后的论文对原先指出的问题做出了全面的回应。作者们把评审人提到的一些概念整合到了论文中去,并收集了更多的数据来检验他们的测量。不过我却没有立刻做决定,而是找评审人进一步审阅,听听他们的意见和评判。好在两位评审人都看到了研究的显著进步,对于论文的潜在贡献也有了更加积极的看法。

值得一提的是,作者们在修改过程中将一些新的理论概念纳入研究的主题当中。特质激活并非原文的中心内容,但是为了回应一位评审人的建议,作者们将此概念强化,并指出遭受不公对待会激活领导者内心的自恋特质。另一位评审人指出了研究中的一些变量之间的相关关系,作者们则论证了他们提出的一些想法能够回应这位评审人的质疑。

正是这样的改变让我看到评审过程的价值。在仔细考虑评审人提出的问题后,作者们更有说服力地解释自己的研究及其意义,导致论文质量的提高。有人可能会质疑,这些修改是否会影响作者们原来的意图和观点,甚至怀疑对论文的影响不是来自研究者,而是来自评审人。在我看来,作者们应该对自己的研究主题负责,保证研究设计清楚而有力,论文整体的观点清晰明确。为了尽好这份责任,作者们需要考虑和回应由责任编辑和评审人组成的编辑团队所提出的问题及意见。我们共同的目标是每一轮的修改都能提高研究的质量。

作为责任编辑,我必须判断论文出现的主要问题是否已经通过修改得到了解决,未来修改过程中是否还会出现新的问题,论文是否在朝着高质量研究的方向前进。这些判断标准并不固定,但却能提供一个框架来决定发表的流程是否应该继续往下走。

论文修改到这一步已经比较彻底,评审人的评价也比较正面,于是我建议再次修改,强调了另外一些需要解决或者应对的重要问题。举例来说,一位评审人指出自恋的不同维度和各个维度在研究中可发挥的不同作用,这也是我想强调的一点。一方面,研究到了这个阶段,我其实不想再提新的指导意见,否则可能会把研究带出当下的范畴。另一方面,评审人的这一评论其实是针对作者们所做的改变而提出的,所以很有意思也值得考虑。这其实很好地说明了一点,我和评审人对类似问题并没有定论,重要的是让作者们在修改过程中考虑这些问题。

与之前一样,我收到的修改稿对修改之处做出了详尽的解释和论证,对这些修改如何能解决上一轮修改后出现的问题也进行了论述。其中包括对数据的另一种分析,以此来表明不同的方法可能会影响诠释和结论。修改和反馈都相当清楚,也切中了评审团队提出的每一个要点。因此,我决定有条件地接受这篇论文,而无须再经过评审人的评议。

虽然评审人不再提供意见,责任编辑仍然可以通过额外的修改跟进余下的问题。不过我没有发现残留的问题,便不再要求大改,只要求对终稿进行文字上的校对和个别细微处的厘清。作者随后及时提交了终稿,我很高兴地正式接受论文,以待发表。就我个人的经历来说,论文同意发表的消息对作者来说无疑是个喜讯。

作者准备发表研究成果的漫漫长路其实在把初稿发送到我的邮箱之前就开始了。一项实地研究常常需要几年才能得到可用的数据,以整合到论文里,满足编辑过程的需求。论文一旦交给我们则又开始了一段旅程,需要经过三番五次的修改,这自然又延长了发表的时间。这篇论文的发表过程还算比较短的。对第二稿的评价已经比较乐观,到了第三稿,我已经准备有条件地接受了。不过作者们在这一过程中也遇到了麻烦:评审人提出了许多他们认为很难解决的问题。好在作者们全面地回应了这些问题,提出了新想法,给出了新证据,得出了新结论,也在之后的评审中过关了。

还需要说明的是,整个评审过程下来,论文的篇幅变短了。评审人经常会帮研究者提炼出重要观点,使他们能够更简短有力地提出论据。这样一来,我们就能看清这项研究与前人研究的联系,了解前者是如何在后者的基础上贡献新的认识的。

Mark Griffin,西澳大利亚大学商学院管理与组织学教授。研究领域包括组织安全、领导力、工作绩效、研究方法等。

第 12 章 读万卷书,行万里路

姚晶晶

Jingjing Yao, Zhi-Xue Zhang, Jeanne Brett, & J. Keith Murnighan (2017). Understanding the trust deficit in China: Mapping positive experience and trust in strangers. *Organizational Behavior and Human Decision Processes*, 143: 85—97.

编者导言

姚晶晶与合作者的这篇论文发表在 *Organizational Behavior and Human Decision Processes* 上。在国际上那些注重与管理学相关的基础学科(如心理学、社会学等)研究的商学院,基本上都将 *Organizational Behavior and Human Decision Processes* 认定为顶级学术期刊,但也有一些商学院将其看作一流而非顶级期刊。

本书主编基于两个因素邀请晶晶撰写文章,其一,他们的这篇论文被几位国外学者认为非常有意思,是立足中国现象的实证研究。其二,晶晶到法国任教后,面对看似在课堂上"自由散漫"的法国学生,第一年的教学就受到学生好评,对于一个在非英文环境下成长和接受训练的年轻人来说,用英文对法国学生进行教学,能够被认可是很不容易的。

从晶晶的回顾中可以看出，他对于现象充满好奇。他愿意参与教授设计的课堂活动，并积极分析所收集的数据。所发现的结果在外国学者看来是反直觉的，但对于了解中国的现象和相关理论的学者而言却是合理的。这种意料之外、情理之中的小发现构成了晶晶和合作者论文的起点。对于很多从事微观组织行为和社会心理学研究的学者来说，发现一个重要的现象是幸运的。将这个现象理论化和概念化，再通过不同的研究进行验证，如果这些研究都能够验证所提出的研究假定，就表明观察到的现象和理论推演是可靠的。对于从事行为研究的学者来说，这的确是令人兴奋的。晶晶在他们这篇论文中，采用了实验和调查的数据，有的偏向于社会心理学的研究范式，有的则偏向于行为经济学的研究范式。他在北京大学和美国西北大学跟随不同的学者学习，与他们保持密切的交流和合作，也学到了看待问题的不同视角以及实施研究的不同范式。

陈昭全教授是晶晶与合作者这篇论文的责任编辑。他非常详细地回顾了这篇论文的评审过程，介绍了责任编辑和评审人对论文初稿提出的问题，包括普遍信任这一核心概念的界定和理论视角的确定等，并建议增加严谨的实验复制已有的结果。陈教授尤其就作者们在修改论文过程中没有听从责任编辑建议的理论而是选择了另外的理论这一冒险行为，提出了一些颇为重要的问题，值得读者思考和借鉴。陈教授还对中国学者在高水平的英文社会科学类学术期刊上发表有影响力的研究成果提出了非常有益的建议。

万卷书与万里路，格物致知与身体力行，这不但是我自己崇尚的学习和生活态度，也和我要讲的这篇论文息息相关，因为这篇论文想要讲述的核心观点就是和不同圈子的人的积极经历如何影响人们对陌生人的信任感。论文是我和三位优秀的资深教授共同合作完成的，他们分别是我在北京大学光华管理学院的导师张志学教授、美国西北大学凯洛格商学院的 Jeanne Brett 教授和 Keith Murnighan 教授。我们在 2015 年 1 月把论文投到了 *Organizational Behavior and Human Decision Processes*（OBHDP），经历三轮修改最终在 2016 年 12 月收到正式的录用邮件。与很多优秀的同事相比，这一篇论文并没有发表在组织行为和管理学领域的顶级期刊上，但是我的分享如果能给大家一丝启发，无论是正向的借鉴还是反面的教训，就算实现了它的价值。

第12章 读万卷书，行万里路

研究想法：意料之外的结果

这篇论文看上去从投稿到接受接近两年，但是如果从研究构想最开始形成算起，还要追溯到2012年。当时，我正处在硕博连读项目的第二年，当时除了参与专业研讨课的学习，也开始尝试担任一些课程的助教，想要了解和学习老师们教学的内容及方法。那一年的春季学期，如同每年一样，张志学教授计划给本科一年级的学生讲授"社会心理学"这门课程。出于兴趣，我做了这门课程的助教，而这个选择对我的学术生涯产生了两个非常重要的影响：第一个影响就是听完这门课后，我决定把谈判作为自己的第一研究兴趣，直到现在谈判还是我最主要的研究内容；第二个影响就是这门课程中有关谈判的一份问卷成了OBHDP这篇论文的研究想法来源。

在这门课程的其中一个章节，张老师安排的内容是谈判。与一般的讲授不同，张老师特意安排了一个角色扮演的谈判练习，让学生分别扮演买方和卖方去真实地沟通。这个授课模式让我觉得非常有趣，立刻格外关注起来。在学生进行谈判练习前，他们需要完成一份谈判前准备问卷，这份问卷是张老师的合作者Jeanne Brett教授设计的，其真实目的是进行一个关系亲疏远近的实验操纵。具体来说，他们会让学生随机读到两个不同版本故事中的其中一种。在一个版本中，学生会读到一个关于小男孩接受亲人帮助的故事；在另一个版本中，学生会读到一个关于小男孩接受陌生人帮助的故事。读完故事之后，要求每个学生表明自己作为谈判者在多大程度上会在后面的谈判中信任谈判对手。注意，这时还没有告诉学生将具体与哪位同学谈判，因此学生所表达的信任是针对一般人而非具体的谈判对象的。根据Brett教授的解释，操纵的目的是希望读到亲人版本故事的同学能被激发出亲密关系的思维，从而在谈判中表现出更多的信任；相反，阅读到陌生人版本故事的同学被激发出疏远关系的思维，从而在谈判中显现出相对较少的信任。在这次课后，我对这些问卷进行了数据录入和初步分析。然而，分析结果显示，那些阅读了陌生人版本故事的同学反而比那些阅读了亲人版本故事的同学报告了更高的信任水平。这个结果在统计学意义上是显著的，而且与Brett教授设计的初衷是相反的。再三确认数据录入和分析方法正确之后，我确认课堂上的数据得到了这个意料之外的结果。

看似出乎意料，但是仔细思考后会发现，这似乎也是合乎情理的。这个实验操纵在美国行得通，但并不意味着在中国的样本里就一定会得出一模一样的结论，因为两国存在巨大的文化差异。进一步思考，到底是什么样的文化差异导致了这个结果？故事中涉及亲人和陌生人，那么极有可能和中国人如何看待这两类人群有密切的关系。亲疏有别，这一点在中国尤其明显，这种差别使得人们对亲人给予的恩惠视为理所当然，但是却不会寄希望于陌生人。于是，一个猜想就这样浮现在脑海中：与圈外人的接触和交流会不会反而改变人们的信任水平？我向张老师汇报了这个结果，也阐述了我个人的想法。张老师告诉我，这个发现和解释是合理的，因为在前人的一些著作里也可以看到类似的逻辑，例如福山在书中就描述过中国人无条件信任家庭成员但从来不信任陌生人这个现象。他推荐给我一些相关的著作，鼓励我继续探索，这其中就包含后来对文章理论构建非常重要的费孝通教授的"差序格局"的论述，以及黄国光教授有关中国人面子的论述。张老师不断提醒我，探索中有两点需要格外注意：第一，找到有价值的新的切入点。例如，社会学家更多的只是从宏观层面对信任这个现象进行描述，但是信任水平变化的心理机制，以及个体层面如何受到交往经历的影响，这些都是值得继续挖掘的。第二，一定要确保发现的这个结果是真实可靠且可以复制的，而不是仅仅一次实验中随机出现的结果。

现在回想起来，当时这个意料之外却情理之中的小发现，早就被前人或多或少地论述过了，那么我为什么还能继续研究并且最后发表呢？我觉得这和合作者/导师张老师的指导方式密不可分。他当时并没有简单粗暴地对我说"这些发现别人已经研究过了""不用继续了""赶快换一个热门的方向"之类的话；相反，他引导着一个当时还相当于硕士水平的学生对现象保持好奇心，对实验保持新鲜感，在探索过程中实现和维持内在驱动力。这些不正是研究最本质的东西吗？这篇论文终稿正文中汇报的大部分研究，其实纯粹是我当时受好奇心的驱使探索而成的，并非为了向某个期刊投稿而特意为之。所以，在研究想法构建之初，如果同事们都认为你的研究想法很有价值，这当然难能可贵；但如果研究想法和前人成熟的文献有冲突，甚至大家对这个想法都不乐观，我们应该怎么办呢？放弃当然是一种策略，但有时我们还是需要为自己的好奇心保留一份坚持和勇气。

第12章 读万卷书，行万里路

我这么讲，当然不是说对同仁宝贵的意见置若罔闻，而是想要在人们尖锐的意见和自己饱满的热情中智慧地进行平衡，这大概是研究想法诞生时所有人都需要经历的一个试炼吧。

研究推进：不断重复的发现

2012年夏天，光华管理学院举办暑期优秀大学生夏令营，学院里开始出现很多来自全国各地的优秀大学生们。我当时报名作为夏令营活动的助理，帮助老师协调和安排一些行政事务。看着学院里熙熙攘攘的人群，我开始动起了一些"小心思"：是否可以设计一份简单的问卷，将之前两个版本的故事提供给这些大学生，让他们阅读后做出一些决策，来检验我们是否可以重复之前发现的这个结果？负责活动的老师非常地开明，同意让我在所有活动结束后发放问卷。最后，在其他几个系的学生助理的帮助下，我一共回收了接近100份问卷。

在当时的夏令营活动中，没有与谈判和信任密切联系的场景，却有保送研究生的面试这个充满竞争的环节，所以我就地取材测量了应试者们的利他行为（altruism）。结果显示，阅读了接受陌生人帮助故事的学生相对于阅读了接受亲人帮助的学生来说，更愿意将他们面试的问题分享给还没有参加面试的其他候选人。这个结果验证了我们提出的和圈外人的积极经历会影响人们的认知和行为的猜想。这个小研究因为在设计上还存在很多缺陷，最后我们并没有将结果汇报在正式的论文中，但它当时对我的重要性不言而喻，因为它验证了我们之前的猜想，也让我们更有信心继续开展这个项目。我认为，这些微不足道的小成功累积起来的自信心至关重要，尤其对于刚刚起步的博士生来说，可以帮助他们建立自尊，提高其对学术研究的内在兴趣。所以直到现在，我还是很推崇"干中学"（learning by doing）这样的学习方式。学和思固然重要，能够让我们不至于罔和怠，但是践行和实操更可以锦上添花，能够帮助我们在智慧上有机地发展。

两个研究发现了相似的现象，我和张志学老师更加确信这个结果并非偶然，而是有规律的，而这两个研究最终也就成了我们论文中的子研究1和子研究2。我和张老师进一步思考生活中是否还有相关的场景可以进一步验证这个想法。

我们设想了多个情景,最终确定了一个可行的场景。校园中大部分的大学生是得到家长的资助读书的,但也有部分学生得到社会上的捐赠或者得到某些人或机构提供给大学的基金的资助。这两种获得资助的方式是否会影响学生对于社会上一般人的信任呢?我们决定继续检验这个想法。两个月后,2012年秋季学期开学,我担任了张建君老师本科生课程"组织和管理"的助教。这时,我的"小心思"又开始活跃起来:能否得到张建君老师的许可,利用这一百多人的学生样本重新设计一个小实验,再次复制之前的猜想呢?就在这样的想法的驱动以及张建君老师的同意下,我在某次课后实施了实验。在这个实验设计中,我们改变了对圈内人、圈外人操纵的方式,也改变了对结果变量信任的测量,但得出了一致的结论,再一次印证了我们的想法。回想起来,如果没有当时好奇心的驱使,我也不会主动地想着在夏令营和课堂上趁机去实施这两个研究,也就更不会有后续的研究开展了。所以,我认为学会有效地利用和争取资源,对博士生来讲是非常重要的。同时,"纸上得来终觉浅",自己感兴趣的就应该勇敢尝试,研究假设能否得到验证是小事,研究过程真实的体验和学习到的隐性知识(implicit knowledge),才是重中之重。

在已有的几个小实验的结果的基础上,我开始意识到,如果继续改变测量方法,我很有信心继续复制出类似的结果,但是如果将来想要将这些结果发表,那么仅仅是若干个类似的重复实验是不够的,理论的贡献显得尤为重要。于是,我重新回到文献中,开始阅读这方面的文献,发现了群体间接触理论(intergroup contact theory),这也成为后来在投稿时正式使用的核心理论。但坦白地讲,我自己并非心理学专业出身,已有的行为实验对于实验设计的专家来说还略显粗糙。那么,如何扬长避短,整合其他有价值的资源和信息,将这个社会交往与普遍信任的故事讲述得更打动人呢?一个大胆的想法冒了出来。

真实数据:宏观和微观的结合

何不将微观的实验结果和宏观的现实数据相结合?普遍信任本来就是一个大家都关注的社会现象,那么在已有的社会调查里一定能找到类似的证据,去证明和圈内人、圈外人的积极交往如何影响他们的信任水平。如此一来,实验结果取得的内部效度和现实数据拥有的外部效度就可以完美地结合起来,将这个故事讲得更加生动有趣和有理有据。张志学老师对我的这个想法非常支持,并鼓励我试着寻找大样本的二手数据库来检验我们的想法。于是凭着已有的有关公开数据库的知识,我开始顺藤摸瓜地寻找线索。中国综合社会调查(Chinese General Social Survey, CGSS)是一个非常权威的中国社会调查数据库,在这个数据库2010年的调查问卷中,恰好同时有对人们与不同圈子的人交往的测量以及对他们普遍信任的测量。我非常兴奋地尝试把这两种测量放在一个模型中计算,发现得出的结果和我们在实验中得到的结论完全一致,也就是和熟人、亲人之类的圈内人的积极交往对人们信任水平并没有预测作用,但是和陌生人等圈外人的积极交往对人们的信任水平具有正向的预测作用。这个结论进一步说明,圈内人和圈外人之间的差距,来源于和圈外人交往后对一般人信任水平的提高,而不是来源于与圈内人交往后对一般人信任水平的降低。这个研究,最终成了我们论文中汇报的子研究5。

对中国的社会调查数据的分析得出了与我们想法一致的结论,那么可否进一步用全球的数据呢?出于好奇,我又找来了世界价值观调查(World Value Survey, WVS)的数据进行类似的分析。我们用分层线性模型(hierarchical linear model, HLM)对30个国家超过4万份样本的数据进行了分析,又得到了基本一致的结论。这些现实世界中的数据,再一次印证了我们之前在行为实验中得出的结论,这也让我们想要讲述的故事变得更加有趣起来。现在看来,将多种方法相结合,将宏观和微观相结合,已经是管理学研究中一个新的趋势,因为我们所受的专业训练尽管不同,但是想要探讨的现象和问题都是同一个,所以我们必须在研究中随时提醒自己:我的研究问题到底是什么?我的研究问题的价值到底在哪里?

评审过程:加法与减法的权衡

2014年年初,张老师通过邮件向我和Jeanne分享了一份OBHDP特刊的征稿启事,主题是"Leveraging phenomenon-based research in China for theory advancement"(利用基于中国现象的研究发展理论)。张老师建议我们和Jeanne

将这个有关信任的研究整理成文,基于研究本身的现象和样本特点,写了一篇具有中国故事特色的论文投到这个特刊。这个建议立刻得到了Jeanne和我的一致认同。但是,当做出这个决定时,我们也意识到一个严重的问题:OBHDP是一本注重个体决策过程的学术期刊,但是我们迄今为止的研究都只是关注圈内人、圈外人的主效应,缺乏对中介机制的探讨,那么这就意味着我们必须增加研究对中介机制进行探讨。张老师和Jeanne提醒我,要寻找正确的中介机制,就需要回到理论中去,而不是仅仅依靠自己朴素的感觉。

为了找到合适的中介机制,我开始再次阅读我们选定的群体间接触理论,将理论已经阐述过的机制与我们研究的现象相结合,以便能够寻找到一个合理并且有价值的解释机制。值得注意的是,理论以往能够解释的只是和某一类人的接触影响对这些人的态度,但是我们的研究关注的是与某一类人的接触可以泛化到更广泛的群体当中,而这种影响不仅是情感层面的,而且是认知层面的,因为涉及了信任这种非常理性的心理状态。所以,我们认为态度这一机制的解释能力或许还不够,行为这一机制才是一个突破口,而这也正是后来我们探讨的间接互惠(indirect reciprocity)想法的来源。当理论上变得清楚和明确后,我们就决定去具体实施,而这时一位非常重要的合作者加入了我们的团队,他就是Keith Murnighan教授。当时,我作为一名访问学生,正在凯洛格管理学院旁听几门博士生的研讨课,其中一门就是Keith Murnighan教授的课程"Experimental (and Other) Research Methods (Concentrating on Individuals and Groups)"。在和Keith的课堂讨论中,我意识到他在信任方面有许多非常经典的研究,他在信任博弈(trust game)这个研究范式和实验设计上属于国际顶级的专家。几次交流下来,我就决定选择信任博弈这个设计来检验我们提出的中介机制,而Keith也在我们的邀请下欣然同意加入了这个研究项目。至此,我们的研究团队最终形成。张老师、Jeanne和Keith三位资深教授都是学术造诣深厚、人格高尚的大师,他们毫不吝啬地对我进行指导,在这个研究项目以及诸多与学术相关的视野和心态上都对我影响颇深。三位教授在对学生的指导上有一个共同点,那就是他们都有敏锐的洞察力,所以会给学生提出方向性的建议,而不是手把手事无巨细地给出答案。这样的指导方式对于帮助一个博士生早日成为一名独立自主的学者有着非常重要的意义。当然,有老师指导并不意味着文献可以少读一篇，更不意味着论文可以少写一个字；相反，我担任第一作者来协调一个充满了大师的团队，工作上更是不敢有半点马虎，所以反而让我在细心和专注上有所精进。

2015年1月，我们将文章初稿投给了OBHDP。四个月后，我们收到了主编的决定信，得到一个修改后重新提交的机会，但同时主编也强调说这是一次高风险的修改。我们在认真阅读决定信后认为，主编和评审人总体来说对文章持有比较正面和积极的态度。这个判断当然让我很高兴，但这并不意味着我们接下来需要做的修改工作能有任何懒惰。三位评审人和主编给出的最重要的两个意见是做一个加法和一个减法。加法是增加一个组内实验设计的研究，因为评审人希望看到社会交往导致信任变化的动态过程；减法是去掉跨国二手数据这个研究，因为它与这份特刊关注中国的主旨并不符合，并且与其他几个研究在关注点上也有差别。我们很同意评审人提出的这两个大的意见，但两件事做起来都不算容易。减法看起来容易，只需要删减即可，不过要删除一个花费了自己很多精力的研究时，还是会很不舍得的。但是，为了文章整体的一致性，有时做减法是非常有必要的。相比起来，做加法就更难了。在评审过程中被要求增加研究常常会让作者很头疼，因为这意味着大量新的工作，并且结果也无法保证得到完美的复制。幸运的是，评审人对我们这个新研究的要求十分明确，那就是组内实验设计，所以我们在实验设计和实施过程中一直都将这个最关键的要点记在心中，那就是怎样通过组内设计记录下个体在经历前和经历后信任水平的动态变化。所以，在第一轮修改中，我们花费时间最多的就是如何设计和执行这个新研究。

在收到决定信后不久，我们又得到另一个消息，OBHDP为了这一次的特刊决定举办一个工作坊，让得到修改后重新提交机会的十多篇文章的作者与主编见面，汇报自己的修改措施，并得到主编的指导。这种工作坊的形式尽管在常规期刊投稿中并不存在，但是在很多的特刊中会出现。在南京大学参加工作坊时听到几位主编这样说道：如果能够成功回应评审人的意见，这十几篇论文最终都可以发表；如果都无法达到评审人的标准，最终都不能发表。这席话让我一下子醒悟了过来，其实期刊公布的收稿率和拒稿率只是一个统计意义上的数字，并不代表投稿者之间存在任何竞争关系。相反，我们其实都是在和期刊的要求及水准竞争,或者说是自己和自己竞争,看是否可以将论文修改成更加优秀的版本,最终达到顶级期刊各方面的要求。明确这个想法对于所有的投稿者都非常重要:如何契合期刊本身的定位,如何满足特刊独特的主题,又如何在原本的基础上不断提升论文的质量,这些都是投稿者需要思考的问题。

在当时的工作坊上,我们按照原有的思路汇报了我们修改的计划和策略,听取了执行主编陈昭全教授的反馈意见,然后立马投入到修改之中。经过思考,我提出了一个想法,将常规的两人信任博弈修改为三人信任博弈,从而可以模拟角色 A 与角色 B 的交往如何泛化到对角色 C 的态度中。这样的修改可以完美地契合我们的研究问题,也可以有效地回应评审人的意见。但是,这样的修改同样也面临着实施上的困难。行为经济学在使用博弈时通常是探讨规则对行为的改变,所以他们一般不允许以任何方式欺骗实验参与者;但是我们借用这个范式的目的是研究信任改变的心理和行为机制,所以真实的三人博弈会让实验变得难以操控。因此,我们最终的实验尽管本质上只是个体的行为决策,但是我们通过对各个细节的把控,保证实验参与者觉得他们真的就是在和实验室里的其他人进行互动。这个研究最终成为我们汇报的子研究 4。总体来看,第一轮的修改除了增加了新的研究,我们在理论的重新选取和整合上、在核心概念的重新定义和解释上,都花费了很多时间展开细致的工作,回复主编的信件字数加起来基本上和最后发表的正文字数相差无几了。最终,2015 年年底,我们将经过第一轮修改后的稿件重新投给了 OBHDP。三个月后,我们得到第二轮修改后重新提交的机会,而这一次评审人的意见相对来说就要少很多了。在这个基础上,我们又对一些细节做出了精细的修改,获得了第三次修改后重新提交的机会,并且最终在 2016 年年底收到了录用邮件。

在修改并重新提交的过程中,给主编和评审人回复邮件是非常重要的一个环节。我的体会是,越是顶级的期刊,评审人的意见越具有建设性,不会出现无端的指责和批评。也就是说,这些意见对文章最终的成型,都是非常有帮助的。自己辛苦完成的作品受到别人的批评,不由自主地会产生负面情绪,这是人之常情。所以,在阅读评审人的意见时,作者更需要保持谦逊和理性的心态,这样才能最大限度地吸收这些意见里隐藏的洞见。同事们常打趣地说,评审人说的一切都是对的。其实从沟通的角度来说这不无道理,因为沟通不在于自己讲了什么,而在于受众听到了什么。如果连同行专家都认为自己的文章没有讲清楚,或者存在明显的漏洞,那么其他人在阅读时可能就更困难了。利用好这些意见将作品完善至臻,是向国际期刊投稿的学者应该具备的一种心态。我在和不同的学者合作研究时也发现,不同的人在回复评审人的意见时会采取不尽相同的策略。有的人更喜欢采用谦和的语调,有的人的言辞则更加坚定和直接。但是,他们共同的特点都是对评审人提出的问题不回避、不绕弯子,而是直截了当地进行回应,从而从根本上解决对方提出的问题或者消除对方产生的疑虑。这一点,也是英文写作和中文表达之间的一个巨大的差别。

任重而道远:珍惜眼前和憧憬远方

我觉得发表了一篇论文还远远谈不上任何意义上的成功和经验。一来身边优秀的同事拥有更加杰出的作品和谦逊的人格,他们比我更有发言权;二来每个人的背景和心态都是截然不同的,所谓的经验反而成了本应野蛮生长的各种多姿多彩的人生的桎梏。所以,经验谈不上,但是通过回顾自己博士阶段学习的经历,以及观察周围优秀的同行,我觉得有三个建议倒是可以和年轻的博士生同学分享。这些建议不一定都正确,但是可以给大家提供一些不同的角度,引发不一样的思考。

第一个建议是有关选择的。要不要进入博士生项目,这是一个选择。曾经有报考光华博士生项目的同学向我询问面试的技巧,我的回答是,真实地回答自己的想法就好,面试老师并非故意刁难,而是帮助面试者判断自己是否适合博士生项目,所以如果没有面试成功,说明自己更适合其他的行业,这反而有助于避免职业上的弯路。博士生项目培养的目标通常是未来的学者和教师,并非企业家或政治家,所以选择读博前需要反复问自己,只是希望追求一个所谓名校的博士学历,还是真的愿意把科研工作作为事业来追求。在选择前,多向师兄师姐询问客观的信息,而不是求职的技巧,才能帮助自己更清楚地看到自己和所选事业之间的匹配度,最后做出明智的决策。当然,并非每个人在读博前就有坚定的科研追求,这也是非常正常的。兴趣和热情可以通过在实践中积累的成功逐渐建立起来,所以有时并非爱一行干一行,而是干一行爱一行。但是,如果在不断地尝试之后发现自己真的不喜欢也不适合,那么是否要毅然决然地退出,这也是一个重要的选择。我们听过太多名校退学成功创业的名人故事,我倒觉得这些略显戏剧化的退学情节背后强调的是故事主人公在做选择时的智慧和勇气。理性地将以往的沉没成本抛之脑后,关注自己真正的兴趣并投入热情,这在某些选择上反而是更重要的。总之,从更长远的角度来看,我会建议所有年轻的博士生自己对自己诚实,在做选择时跟随自己的内心,都能选择自己真正热爱的事业。

第二个建议是有关坚持的。对于任何职业,局外人看到更多的是这份职业有趣和光鲜的一面,但自己要想成为这个领域的专家,重复性甚至枯燥乏味的技能磨炼是必不可少的工序。学术亦然。博士阶段的训练需要学生独立进行大量的阅读、研究和写作,使得这种枯燥感更加强烈,所以坚持这种品质在博士学习阶段以及今后的学术生涯中都非常重要。要如何克服寂寞享受孤独去深入思考,要如何在面对困难时不被打倒痛苦地摸索解决方案,都是博士学习阶段中的日常修炼。这是否意味着所谓的外向人格就不适合做学术了呢?我倒不这么认为。呆板内向是大家对博士和教授的一个刻板印象,在现实生活中,很多同行都拥有丰富的内心世界和广泛的业余爱好,很多人都是外向而活泼的,这和他们在工作中坚持的品质并不矛盾。坚持并不意味着墨守成规,而是强调在选择了学术之后,专注于当下,下功夫坚持提升自己的能力。

第三个建议是有关执行的。强大的执行力,是我在很多优秀的同行身上看到的一个共同的优点。在管理学领域,思考固然重要,但是一味地空想却并不可取,身体力行是必要的步骤。实证研究的一个基本逻辑就在于,当我们通过理论推导出假设后,必须到现实中去获得数据来验证我们的猜想。执行力表现在各个方面,例如对一个有趣的现象是否主动地进行深入的思考,对组会谈论过的想法是否进行整理和推进,对理论猜想是否迅速转换为一个可操作的研究,等等。具体来说,我认为执行力其实意味着自我控制能力和时间管理能力两个方面。一方面,从博士阶段的学习角度来讲,博士常常被误认为是学生,但它其实是一份工作。这份工作可以被视为进行正式的学术研究前进行的严格培训阶段,但只是因为它所处的环境还在高校,所以很多学生还没有适应这个身份和心态的转变。换句话说,博士生不应该期待着导师或者其他任何人来对自己进行监管,而是应该逐渐培养自我学习和自我监督的能力,才能应对今后成为一个独立学

第12章 读万卷书，行万里路

者的工作状态。另一方面，从就业求职的角度来讲，博士生毕业之际在应聘高校和研究机构时，对方自然会考察应聘者的科研能力，而此时最直观的考察方式就是科研发表。即使有通过苦思冥想得来的精妙理论，但如果缺少科研项目的实际经验，也很容易会遭遇怀才不遇的尴尬处境。所以，如何利用好看似漫长实则短暂的几年博士生学习时光，既打好科研基础又开始发表高水平的论文，这对博士生的时间管理能力是一个巨大的挑战。当然，执行力并不代表着对任何想法都不假思索和投机取巧，它强调更多的是在没有外在约束力的情况下学生应该时刻慎独，在管理好时间的基础上高效地推进学习和研究。

"士不可以不弘毅，任重而道远。"人们对这句话的解读大多包含了责任重大的使命感和道路艰难的沉重感之意，但在我看来，任重才使得目标的获取有了意义，道远才使得路途上的经历丰富多彩，所以人们应该对所有的经历都抱有期待才对。在任重道远的路上，读万卷书，行万里路，构成了很多求知者的前进方式。读万卷书，可是书里很多角色的名字到后来都想不起来了；行万里路，可是路上看过的风景也会在记忆里慢慢模糊，那么阅读和行走的价值到底在哪里？这就像吃饭，每一碗饭和每一道菜早就被代谢了，但是它们却共同组成了我们的骨骼和血肉，成为身体不可或缺的一部分。就像这篇论文的发现一样，和不同圈子的人的交流与接触，不一定让我们记得他们每个人的面孔，但是我们的眼界和心态已经在潜移默化中被影响了，构成了新的自己。

当然，行万里路，并不意味着我们总要对诗和远方抱有过分的痴迷，反而是劝导我们珍惜每一段经历，专注当下。有人说什么样的经历会决定你做什么样的研究，我深以为然。我一直是个喜欢旅行的人，喜欢对世界保持好奇，喜欢和不同的人交流，喜欢探索新奇的故事。带着这样的心态，我走过三十多个国家，用自己的双脚丈量世界，努力地保持着好奇心和幽默感。这些旅行的经历，帮助我在研究和教学中源源不断地吸取新的灵感，更重要的是改变了我在学术和生活上的心智，变得更加平和及简单。毕业之后，我选择了和很多同事不太一样的工作地点，到法国 IESEG 管理学院从事教学工作。有朋友问我，为什么选择去法国？我说，理由其实很简单，想借着这个机会到欧洲走一走看一看，外面的世界很精彩，仅此而已。所以，这个研究带给我的，不仅是一篇论文的发表，更重要的是提醒我享受每一次的阅读，探索每一次的旅行，对这个世界一直保持一颗柔软的好奇心。

博雅光华：在国际顶级期刊上讲述中国故事

附录　对姚晶晶等人论文评审过程的回顾

陈昭全

这篇短文回顾了一个年轻的管理学者在踏上发表高水平研究成果旅途中所遇到的挑战和机会。这篇回顾主要基于我担任姚晶晶等人这篇论文执行主编的相关经历，但也穿插了这篇论文和其评审过程以外的我个人的一些经历和观察。

首先，背景信息。这篇论文在被 *Organizational Behavior and Human Decision Processes*（OBHDP）接受前经历了三轮的修改。作者有四位，包括论文的主要作者，即刚刚从北京大学光华管理学院毕业来到 IESEG 管理学院工作的年轻学者姚晶晶，以及三位资深学者，分别是论文的通信作者，即来自北京大学光华管理学院的张志学，以及另外两位合作者，即西北大学凯洛格商学院的 Jeanne Brett 和 Keith Murnighan。这篇论文的两个特点值得注意。第一，这篇论文发表在 OBHDP 的特刊上，致力于"利用基于中国现象的研究发展理论"。这期特刊明确地关注中国管理现象，所以作者不用担心再被西方期刊的主编和评审人持续不断地质问"为什么是中国"。其次，针对这期特刊开展了一个特殊的工作坊，让通过初审的作者有机会面对面地和主编交流，目的是进一步修改文稿使其可能发表在这期特刊上。

论文作者想要研究一个在中国众所周知的现象，也就是中国社会缺乏普遍信任。从表面上来看，这篇论文完美地契合了 OBHDP 这期特刊的主题。但是，正是因为这个现象如此被大众熟知，所以对组织行为学研究来讲也就成了一个特别的挑战。首先，社会学家已经观察到中国社会缺乏普遍信任这一大众熟知的现象，那么想要研究它就必须清楚地阐述它与组织和管理的相关性。其次，普遍信任这个概念就像很多耳熟能详的概念一样，到了要真正去定义它时，大家才感到之前的概念既不清楚也不直白。例如，对社会的信任到底是指对社会整体的信任，还是对社会制度体系的信任？这个现象存在于人际关系（personal relationship）还是非人关系（impersonal relationships）？这个现象存在于个体层面、团队层面，还是组织层面？最后，当面临如此突出和普遍的一个现象时，研究

第12章 读万卷书，行万里路

者往往会受到对研究视野的选择和对组织管理的启示这些方面的挑战。

  为了解决上述问题，并在最恰当的理论视角、研究的水平和范围以及与特定组织有关的问题等方面做出明智的决定，主要作者和研究团队必须拥有足够的理论和实证的知识技能以及自信心。此外，还需要组建一个团队，团队成员要在项目构思的最初阶段就加入进来，而不是当项目已经进行到后期时才增加成员来做一些微妙分析或理论重构或校对编辑的工作。就姚晶晶的情况而言，我很难想象作为一个年轻学者（即使作为有经验的学者亦是如此），如果没有来自资深团队成员在实质上和社会心理上的支持，完全依靠自己如何能够构思和开启这个项目。我这么讲并非低估姚晶晶的天赋和贡献，而是想突出说明合作研究的重要性以及在项目理念的一开始来自资深团队成员支持的重要性。

  当一名年轻学者得到强大研究团队的支持并且选择了一个重要但缺乏研究的话题时，就朝着有趣且重要的研究迈进了一大步。实际上也是如此，在这篇论文初次投稿时，姚晶晶和他的合作者汇报了五个子研究，这包含三个实验和两个使用二手数据的实地研究，探讨了和圈外人的积极经历如何提升一个人的普遍信任。结果非常有趣，看起来验证了作者的一个假设。所以，作者收到了一个正面的第一轮修改后重新提交的邀请。但是，评审人同时也提出了一系列在理论和方法上的问题。理论上来说，评审人提出的主要问题是文章缺乏一个理论的聚焦点，也缺乏一个对核心构念普遍信任的准确的概念化。从方法上来说，五个子研究中的两个的合理性遭到了严重的质疑，作者也被建议重新设计一个组间的研究来清楚地展示个体和圈外人的积极经历是如何提升自己的信任的。在这个时候，虽然评审人的态度总体来说还算正面，但是这篇论文的命运远未确定。是否能完成一个令人满意的修订，取决于作者是否能够很好地确定文章的理论视角，是否能够提升普遍信任的概念准确度，是否能够使用一个更加严谨的设计复制之前的结果。在众多评审人的意见中，有一些是非常具体的，例如减少使用的理论种类，使用社会交换理论作为总体理论，使用对陌生人的信任作为结果变量，开展一个新的组内实验代替之前并不太相关和严谨的研究。但是，作者也被鼓励说他们可以自己想出自己觉得合适的办法来解决评审人提出的这些问题。

  告知作者他们可以选择自己想出办法来解决问题，尽管增加了自主性，但也会引起作者不确定性和风险的感知，因为他们自己想出的办法不一定会让主编和评审人满意。这里我再一次强调,团队工作带来的实质性和心理上的优势,以及资深的团队成员的专业技能对于成功的论文修改是至关重要的。值得注意的是,我认为并非只是第一作者姚晶晶和通信作者张志学在完成论文的修改,而是在他们的协调下,来自亚洲、欧洲和美洲三个大陆的学者共同在完成这份工作。作者在解决评审人的主要问题方面做得十分出色。例如,论文最开始的题目"Understanding generalized trust in China: The sources of positive experience matter"(理解中国的普遍信任:积极经历的重要性)被改成了"Understanding the trust deficit in China: Mapping positive experience and trust in strangers"(理解中国的信任缺失:连接积极经历与对陌生人的信任),来强调对陌生人的信任是普遍信任的一种特有的类型。论文的理论更加简约和连贯,添加了一个新的组内设计的研究结果,去掉了一个使用二手数据且与论文个体层面的关注点不太相符的研究。尽管这一轮修改被证明是非常成功的,但作者也做出了一个大胆的并且需要较强的辩护能力的决定。例如,作者并没有听从主编的建议使用社会交换理论,而是选择了整合群体间接触理论和费孝通的差序格局理论来作为整体的理论框架。在他们给主编的回信中,他们为自己的决定给出了周密的解释和理由。偏离主编给出的建议,即使有正当的理由,也会被大家视为过于冒险和不确定,尤其是假如这是没有经验的作者第一次独自做出这样的决定。在回复评审人时,对于每一个有挑战的观点、每一个挑剔的评论和每一个建议,作者都必须问自己:这是什么意思?我们的立场是什么?如何回应评审人之间自相矛盾的观点?如何坚决地但是充满敬意地表达自己的不同意见?哪些建议应该在回信中明确采用而哪些又应该只是在思想上接受?所有的这些问题都要求作者有独立的思考和判断,以及与合作者共同协商。想要成为这方面的能手,只有靠真正去做才行。但是去做的时候,没有资深的学者在能力和意愿上的支持,就会变得不仅费时费力(例如论文被拒),而且需要一个更为陡峭的学习曲线。

尽管在第一轮修改中,姚晶晶和他的合作者已经解决了总体情况上的问题(例如,整体的理论视角和组内实验的证据),但仍然需要在所有主要构念(也就是普遍信任、对陌生人的信任、间接互惠)在定义的清晰度、论点的顺序以及整体的连贯性上继续修改提升。但是,在这一稿的修改中又出现了一些在初次

第12章 读万卷书，行万里路

投稿时没有看到的论述上的问题（部分语法和文本），这需要大幅度的重写和编辑。

我的猜测是，作者为了解决论文实质性的问题，可能忽略了研究呈现和语言上的瑕疵，所以我选择了有条件地接受这篇论文，前提条件是作者必须成功地解决剩余的若干问题，尤其是我重点提到的写作方面的问题，并且鼓励研究团队里的作者（尤其是英文作者）参与其中来完成这个任务。

对中国的写作者来讲，用英文写作也是一个主要的挑战。这种挑战并不太是语法方面的（越紧迫的问题往往是相对越容易解决的），而主要是不精准的用词和迂回的、不直接的表述方式会造成英文阅读者的理解困难。作为一个完全的中英文双语者，我往往能够猜到中国写作者（英语作为第二语言）想要表达什么，也可以分辨出实质和风格之间的差别。但是，对于只会讲英文的读者来说，在呈现上的差别可能会被误认为是缺乏对信息和知识的掌握，或者是缺乏在推理和逻辑上的成熟性。对于想要在西方语境下担任学术研究上的领军人物的中国学者来说，必须做出持续的艰苦努力来不断打磨和提升英语写作的技能。

在第三轮修改中，作者不但对文字进行了仔细的修订，还通过加入当代的对中国人关系的研究以及进一步强化主要变量的概念准确性来加强论文理论的严谨性。最终，论文被接受发表在这期特刊上。

我以上的回顾与想要在高水平的英文社会科学类学术期刊上发表有影响力的研究成果的中国组织管理学者息息相关。讲一句题外话，现在对中国学者来说用中文在有影响力的社会科学期刊上发表严谨的论文的机会越来越多。但是，用英文写作和在西方主流的社会科学期刊上发表论文仍然是任何想要接触和影响更全球化的受众的中国学者非常渴望的。为此，中国写作者必须认真思考那些能转化为科学研究的重要管理现象，也必须要全面学习和掌握独立地构思、执行和汇报科学研究的能力（包括并非不重要的英语技能），还必须拥有能力加入、组建和领导一个具有国际化的互补的观点和技能的团队。这些对博士教育和年轻教员的发展的严格要求有多重启示。博士项目里在合适的位置上必须要有教员和系统保证学生接受到严格的基础训练以及教导他们进行有责任感的科学研究。另外，参与合作研究，接受关爱年轻学者的、有能力的、要求严格的资深教授的指导,看起来是将年轻学者培养成杰出研究者的最有效的方式。

陈昭全(Chao C. Chen),美国罗格斯大学商学院教授。在纽约州立大学布法罗分校获得组织行为与人力资源博士学位。研究领域包括跨文化管理、组织公正、领导学、人际关系、商务伦理等。大量研究作品发表在国际顶级的学术期刊上。现任 *Management and Organization Review* 的资深编辑。

第 13 章　再出发：散作满天星，聚是一把火

秦　昕

Xin Qin, Mingpeng Huang, Russell. E. Johnson, Qiongjing Hu, & Dong Ju (forthcoming). The short-lived benefits of abusive supervisory behavior for actors: An investigation of recovery and work engagement. *Academy of Management Journal*.

编者导言

　　秦昕与合作者发表的这篇论文，是目前中国学者在 *Academy of Management Journal* 上发表的少有的几篇论文之一。他们"险中取胜"，呈现了一篇非常有意思的论文。在该研究中，作者探究了辱虐型领导行为如何影响领导者自身，将辱虐型领导的后果研究从关注对下属的影响转移到对行动者自身的影响上。这一视角的转变回答了一个有意思的问题——尽管知道辱虐下属会有许多消极的影响，但为什么仍有不少领导者会做出辱虐下属的行为？辱虐领导行为是否会给领导者带来一些积极的影响呢？秦昕等人的研究发现，在领导者辱虐下属之后，领导者在短时间内可以提高恢复水平（recovery level），并间接提高工作投入度（engagement）；对于那些移情关怀（empathic concern）倾向低，或者面临比较高的工作要求（job demands）的领导者来说，通过辱虐下属来获得

短期资源补充的效果会更为明显。有意思的是,作者通过补充分析发现,从长期来看,辱虐下属其实反而会降低领导者的恢复水平。这篇论文的发现可谓"意料之外,情理之中"。

更难得的是,秦昕与三位师弟师妹纯粹是为了延续在光华管理学院读书时的美好岁月,通过商讨四个人研究领域的交集,找到了一个大家都可能有贡献的话题。虽然他们选择的"辱虐管理"这个话题的研究已经做得太多了,但他们却惊人地推陈出新,将一个原本看起来平常甚至平庸的话题研究,做得十分有趣。

秦昕与三位师弟师妹合作的经历对国内的年轻学者有很好的借鉴意义。首先,他们在如何打造高效的合作团队方面做出了很好的示范。合作做研究是一个长周期的任务,信任关系是基础。一旦信任关系不稳固,那么"痛苦的"合作体验可能需要持续两三年甚至更久,这是很可怕的。秦昕团队中的四位成员都毕业或就读于光华管理学院,之前他们彼此有一些合作经历,也都是很好的朋友关系。他们之间既有认知信任(cognitive trust)又有情感信任(affective trust),这为他们在合作过程中的坦诚沟通、不计较"利益分配"奠定了基础。其次,要"胆大心细"。所谓"胆大",指的是在选择研究选题和进行研究设计的时候要敢于突破常规,引入全新的视角,做出原创性的设计;而"心细"则体现在与评审人"对话"的过程中,要仔细解读每一位评审人的每一条意见和建议,并有效地加以解决。这也是他们能够"有惊无险"地在八个多月的时间内使论文被 *Academy of Management Journal* 接受的重要原因。最后,建立并贯彻常规(routine)。秦昕与三位师弟师妹在一年多的时间里每周坚持远程讨论会,每次讨论两个小时,尤其在撰写论文的阶段,由于一位师弟(博士在读)出国访学,团队还需要克服时差的障碍,如此长时间的坚持实属不易。当这种坚持成为一种习惯后,自然会促使研究向前推进。

秦昕的这篇回顾文章可以让中国的学者备受鼓舞,中国学者具备在国际顶级期刊上就主流问题发表论文的能力。这群对于国际前沿学术动态和研究范式非常了解的年轻人,齐心合力地解决一个学术问题,攻下一个学术难关。他们保持了密切的交流和沟通,邀请了恰当的国际专家加入队伍,以最高的标准收集数据,并使用光华管理学院的行为科学实验室资源解决论文评审过程中出现的难题。

第13章 再出发：散作满天星，聚是一把火

秦昕在2017年3月的某一个周末与本书编者之一张志学通电话，提到投给 Academy of Management Journal 的论文获得修改后重新提交的机会，不过是一个"极端高风险的修改"机会。张志学听他讲了评审团队的几个主要评价后，内心也觉得希望渺茫，但还是鼓励他们修改试试，至少可以获得修改后重新提交的锻炼机会。看来这句纯属鼓励的话给了这几位年轻人一定的信心，自我实现预言(self-fulfilling prophecy)在他们那里出现了！

秦昕与其合作者在回应责任编辑和评审人的"发难"时，表现出了他们的独立性和创造性。本来在经验取样法设计中同源误差问题是可以控制的，不过既然评审团队严肃地指出了这个问题，就还是需要解决的。他们能够换一个角度去考虑这个问题，认为同源误差问题实质在于使得推断研究中变量之间的因果关系变得困难，于是绕过同源误差问题，直接采用实验研究来提供新的证据。这是非常聪明的决定。同时，他们采用的实验设计也非常精巧，而且在中国和美国都实施了。从中可以看出他们受到主流社会心理学和当代心理学导向的组织研究范式的影响。这也是光华管理学院在培养组织行为方向的博士生时所注重的，他们中的一批人受到了非常扎实的社会心理学理论和方法的训练，不少人还给本科生上过社会心理学的课。我们鼓励学生多多使用学院的行为科学实验室从事研究，又迫使学生到企业去从事调研。秦昕等人的这篇论文综合了现场调查和实验室研究的优势，使得研究兼具内在效度和外在效度。我认为，聪明地采用实验研究是打动评审团队的关键，从"极端高风险"的决定一下子跳转到"有条件接受"。看似不可思议的逆转，其实表现出秦昕及其团队对于研究中核心问题的深思熟虑和精准把握，评审团队的专家可谓慧眼识文章！在众多的辱虐管理的研究中，这篇论文的独特性不仅在于将视角转向了领导者从事辱虐管理之后的效应，更在于其坚持高标准的实验设计。秦昕和他的师弟师妹们以实际行动在研究中拒绝了"精致的平庸"。

我们特别邀请与秦昕合作的三位师弟师妹，回顾他们合作完成这篇论文的过程和他们各自的感受。从秦昕及其合作者们的感悟中，我们看到了中国管理学研究未来的希望。十多年来，北京大学光华管理学院和中国的同行院校培养出了一批训练有素、热爱学术、乐于且善于合作、取长补短、志存高远、奋发向上的年轻人，他们会将高水平的学术研究发扬光大，并注定会在国际管理研究的学

术社区中逐渐调高中国学者的声调。

作为秦昕等人这篇论文的责任编辑，Prithviraj Chattopadhyay 教授在他撰写的文章中提到，他看到初稿时，虽然发现论文有很大的潜力，但却也存在严重的问题。他认为作者们修改论文的方式打动了他。秦昕与合作者是如何说服 *Academy of Management Journal* 的责任编辑的呢？读者可以从 Prithviraj Chattopadhyay 教授的文章中获得更多的信息。

这篇论文是我和三位师弟师妹、一位国际学者合作的一篇论文，与其说是一篇论文，不如说是一段难忘的合作时光……

2014 年 7 月我从北京大学光华管理学院（以下简称"北大光华"）获得博士学位，并正式到中山大学管理学院（以下简称"中大管院"）任教。到中大管院后，我花了很长的时间重新梳理和沉淀了自己的研究脉络。一方面，希望用两年的时间对博士期间开展的"纷杂的"研究做些整理和投稿工作；另一方面，希望在博士生工作的基础上，重新架构新的研究。这篇发表在 *Academy of Management Journal*（AMJ）上的论文就属于第二方面的工作。

研究兴趣的震荡、延展与重塑

找不到准确的记录，大概是 2015 年年初，在梳理研究兴趣的同时，我也在反思我自己的合作团队。到中大管院后，除了延续之前的合作团队，也希望建立一些新的合作团队（包括开始与管院的同事开展一些合作研究）。在这些重塑和新建的团队中，我很早就想到我的师弟师妹们。后来陆续跟几个师弟师妹说起一起合作这个想法，他们都表现出极大的热情（其实我当时很诧异，难道艰苦的博士生活还没有磨灭他们的好奇心？）。几乎是一拍即合，我们很快（大约在 2015 年 10 月至 11 月）就建立了一个微信群，包括鞠冬（2015 届博士，任教于北京师范大学）、黄鸣鹏（2015 届博士，任教于对外经贸大学）、胡琼晶（博士生，预计 2018 年博士毕业，即将进入浙江大学任教），开始讨论研究。

在这之前，2014 年年底时，我应邀到江西财经大学作学术报告，和我一起受邀的还有同济大学的魏峰教授，不敢说我的分享能否给其他老师和同学带来一

第13章 再出发：散作满天星，聚是一把火

点点启发，但可以肯定的是，魏峰教授的分享让我印象深刻。他将研究根据两个维度分为四类，我很喜欢他的分类，我们很多人的研究都掉入了"精致的平庸"类别（采用严谨的方法研究无聊的问题）。回校后，我就跟他们分享了这种分类方法。后来我们时不时地都会提及，我们做的研究是不是也属于"精致的平庸"这一类。

刚组建这个团队的时候，"重新开始"的盲目大大盖过了对未知的恐惧，似乎"春天的花开秋天的风以及冬天的落阳，忧郁的青春年少的我曾经无知地这么想"。尽管读博期间和其中两位分别有一些合作基础，但我们四个人一起合作，还是显得很生涩。我们这个团队最开始合作的研究是关于琼晶之前和我一起做的一些前期工作的想法，经过这个研究的磨合，我们的合作就显得没那么生涩了（研究形成的论文目前已被 Human Relations 接受：Qin, X., Huang, M., Hu, Q., Schminke, M., & Ju, D. (forthcoming). Ethical leadership, but toward whom? How moral identity congruence shapes the ethical treatment of employees. Human Relations）。

要开展新的合作，我们需要一个有意义的研究问题，说大一点即是我们需要一个共同的、有意义的研究方向。我的博士毕业论文是关于公平的，为了将研究方向扩展些，我开始将研究兴趣扩展为伦理（ethics）。鞠冬的博士毕业论文探讨了辱虐管理（abusive supervision）。鸣鹏和鞠冬是同班同学，其研究方向很专一，基本都集中于领导力（leadership）；琼晶刚开始和我们合作的时候，他才博士三年级（据他回忆，那时正是他读博期间最迷茫的时候），是不折不扣的小师弟（我们没有把他当成"小师弟"，估计他也没有把自己当成"小师弟"？可见我们团队有多平等），其研究方向还在不断地形成中，初步选定的方向是关于团队（team）和地位（status）的。经过四五次的讨论，2015 年年底或 2016 年年初，我们决定将大家共同的研究集中于辱虐管理方向，这个话题基本上可以算作我们几个人比较好的交集（跟琼晶之前的研究稍微偏离一些），同时我们之前也有一些研究基础（比如毕业前我和鞠冬在辱虐管理方面有一些研究积累，鸣鹏对领导力研究也比较熟悉）。作为一种常见的领导者破坏性行为，辱虐管理行为是指领导者对下属做出的语言或非语言的敌意行为，但不包括身体接触。在过去几十年中，管理学者对领导者做出的破坏性行为表现出极大的研究兴趣。

从方向到具体问题、研究设计和撰写

在基本确定团队的合作方向为辱虐管理后,我们在以前工作的基础上,进一步系统地梳理了辱虐管理的文献。同时,我们也尽力还原辱虐管理在现实生活和组织中的情况。比如,经过不断地回顾生活中见到或听到的类似情景,我们很容易就发现,组织中的辱虐管理,基本包括三方:行为方(即上司,做出辱虐管理行为),接受方(即员工,被辱虐的对象),第三方(即被辱虐员工的同事,观察到同事被上司辱虐)。现有辱虐管理的文献,绝大多数都集中于被辱虐的员工,即研究辱虐管理对员工产生的影响,主要的结论是,辱虐管理会对下属产生各种短期和长期的负面影响。除此之外,小部分研究则关注看到同事被辱虐的第三方(自己没有被辱虐)也会产生各种负面的态度和行为结果。我们"惊奇地"发现,现有研究竟然"忽略"了辱虐管理行为对领导者自身的影响,也就是说,上司做出辱虐管理行为后,会对自己产生什么影响呢?

发现已有文献中留下的这个"忽略"点并觉得这个现象本身颇有探讨的价值之后,我们都觉得这是一个很好的问题。经过差不多几周的讨论,我们有了一些想法,并选择了两个选题:一个选题是上司做了辱虐管理行为后,一方面其负面情感(negative affect)会提高,另一方面,其恢复水平(recovery level)也会提高,负面情感和恢复水平进而影响上司的工作投入,这个选题就是这篇 AMJ 论文所探讨的;另一个选题是关于上司辱虐管理行为对其感知到的权力的影响,是我们的另一篇论文。其实,在这个想法之前,我和密歇根州立大学的 Russell E. Johnson 教授已经讨论过类似的一些想法。之前我和他已经有两段很愉快的合作经历,当时已经有一篇论文在 *Journal of Applied Psychology* 上发表了,另一篇正在 *Personnel Psychology* 接受评审(现在已经被接受)。基于我与 Russell E. Johnson 教授的讨论和合作,我很自然地推荐他加入我们这篇论文的研究团队。

由于我们的这项研究最开始只是关注短期的影响,即上司做出辱虐管理行为,短期内(如一天内)会对自身产生什么影响,因此我们决定采用经验取样法(experience sampling methodology,ESM)来检验假设。在收集数据之前,我们

第13章 再出发：散作满天星，聚是一把火

就考虑到一个问题，即这个研究设计是不是做到了同类型研究设计中最严格的。为了做到这一点，我们几乎参考了新近采用 ESM 方法发表在顶级期刊上的所有研究，之后再按照几乎最严格的标准来设计我们的研究。比如，我们分别在上午 11 点、下午 4 点半测量负面情感和恢复水平。上午问卷和下午问卷的时间差（time lag）有助于我们检验中介变量的变化以及自变量和中介变量之间的时间先后顺序，这样的设计可以提供更强有力的因果推断能力。由于 Russell E. Johnson 教授发表了大量采用 ESM 方法的高水平论文，他的加入使得我们的研究设计得到了更大的保证。同时，在研究设计时，要好好发挥博士生的优势，博士生似乎永远是"刺头"，总能提出很多疑义，对此一定要包容，而不是"打击报复"，因为他们保证了整个团队的活力。我们经常开玩笑地说："这个设计能过琼晶的关，基本上就可以过编辑和评审人的关了。"

大家齐心协力完成了耗费心力的 ESM 数据收集和论文撰写，在经过多次的讨论和集中修改后，我们于 2016 年 12 月 14 日将论文投稿至 AMJ。

不可能的"修改后重新提交"

2017 年 2 月 7 日，我们收到 AMJ 副主编修改后重新提交的邀请，负责我们这篇论文的责任编辑是新西兰奥克兰大学（University of Auckland）的 Prithviraj Chattopadhyay 教授。他认为尽管我们的论文可能会对文献做出贡献，但是非常担心这篇论文是否最终能达到 AMJ 的发表期望，并在其决定信中专门强调这是一个"极端高风险的修改"机会，还加了一句，"不是想打击你们，只是想让你们知道这个修改后重新提交的邀请并不意味着你们的论文就会被接受"，真是太坦白以致"伤人"了。

收到这封决定信时，正是 2017 年春节期间，当时我们都很高兴，甚至都觉得，和鞠冬合作，得到修改后重新提交的机会是不愁的，认为自己很幸运。至少在那一周内我们是挺高兴的。

然而，等春节结束后，我们第一次一起仔细地阅读决定信，并一起讨论时，我们才发现，这真的是一个"极端高风险的修改"机会。决定信中提出的三个核心问题归纳起来主要有两点：

（1）关于理论框架。责任编辑和评审人认为，我们的理论模型过于复杂，所使用的两个理论是分离的，缺乏整合。

（2）研究设计。共同方法偏差（common method variance，CMV）问题"竟然"被提出来了。

（3）关于理论化。这是评审人经常会提出的问题，为什么选择模型中的那些变量而不是别的变量，需要我们从理论上阐释清楚为什么选择这些中介、调节和结果变量，这和第一点本质上其实是一个问题。

第一次讨论后我们初步认为这个修改后重新提交几乎是不可能的。为什么我们会有如此一致的看法呢？主要有两个原因：第一，关于理论模型（第一个核心问题）和理论化（第三个核心问题）。在最初的模型中，我们有"一正一反"两个中介机制（负面情感和恢复水平），采用情感事件理论（affective events theory）和资源保存理论（conservation of resources theory）来架构全文。我们讨论后，发现很难将这两个理论整合起来。第二，关于研究设计的CMV问题（第二个核心问题）。熟悉ESM方法的学者可能都知道，这种方法由于需要一个人多次报告（比如在我们研究中每个参与者需要填写22次问卷），因此使得不同源的研究设计在实际操作中是非常困难的。这也是为什么在顶级期刊中，采用ESM研究设计的论文基本上都是同源的（据我有限的知识，我仅知道有两篇论文采用不同源的ESM研究设计）。具体到我们这篇论文中，除调节变量外，一共还有四个变量（CMV问题一般关注自变量、中介变量和因变量之间的同源问题），分别是辱虐管理行为、负面情感、恢复水平和工作投入。其中，负面情感、恢复水平和工作投入都涉及个人的感知，理论上都只能来自上司的自我报告。如果要解决CMV问题，就只有一种方法，即由下属（而不是上司）来报告上司的辱虐管理行为。然后，在ESM研究中，邀请一个下属来报告其上司的辱虐管理行为其实有较大的偏差，因为有可能他今天没有被辱虐，但上司实际上又做出了辱虐管理行为。自我报告辱虐管理行为的确存在社会赞许性（social desirability），但我们在分析数据时会对辱虐管理行为进行组内中心化处理，所有组间的差异都可以被控制，因此，在ESM中社会赞许性不会是一个严重的问题。但是，责任编辑和评审人仍采用非常严格的标准（高于现有论文的主流标准）要求我们。我们对于如何解决他们所提出的这两个核心问题毫无办法。

第13章 再出发：散作满天星，聚是一把火

后来我们断断续续讨论了两三次，就这样很快就过了一个多月。我记得，那时我和导师张志学教授通过一次电话，我大致是这样说的："老师，我们的一篇论文得到了 AMJ 的修改后重新提交，不过是一个极端高风险的修改，我们可能要放弃这次机会了，因为实在是解决不了这两个关键问题，论文也不可能被接受。如果要改，至少需要 3—6 个月的时间，还不如根据这些评论把可以修改的部分修改后投给其他期刊……"当时志学老师勉励和建议我，再仔细评估一下，应该是可以找到解决方案的。

随后的讨论中，我将志学老师的看法和建议也反馈给了其他合作者，志学老师的建议给了我们很大的信心。后来，我们讨论的时候也开始认为，毕竟这都是我们第一次得到 AMJ 修改后重新提交的机会。我们还调侃说，也不知道下次什么时候才能再得到 AMJ 修改后重新提交的机会。那么，就竭尽全力修改和回复这次的吧。

不可能的"修改后重新提交"？

当我们一致决定要竭尽全力借这次难得的修改后重新提交的机会修改这篇论文的时候，我们的心态就完全不一样了。我们当中再也没有人觉得这是不可能的了。我想这其实是一种心理障碍，取决于你能否突破它。如果你觉得这是不可能的，那就肯定不可能了；如果你觉得这是可能的，至少它是可能的。我们想的都是可能的解决方法。的确，后来我发现，不管是做研究还是做其他什么事情，说"不可能"真的是最简单的事情了，这就是为什么世界上会有这么多"不可能"。

在后续两个多月的时间里，我们基本上是每两三天就讨论一次，每次估计两个小时左右，最开始的一个月讨论的基本上就是如何解决这三个最核心的问题。经过数十次的激烈争论，我们想出了可能解决上述三个核心问题的大致方法：(1) 在这篇论文中将负面情感这个中介机制从理论模型中移除，只集中关注恢复水平这个中介机制，进而只采用 COR 理论作为全文的理论框架；这样第一个和第三个理论问题就基本可以解决了。当时，其实还有一种备选方案，我们在这二者之间犹豫和争论了很久。这个备选方案就是仍然运用 COR 理论作为全文

的理论框架,但同时保留负面情感和恢复水平两个中介机制。不过,采用这个方案的复杂性在于,第一位评审人做出的评论和提出的建议都是关于情感(affect)的,也提了很多关于情感这个机制的好建议,甚至推荐了很多参考文献,很贴心;但第三位评审人则认为负面情感这个机制比较直接和传统,恢复水平这个机制更加有趣。经过仔细的思考,我们决定采用第一套方案。(2)尽管我们讨论了比较长的时间,觉得在 ESM 中解决 CMV 的问题"不太可能",但是我们可以通过另外的研究设计方法来解决 CMV 的问题。其实,深入想一想,CMV 问题表面上的意思是不同源的问题,但深究到底就会发现这其实是一个因果关系(causality)的问题。也就是说,一个问卷的研究设计(即使是不同源的数据收集方式),终究也有其自带的缺陷,那就是不能推断因果关系。因此,我们就想,我们为何不采用实验的方式呢?这样不但可以解决 CMV 的问题,还可以进一步地解决因果关系的问题。当我们提出这样的修改方案后,Russell E. Johnson 教授也很赞成和支持。

当然,采用实验的方式也有很大的问题。尽管在辱虐管理领域此前还是有较多的实验研究的,但它们都是关于下属被辱虐地对待后,会产生何种情绪、态度和行为反应,而不是上司做出辱虐管理行为后会对自己产生怎样的影响。简言之,它们的研究设计跟我们需要的研究设计是完全不一样的。

后来我给志学老师打电话,说我们准备"攻克"这个"不可能"的修改后重新提交,并希望能够在光华的行为实验室做实验,志学老师很高兴,表示一定支持。我们提交了实验设计,老师很快帮我们提交机构审查委员会(Institutional Review Board,IRB)并获得批准,给了我们很大的鼓励、支持和帮助。

我们的实验设计大致是这样的:我们邀请了 64 名本科生和研究生来到实验室,跟他们说他们需要做一个虚拟的团队任务,每个团队中有一个领导(代号为 A)和三个下属(代号为 B、C、D)。每个实验参与者被告知其可能被随机分配为领导或下属角色,但实际上他们都被分配为领导角色,下属 B、C、D 都由实验助理扮演。每个参与者会领到一部手机,该手机中已经建立好一个微信群,A、B、C、D 都已在该微信群中。领导者(实验参与者)需要领导三名下属完成六轮任务,每轮任务中,团队成员需要在一幅画有 20 个红点和一条对角线的正方形中,指出对角线左边还是右边的红点多,每轮 10 幅图,答对得 1 分,答错则为 0 分。

第13章 再出发：散作满天星，聚是一把火

具体的奖励规则为，团队成绩与实验奖励正相关，团队成绩是每位成员分数的平均，但如果有一位成员的成绩低于或等于7分，这一轮该团队的成绩就为0。每轮任务后，我们会向他们反馈每位成员的成绩和所用的时间。结果在前5轮任务中，成员C有4次得分低于7分，即导致该团队4轮的成绩均为0；而且他用的时间也是最短的。由于这个任务比较简单，只要认真做基本是可以全对的，因此，这个时候，作为团队领导的实验参与者对团队成员C就会非常非常气愤，他需要在微信群中给团队成员C一些反馈。在辱虐管理组，实验参与者被引导采用以下方式进行语音反馈，如"这个任务这么简单，你怎么那么笨呢？""我真的怀疑你的能力和对团队的价值"，等等；在控制组中，实验参与者被引导采用以下方式进行语音反馈，如"请你在做这个任务时多花些时间""我们一起都更仔细一些，争取获得更高的分数"，等等。实验参与者可以根据这些例子自己发挥。之后，我们设置简单的干扰任务，实验快结束时，我们测量了实验参与者的恢复水平。

同时，考虑到这个实验和我们的ESM都是在中国样本中做的；相比美国人，中国人的权力距离比较高，可能会对实验结果产生一定的影响，因此，我们针对美国样本重新做了一次这个实验。稍微不同的一点是，在美国样本中，我们采用文字的方式而不是语音的方式进行反馈。跟我们的预测一致，在两个实验中，结果都显示，辱虐管理行为能够帮助上司短暂地提高恢复水平。

这里需要提及的是，2017年5月，我邀请我在哈佛商学院联合培养时的导师Roy Y. J. Chua教授（现在他在新加坡管理大学任教）来中大管院访问。他当时做了两个报告，其中一个报告是"Publishing in top management journals: 12 tips according to roy"，里面提及修改后重新提交的部分，他说，作者有时不可能解决评审团队所提出的每一个问题，因此需要集中解决那些关键的问题，并找出办法减少评审团队的顾虑。他的分享与经验也鼓励和启发了我们。

整整4个月后，2017年6月2日，我们提交了我们第一次修改后的文稿。40天后，即2017年7月12日，我们收到责任编辑的邮件，说恭喜我们这篇论文被AMJ有条件地接受了。整体上，责任编辑和评审人对我们的修改很满意（他还列举了每位评审人积极的评价），他相信我们有效地解决了他们提出的核心问题，因而他很高兴"有条件地接受"我们这篇论文；接下来还有一些较小的问题，

但这次论文修改不会再发给评审人审阅,他会自己评估。其实,那天我睡得比较晚,大半夜突然想查看一下这篇论文的状态,打开系统一看,竟然是"有条件地接受",其实这个时候责任编辑已经发出邮件,只不过由于鞠冬是通信作者,她收到了(还未查看)而我没有收到。这封决定邮件,出乎了所有人的意料,基本没有按照剧本发展……

三位极其挑剔的评审人出人意料地都给出非常积极的回复和评论,比如第二位评审人觉得这个版本比之前的版本好了很多,模型更为清晰,理论论述更紧密,补充的实验也弥补了之前日志研究的问题;他认为其上轮审稿中提出的所有顾虑都已被解决。其实那个时候,我也有了相对比较丰富的国际期刊投稿经验(尤其是被拒的经验),我几乎没有见过评审人说"上轮审稿中提出的所有顾虑都已被解决",说"大部分被解决"就已经很不错了。所以,很感谢团队"令人羡慕"的合作状态和辛苦付出,以及一路上其他老师和同学的帮助。

接下来仍然是非常认真的修改,其实责任编辑本来说我们只需回复他的修改建议,可以不用一一回复三位评审人的意见的,但我们仍然逐一回复了每位评审人的评论和建议,以表示尊重和感谢;有些地方,即使没有按照评审人的意见做出相应的修改,也给出了非常充分的理由。

2017年8月25日,我们提交了第二次修改后的文稿。一个多星期,2017年9月4日,我们得到第三次修改后重新提交的机会(还是有条件地接受,只提了一些很小的修改建议)。

第二天,2017年9月5日,我们即提交了第三次修改后的文稿。当天,我们即收到了AMJ的录用邮件。

现在简单梳理一下我们的研究背景和结论。尽管大量实证研究已经不断表明,辱虐管理行为对下属的工作态度和结果会带来很大的破坏性影响,但是有关辱虐管理行为如何影响领导者自身的研究依然十分有限。根据资源保存理论,我们的研究发展和检验了一个理论模型,该模型详细阐述了辱虐管理行为如何以及何时对领导者自身产生即时的影响。通过两个实验和一个连续10个工作日的多时点日志研究,我们的研究发现辱虐管理行为与领导者恢复水平的提高有关。同时,辱虐管理行为通过恢复水平对领导者的工作投入产生积极的间接影响。有趣的是,补充分析表明,这些积极的影响是短暂的,因为在更长的时间

第13章 再出发：散作满天星，聚是一把火

（即一周或更长时间）后，辱虐管理行为与领导者的恢复水平和工作投入呈负相关。此外，这些短暂的积极影响的强度也受到个人因素和情境因素的约束。移情关怀（empathic concern，即个人因素）和工作需求（job demands，即情境因素）调节上述所观察到的积极效应。具体而言，具有高移情关怀和低工作需求的领导者做出辱虐管理行为后受到的积极影响更小。

这一研究对现有的辱虐管理理论和资源保存理论做出了两方面重要的突破及贡献。第一，这一研究将重点聚焦于作为行为者的领导者（而不是作为接受者的下属），首次回答了一个根本性的问题："辱虐管理行为对领导者自身有什么即时的积极影响？"现有的辱虐管理文献主要关注作为接受者的下属，并得出以下结论：辱虐管理总是负面的，而且代价高昂。这一研究挑战了这个普遍结论，认为辱虐管理行为实际上对领导者可能存在一些即时的积极影响，这有助于解释为什么即使对下属有很大的负面影响，辱虐管理行为在组织中仍然广泛存在。该研究将基于行为者（领导者）的视角与资源保存理论相结合，揭示了辱虐管理行为从未被发现的积极影响——更高的恢复水平和工作投入，迈出了研究辱虐管理行为如何以及何时有利于领导者自身的第一步。第二，这一研究发现上述积极影响是短暂的，在更长的时间后，辱虐管理行为与领导者的恢复水平和工作投入负相关，即发现一个具体行为是资源产生（resource-generating）还是资源消耗（resource-consuming）可能取决于考虑的时间窗（window of time）。这一研究指出，时间窗应该被资源保存理论包含进来作为一个关键的边界条件，进而极大地扩展了资源保存理论。除了理论贡献，这一研究也有较为深刻的实践意义供管理实践者借鉴。

反思

尽管这篇论文经历的时间不算很长，但是，心路历程还是很长的，有些不知道算不算经验的经历或感受，我尽量表达出来，大家可以选择性地浏览一下。

如何建立自己的团队

现在诸多媒体上都流传着关于"青椒"（青年教师）窘迫现状的各种报道和文

章,各有各的说法;我不想抱怨"青椒"的窘境,只是觉得刚博士毕业的青年学者的确面临一些困难,其中之一就是关于团队的问题。青年学者建立团队主要有两种途径:第一种是维系之前的合作网络,第二种则是在新学校中和同事建立合作关系。这两种方式都非常重要,也各有优点。这里我着重谈谈第一种方式的扩展。

和自己的师兄师姐、师弟师妹合作有两个非常大的优势。第一,大家之间有非常高的情感信任(affective trust),而这种高情感信任对处理和"利用"合作时产生的各种"冲突"至关重要。第二,大家之间有很高的交互记忆系统(transactive memory system),团队成员对团队内谁擅长什么、不擅长什么非常了解,这对分工协作大有裨益。当然,这种团队也有些弊端。比如,大家知识同质化的问题比较严重,因为受的毕竟是相似的教育;由于凝聚力较强,也很容易产生群体思维;等等。

其实,不管是哪种团队,关键是要"扬长避短"(重点发挥出情感信任和交互记忆系统的优势等),将团队潜力发挥出来,同时尽量避免其不好的影响。比如,在整个合作过程中大家其实经常会有观点不同的时候(即任务冲突,task conflict),但因为大家之间的情感信任比较高,而且讨论的时候经常互相开玩笑(主要是开鞠冬的玩笑),团队氛围一直很好,所以任务冲突不仅没有变成人际冲突,反而使得合作更默契、更有创造力。

如何合作

对于具体的合作模式,需要足够重视。如果没有一个比较好的合作模式,不敢说一定无法合作成功,至少很难长久。比如,很多合作团队,由于作者顺序分配等问题"闹得不可开交"或者很不愉快。

其实,对于这个问题,我们最开始就意识到了。就我们的经验,我们采取的方式是:谁提出最开始的想法(idea),谁就做第一作者,不管是谁提出的,哪怕是"最低年级"的师弟师妹,都"一视同仁"。团队都要认同这种方式,这其实是对"知识产权"最大的保证和激励,这样每个人其实都会有内在动力提出新颖而有用的想法。当然,这里其实有一个附加条件,就是提出最初想法的人自己愿意同时也有足够的精力来领导这个项目,如果他不愿意或没有精力来领导,那就再进

第13章 再出发：散作满天星，聚是一把火

一步商讨或遴选第一作者。

在确定第一作者之后，就由第一作者"提名"第二作者人选。采用这种形式最重要的一个原因是第一作者和第二作者需要对论文的进展等负"最终的领导责任"，第二作者需要是第一作者"最得力的助手"。因而，由第一作者"提名"第二作者具有很强的内在合理性。

确定某个项目的"领导团队"后，后续的作者顺序，我们一般在项目正式开始时也初步确定好：通过商讨大家的意愿、专长、精力等确定；等论文完成时，再根据实际的贡献（比如在完成论文过程中各自做出的实际贡献跟我们初步计划时的出入较大），做一些适当的调整。值得指出的是，"通信作者"是至关重要的，一般在想法提出、理论建构等方面做出重大贡献的作者被委任为"通信作者"。因而，这种合作模式下，实质上其实就是按照贡献来分配作者"顺序"的，只是我们在其中引入了一些新的举措而已。

再从公平的角度来说，公平出问题是最容易导致"散伙"的。而我们团队的这些措施在分配公平（distributive justice）之外，还保证了程序公平（procedural justice）。这一点至关重要，特别是在我们这个团队中，即使是排名靠后的作者，也会做很多事情，这可能有别于其他"严格"按照作者顺序做出贡献的团队，因为从单篇论文来说，最后不可能所有人都是第一作者或通信作者，所以分配公平有时是很难保证的。这时程序公平就非常重要了，让所有人确信长期来看，我们每个人都会在其他人带领项目时，同样不计作者顺序默默地付出，因此结果会是公平的。也就是说，我们强调这种关系的长远性、共赢性，也不需要什么监督，就算是一种心理契约吧，类似于从输赢的"分配性谈判"到共赢的"整合性谈判"。

当然，除了基本的"股权"分配外，针对我们这种团队的合作，我们还采取了其他一些举措。举措很多，因篇幅有限我仅以研究经费举一个例子。因为是年轻学者和博士生合作，所以就涉及研究资金的问题。对于研究开展过程中涉及的资金（比如数据调查、实验开展、英文审校等），我们的原则是由目前已经有科研经费的成员平均分担，而博士生则不用承担。这个原则不管作者的顺序，哪怕博士生师弟师妹是第一作者，也是这样的。比如，在我们开展这篇 AMJ 论文研究的时候，就是由我承担所有的研究费用。这在很大程度上也解决了博士生师弟师妹的"后顾之忧"，只要敢想，我们就合力支持。这也和前面我提及的，与师

弟师妹合作团队的优势相关（扬长避短），估计在其他合作团队中很难实行这样"奇葩"的举措，即使实施了，也不一定每个人心里都舒服。

当然，同等重要的是，这种合作模式下，合作前大家都要达成一致，都需要从内心深处认同这种模式，只有这样，这种模式的优势才能真正地发挥出来。

关于修改后重新提交的文稿

在博士就读期间，我一共得到五个B类以上国际期刊修改后重新提交的机会，最终有四篇论文都被接受了（对于一个博士生而言，这比率可能已经算很高的了）。但到中大管院任教后的前两年，我虽然也得到多个顶级期刊修改后重新提交的机会，但基本全军覆没。这一方面使我有些惶恐，另一方面，也更主要的是，我对如何更好地应对修改后重新提交的要求有些不知所措。

在修改这篇AMJ论文时，我和团队成员分享了我之前的一些经历，我们也在反思如何应对修改后重新提交的要求。目前我们团队的经验为，将所有的评论分成三类问题：关键的（critical）、重要的（important）、其他的（others）。对于第一类，即关键的问题，责任编辑或者评审人往往都会写在前面，一般而言责任编辑会比较直接地指出来，因此相对比较容易识别。根据我们团队的经验，这类问题有2—3个，最好别超过3个，多了就会分散精力了。主要由第一作者和第二作者负责，但也要由全体作者处理，核心在于讲"理"，要下500%的功夫。第二类，重要的问题，大家一起讨论，达成共识后，按照专业和专长等分工，每个人负责一部分。对于其他类别的问题，一般请博士候选人（PhD candidates）或比较"空闲一点"的作者来完成，要做到"无话可说"，这里就可以讲一点"情"（感动责任编辑和评审人）。有些作者如果在该讲理的地方讲情，就比较麻烦了。因此，我觉得，本质上修改后重新提交就是一个说服的过程，核心在于"合理合情"：晓之以理，动之以情。

在应对修改后重新提交要求的过程中，我感觉有相当一部分年轻学者或者研究生存在这样一个偏差，那就是，对于比较重要的问题或者很难的问题，潜意识里会有所回避，认为自己不注意这个问题，评审人或责任编辑可能也会忽略该问题，有点"掩耳盗铃"的感觉。对于相对不重要的问题或者比较容易的问题，却花了很多时间来解决，因为解决这种问题更加"舒适"。这种偏差，我们在应对修

第13章 再出发：散作满天星，聚是一把火

改后重新提交要求的时候应该多多注意一下，根据重要性进行分类，可以在很大程度上解决这个问题。

压力和心态

"青椒困境"很大程度上在于压力大。除了经济压力之外，另一个最主要的压力源来自论文，尤其是很多大学开始实行常任轨制度（tenure track），那就意味着非升即走，年轻老师需要在短暂的六年时间内发表一定数量的高水平论文。

就我个人的经验来看，更麻烦的并不是自己没有发表论文，而是在自己没有发表的同时，同事或同学却发了，这就会对很多"青椒"产生各种负面影响。第一，焦躁，追求"短平快"的研究项目；第二，嫉妒，更难向优秀学者学习和与其合作。这时开放的心态就显得至关重要。碰到优秀的同辈，首先应该是欣赏，因为你很荣幸能有机会和这么优秀的人一起在一个领域深耕；有这样的人，说明你也可以大大地进步，因为他们的情况（相比更加资深的学者）跟你更加接近，你就更容易从他们身上学到很多东西。其实，换一种视角，就会是一种"美不胜收"的体味……不然的话，个人会天天生活在压力和苦闷中……

将我们的理论用到我们的团队上

成为教员之后，不知道是在讲台上讲多了的原因还是自我选择的原因（估计是二者互相强化），大家都有一种"好为人师"和"当专家"的冲动（我写这些回溯文章就是典型的表现之一，甚至即使已经意识到却还是难以自控）。所以，很多时候我都提醒自己要抑制"当专家"的冲动。然而，到处"贩卖"的理论，自己却很少用。因而，我总是提醒自己在研究过程中用一用我们自己生产出来的理论。

在 *Management Science* (MS) 中有一篇论文 (Groysberg, B., Lee, L., & Nanda, A. (2008). Can they take it with them? The portability of star knowledge workers' performance. *Management Science*, 54: 1213—1230)，探讨"明星员工"(star employees，绩效前5%的员工)的离职问题，发现当这些被到处高价挖来挖去的"明星员工"跳槽后2—3年内绩效会显著下降。主要理论论据是，个人的人力资本(human capital)分为普遍的人力资本(general human capital)和特殊的人力资本(specific human capital)，其中，特殊的人力资本占了

很大一部分,它的"迁移"可能会产生很大的问题(即很多知识不易转移)。我们跳槽后只能带走普遍的人力资本,而特殊的人力资本就损失了。那如果真的要跳槽该怎么办呢?可以整个团队一起跳,这样"明星员工"的绩效就基本不会下降了……我觉得这篇论文在离职研究中算是一朵"奇葩"——非常美的"奇葩",很有启发意义,这解释了为什么很多球星换了球队就不行了,或者很多年轻学者离开了自己的导师或者原来的学校科研业绩大幅下降。而通过与师兄师姐、师弟师妹合作的方式,可以在一定程度上解决这个"迁移"问题,因为这种合作方式类似于"整个团队"虚拟跳槽。

再比如,有时我们的合作团队很多元,团队多元化是一把双刃剑。研究发现,团队多元化有时可以带来更高的绩效,有时又会带来更差的绩效。*Administrative Science Quarterly*(ASQ)中的一篇论文(Polzer, J. T., Milton, L. P., & Swarm Jr, W. B. (2002). Capitalizing on diversity: Interpersonal congruence in small work groups. *Administrative Science Quarterly*, 47: 296—324),发现了一个重要的调节机制,即人际匹配(interpersonal congruence;多大程度上组员看待其他人正如其他人看待他们)。当人际匹配较低时,团队多元化就会带来更低的创新绩效;当人际匹配较高时,团队多元化则会带来更高的创新绩效。这就为我们更好地应用和发挥团队多元化提供了很好的启示,即核心在于培育高的人际匹配,尤其是在多元的研究团队中。

结语

当这篇文章写得差不多的时候,我突然意识到,我来中大管院任教已经三年有余。而那篇 AMJ 论文带我重新经历和回想了这其中大部分的时光,这代表了一部分无畏的勇气和学院提供的各种有形无形的支持,还有光华的培养。

从 2016 年 12 月 14 日投稿至 AMJ,到 2017 年 9 月 5 日被正式接受,一共 8 个月 21 天,很短也很长,很难忘。

现在回想起来,这篇论文,对于我而言,感觉就是一些坚持、几位老师的指导,再加上学院这几年的支持,以及各种幸运……

附录1　勇气与执行力：与团队一同登高

黄鸣鹏

我非常认可秦昕师兄、鞠冬和琼晶在各自的反思中提到的关于团队、合作、心态等方面的总结，其中的许多方面我自己在整个过程中也深有体会。我再补充一下自己体会比较深的两点：学术自我效能感（self-efficacy）的重要性，以及依靠团队战胜科研中的拖延症。

团队学术自我效能感：相信我们能做出最好的研究

在光华读博期间，老师们就一直对我们充满很高的期待，鼓励我们不断追求高水平的研究。光华也给了我们非常好的学术训练和支持。此外，做研究难免遇到各种各样的困难和挫折，慢慢地，自己的学术自我效能感也会受到影响：不再那么相信自己也能做出最高水平的研究，以至于在寻找研究问题、构思研究的时候无法坚持追求高标准。而这篇AMJ论文的开端其实离不开我们在构想研究时对最高标准的追求。秦昕是我们这个小团队的实际领导者（尽管没有得到正式的"册封"），当我们开始尝试作为一个团队开展一些研究时，他就在与我们讨论时不断强调我们要追求做最好的研究。我们四人建了一个微信群，给这个群起名为"做有争议的研究"，就是提醒自己始终追求不一般的研究。在讨论研究想法时，我们也会不断思考自己的想法是否足够有趣、有价值。有时，我们会直接半开玩笑式地相互"挑战"：这个研究想法有什么贡献？够得上AMJ的标准吗？实际上，在每周的讨论中，我们常常会提出多个研究想法（idea generation），其中也会有不少比较有趣的想法，然而非常有潜力的、具有突破性的研究想法总是很难找到的。如果不是始终追求高标准、最好的想法，我们很可能中途就放弃继续寻找，满足于一个"比较好"的研究想法（idea selection），匆匆展开研究，以至于错过更好的研究想法。而使得我们始终不放弃的一个很重要的因素就是团队的学术自我效能感：相信我们是有能力做出最好的研究的，只要不断思考、讨论下去，不轻易满足，我们一定能找到足够好的研究想法。很幸运，在这次合作中，我们最终找到了一个比较具有突破性的想法。这次的经历也反过来强化了我们的学术自我效能感，帮助我们在未来的研究中继续有勇气追求最好的研究。

博雅光华：在国际顶级期刊上讲述中国故事

高的学术自我效能感不仅会影响对具有突破性的想法的追寻过程，也会影响研究过程的其他各个环节：在设计和执行研究时，坚持按照有可能实现的最严格的标准进行；在论文写作过程中也坚持最高的标准，不断修改；在回应评审人的意见时追求超越预期，等等。例如，我们这篇论文在第一轮审稿过程中，副主编和审稿人对我们的研究设计提出了一个关键性的挑战：我们所有的数据都是由领导者汇报的。为了解决审稿人提出的问题，要么重新收集多源的数据解决同源的问题，要么补充实验，直接找到因果关系的证据。然而，这两种方法实际上都很困难。重新收集多源的数据很难操作（具体原因秦昕的文章已有分析）。补充实验方面，我们查阅了以前的文献，在辱虐管理研究中几乎没有人用过实验方法。而且让实验参与者辱虐他人，也不合乎研究伦理。因此，如果采用实验方法，就需要非常精巧的设计。这样的困难让我们觉得自己可能没有能力满足审稿人的期待，这也是当时我们觉得没什么希望、差点想放弃的重要原因。但经过老师的鼓励、我们自己之间的相互打气，我们最终还是决定努力尝试一下。下定决心后，我们就抛开了"不可能"的想法，而是努力并相信自己能找到解决方案。结果，随着更多的讨论，我们逐渐发现确实并非不可能。甚至最终我们决定不仅要解决问题，而且要超出审稿人的预期。结果是，我们决定补充实验，而且是补充两个实验，分别使用中国和美国样本。除此之外，我们还决定要努力在 AMJ 给定的四个月时间内完成，不申请延期。也就是说，我们要在四个月内，以最高标准仔细修改和回应每一个问题，同时设计、实施和完成两个实验。当时我们都觉得很难，但隐隐地又相信或许我们真能做到。此后，我们花了很长时间反复讨论，又做了一些预实验，几周之内就确定了在国内做的实验室实验的设计。同时，我们向主管光华行为实验室的张志学老师提交了实验室使用申请。张老师非常鼓励和支持我们的研究，很快通过机构审查委员会审阅和通过了我们的申请。光华行为实验室为我们提供了六个标准的小房间，配备了同型号的笔记本电脑，并且帮助我们招募到实验参与者。之后就由我主持在光华做了几天实验，顺利完成了实验室实验，并且实验的结果也符合预期。之后我们又通过亚马逊劳务众包平台（Amazon Mechanical Turk）用美国样本完成了另一个实验，结果也符合预期。完成实验之后，我们都舒了一口气，现在回头看来，真要感谢自己当时没有放弃，而这个不放弃其实也离不开团队逐渐提高的自我效能感。

第13章 再出发：散作满天星，聚是一把火

依靠团队战胜研究中的拖延

从读博到工作这两年，见过很多年轻的博士生，我发现包括我自己在内的许多人在学术生涯中共有一个很大的障碍——拖延。这可能跟学术研究工作的一些性质有关：需要长期努力，可能遇到各种困难，结果有很高的不确定性，容易导致压力和焦虑，等等。拖延会导致我们把许多宝贵的时间浪费在刷新闻、微信等能够获得即时刺激的事情上，而研究的事情常常就缓一缓、拖一拖，进展缓慢。自己独自做研究，这样的问题会更突出。而团队合作是一个非常好的对付拖延的方法。我们这个团队基本上每周讨论一次，大多数讨论结束时，我们都会制订计划，明确每个人接下来一周需要做什么。为了确保团队整体的进度、不拖后腿，我发现自己确实需要而且也会更加专注、高效地工作，拖延的情况因此大大减少，在研究中投入的时间和工作效率都远高于自己一个人做研究时的情况。此外，团队合作也有助于更快地突破一些独自做研究时遇到的瓶颈。比如，有人在某些环节（比如写作上）可能特别容易拖延，那么交给其他没有这方面问题的团队成员解决就可以了。当然，这也得益于我们团队里非常有决断力的领导者的不断推动、彼此之间的相互信任、明确而合理的分工等因素。简而言之，良好的团队合作可以实现 $1+1>2$ 的效果，不仅能在团队思想激荡中产生更高质量的想法，而且能在相互鼓励和支持过程中大大减少拖延、提升执行效率。

我们能在 AMJ 上发表论文无疑是幸运的，但我也相信只要我们继续保持高学术自我效能感，保持追求最好研究的勇气，团队紧密地合作，或许就能再现这样的幸运。

黄鸣鹏，对外经济贸易大学国际商学院副教授。2015年从北京大学光华管理学院获得企业管理博士学位。主要研究兴趣为领导力。相关论文发表在 *Academy of Management Journal*、*Human Relations*、*Journal of Leadership and Organizational Studies*、《心理学报》和《经济科学》等国际、国内学术期刊上。

附录2 在AMJ上发表论文的感受
——一名女性研究者的思考

鞠 冬

关于在AMJ上发表论文的过程，秦昕师兄已经介绍得非常详细了，我也没有特别多需要补充的。那么，就我个人而言，我希望自己可以从一名"女性"研究者的角度，分享一下自己的感受。

最近很多人都开始关注大学青年教师所面临的压力，作为一名女性"青椒"，我也感同身受。其实，我在读博期间并没有体会到男博士和女博士的差别，但在成立自己的家庭之后，我才深切地意识到一名女博士不仅是博士，更是一位女性。女性历来需要承担更多家庭的责任，会大量占据本该从事研究的时间。同时，女性在怀孕产子阶段的身体和脑力状态，都无法维持高水平的运转。这些不可避免的因素会让很多女性研究者分身乏术，甚至产生面对科研和工作无能为力的感觉。我自己也是在经历这些后，才总结了一些经验，希望能有一些借鉴意义。

将精力放在自己真正感兴趣的研究问题上

从事管理研究的学者在读博期间的研究兴趣通常是十分广泛的，因为在现实的管理实践和经典文献中，实在有太多有意思的、值得深入挖掘的问题。我自己也不可避免地经历了这一段时期，但考虑到女性研究者可能会面临的如上问题，我建议大家把所有的精力都放在那些能真正响应自己内心召唤的研究问题上。只有这样你才能不会因为困难而放弃，也才能将有限的精力效用最大化。最开始读到辱虐管理的文献时，也许是因为自己不谙世事，无法理解作为一个文明时代的管理者，为何要辱虐自己的下属，也无法理解为何下属要忍受这样的对待。我从小就有一位非常严厉的父亲，虽然他很宠爱我，但小时候我非常害怕他，等我逐渐有了自己的思想后，也会和他笑谈我自己被他"辱虐"的经历。此外，和一些在业界工作的女性同学聊起来时，发现辱虐管理离我们并不遥远，她们也会向我倾诉自己被领导骂到哭的痛苦感受。结合她们和我自己的经历，我

第13章 再出发：散作满天星，聚是一把火

一直在不断地思考为什么辱虐管理屡禁不止呢？领导者也都是具备一定素质的人，为什么要辱虐下属呢？他们辱虐了别人之后自己真的开心吗？他们如此恶劣的行为难道不会反噬自身吗？所以，辱虐管理这个研究话题真的触及了我内心的一些情感，是我想要一直致力于研究的方向。我认为，对研究话题依恋，会化解之后在面对生活压力时产生的不平和，会觉得非常安慰，至少在分身乏术、非常疲倦的时候，是在做自己喜欢的研究。

加入有情感温度的团队

当找到真正想要持续努力的研究方向后，我个人认为，一名女性研究者需要加入一个和你志同道合且有情感温度的团队。很多研究表明，女性有更高的归属需求，更加渴望和谐的氛围。所以，女性研究者所在的团队，应该一方面要求女性有"去性别化"的敬业度，但另一方面也能够承认女性的特殊身份。我非常荣幸在光华读博期间，遇到了很多志同道合的朋友，在秦昕师兄成立研究团队后，我们的工作关系也是建立在之前深厚的友谊基础上的。在这篇AMJ论文撰写和发表的过程中，秦昕师兄成为一名父亲，让我见识到一个敬业度如此之高的人也能做到工作、生活完美平衡，他是一位非常优秀的丈夫和父亲。他的这种表现，也时常激励我要懂得如何同时承担工作和家庭中的角色。虽然我们团队的其他成员都是男性，但他们都非常理解我的难处，在我遇到角色冲突的时候，团队中的每个人都给了我很多帮助，特别是鸣鹏，总是很善良地帮助我，琼晶也用博士生擅长的思辨思维帮我分析问题。我知道这样的研究团队可遇而不可求，我只是非常幸运，但我也希望女性研究者们都可以找到这样一个团队，它能够满足你的归属需求，也能够在你因为家庭情况无助时，向你提供支持。

去掉女性的"玻璃心"

尽管我一直在说女性研究者的难处，但我之前也强调了，你是女性，也是一名研究者，这有时候就需要你收起你的"玻璃心"。首先，无论大家是否都在说女性承担多重角色是多么辛苦，但在追寻自己感兴趣的研究话题时，该付出的时候还是要付出，"女性"这个帽子并不能保护你，也不要寄希望于别人能够宽容你。当然，我不是鼓励女性成为野心家，但至少要对"感召自己内心的"研究问题负

责。也许做得比别人差,但你至少努力了。其次,在团队中,女性应该尽可能地帮团队营造和谐的气氛。在我们团队中,我是唯一的女性,我的性格还算随和,所以经常会开一些玩笑,接受一些没有恶意的吐槽。在严谨的学术讨论中,也可以开怀大笑,而你可以担当其中的一个角色。

我个人在 AMJ 论文发表过程中遇到的困难

除了秦昕师兄分享的那些困难外,我个人有一件印象非常深刻的事情,是在收集日常数据的时候。由于我们的研究是多波日记研究(multi-wave diary study),需要被试连续坚持 10 天,每天回答两次问卷,而这些被试又是管理者,所以在数据收集过程中,出现过有些被试不配合的情况,也对我们产生过质疑。现在想想,那时我还是非常"玻璃心"的,不喜欢出现的这些摩擦,觉得很不舒服。那几天每一次的沟通都消耗了我很多的认知资源,不过那次收集数据也体现了我们团队的互补性。我的个性比较直接,而鸣鹏则比较委婉,琼晶比较善于侧面反击,在他出面沟通后,似乎顺利了很多。这次的经历也教会我们以后如何处理冲突,以及如何更好地和研究参与者沟通。

尾声

我们的 AMJ 论文中包括一个实验室实验,我们会操纵被试对其他团队成员(由研究助理假扮)进行言语上的辱虐。在实验中,我听到了这些辱虐的语音,觉得非常不舒服。我不禁在想,在实验室中我都觉得很难受,更何况发生在现实世界中,那些被辱虐的员工(包括我的几位同学)该有多羞辱啊!我想这种感同身受,是所有女性研究者特有的柔软细腻吧。我希望自己可以一直保有这样的"雷达",能够探测到组织中一些需要我们关心的现象,为建立"更加美好的组织"做出更多的贡献。

鞠冬,北京师范大学经济与工商管理学院助理教授。2015 年从北京大学光华管理学院获得企业管理博士学位。研究兴趣包括领导力、员工离职和伦理行为。研究成果发表在 *Academy of Management Journal*、*Human Relations*、*Journal of Occupational and Organizational Psychology*、*Asia Pacific Journal of Management*、《管理世界》和《心理学报》等国际、国内学术期刊上。

第13章　再出发：散作满天星，聚是一把火

附录3　一个博士生的"奇幻漂流"

胡琼晶

距离我们的AMJ论文被接受已经有一些时日了，现在再进行回顾的时候内心是非常平静的，但还是能够回想起7月中旬在完成第一轮修改后被告知有条件接受时的诚惶诚恐。要知道，我们第一轮的意见是极端高风险的，所以当"幸运女神"鞠冬师姐在微信群里告诉我们这个消息的时候，兴奋的同时多少觉得有些不可思议。可能是乐极生悲，不凑巧的是当晚我犯了急性胃炎，因为正在美国访学不敢轻易去医院看病，所以只能靠着得到这个有条件接受的喜悦忍过了一夜。对我来说，这确实是个难忘的夜晚。

团队的基础

关于论文发表的经过，秦昕师兄已经做了全面的介绍，我就不再赘述了。作为唯一的"博士生"，我来谈谈几点个人的体会吧。首先，很有幸在刚进入光华的前两年就结识了秦昕、鸣鹏、鞠冬三位师兄师姐，并很快与他们建立了比较亲密的关系。在我看来，我们四人可以开展合作是一件挺自然的事。其实早在他们在校期间，我们几个就常常会在食堂里一起吃饭，边吃边聊一些奇奇怪怪的想法。我们会分享近期看到的有意思的文章，以及由此联想到的可能可以探究的问题。这种讨论的方式也很自然地延续到了我们的正式合作中。我们在交流研究想法时，通常非常发散（divergent），既可以是基于有趣文章的引申思考，也可以是来源于生活的琐碎观察。我们通常不会有太多诸如"我这个想法是不是太傻了"这样的顾及，可能这就是所谓的团队心理安全感（psychological safety）吧。

有益的冲突

其次，有效的团队合作一定不会是一团和气的状态，往往会伴随一定的冲突。我们的合作也不可避免地发生过一些争论（当然只是任务冲突，并没有升级为关系冲突）。那么在发生意见相左时，如何解决就非常关键了。我印象非常深

刻的一次冲突是在第一轮修改后重新提交的尾声阶段,我们就如何在行文上安排两个实验研究与日记研究的顺序产生了比较大的分歧。虽然这可能与如何回复评审人的意见关系并不大,但因为涉及我们的论文最终如何呈现给读者,所以我们当时还是比较较真的。记得当时我与秦昕师兄各持一个方案,四个人争论了很久。当我想以"都行吧"的想法结束讨论时,秦昕师兄认为不能就这么过去了,而是再次问我为什么不满意他的方案,在整理了思路以后我说出了核心的顾虑。最终我们整合了两个方案,做出了令四个人都满意的行文安排。事后我在脑海中又反思了这个小小的事件,认为秦昕师兄当时的做法非常好。在出现任务冲突的时候,如果只是一方勉强妥协并不是个好的结果,反而丧失了双方达成真正共识的机会。这个小插曲给了我一个非常有益的启示——解决冲突的关键在于理解或者帮助对方理解其内心真正的想法。

习惯的力量

最后,我非常感谢我的导师张志学老师给了我开放、宽松的科研环境。张老师从来没有勉强我去做任何一个特定的研究课题,而是给了我足够的空间去探索自己感兴趣的研究问题。对于我与师兄师姐的合作,张老师也一直抱有非常积极的态度。值得一提的是,我们四个人都曾经或正在参与张老师每周召集的组会。事实上,我们的合作也在很大程度上延续了组会的基因——每周两小时的讨论。撰写这篇论文的时候,我正在美国访学,鞠冬师姐也因为做了妈妈需要顺应宝宝的作息,但我们仍然协调了各自的时间,克服了时差等障碍,每周坚持讨论一次,在得到修改后重新提交的机会时甚至每周讨论多次。与此同时,我也坚持远程连线参与张老师召集的组会。对我来说,每周参加两次组会已然成为惯例,像是枯燥的博士生活的调味剂。

多一些思想的碰撞,多一些坚持,再加一点运气,或许这就是所谓的经验吧。

胡琼晶,北京大学光华管理学院组织与战略管理系在读博士生,预计2018年博士毕业,即将加入浙江大学管理学院任助理教授。研究兴趣包括团队和领导力。在 *Academy of Management Journal*、*Human Relations*、*Journal of Vocational Behavior*、《心理学报》等国际、国内学术期刊上发表若干论文。

第13章 再出发：散作满天星，聚是一把火

附录4 回顾秦昕等人论文的修改过程

Prithviraj Chattopadhyay

作为一名编辑，每当读到可能为我们的领域做出重大贡献的稿件时，我总是会很兴奋。对于一些投稿论文，我比较容易看出它们接下来的发展路径，沿着这条路径，它们会进一步提升并最终得以在 *Academy of Management Journal* 上发表。而对于另一些投稿论文，我会给作者一次修改的机会，希望在经过修改以后它们会呈现出这样的发展路径。这篇论文介于这两者之间。读到这篇论文的初稿时，我立即发现它具有潜力。我能看出，如果对理论和分析做出一些重要、合理、有意义的修改，那么它将有很大的机会发表在 *Academy of Management Journal* 上。然而问题在于，该如何进行那些修改并不清晰。接下来，我将描述评审人要求的一些很重要的修改，以及作者是如何处理这些要求的。尽管还有其他需要修改的地方，但这篇论文的命运取决于作者如何处理下面所述的重要问题。

文章的初稿呈现出很大的潜力，但也有严重的问题。辱虐管理领域的大量研究集中讨论了辱虐管理对下属的影响，这篇论文超越了已有的研究范围，提出了一个以行动者为中心的方法（actor centric approach）来考察辱虐管理如何影响领导者自身。基于资源保存理论，作者提出采用辱虐管理行为会给领导者带来短期的益处——更高的恢复水平和更高的工作投入。此外，基于情感事件理论，作者提出辱虐管理行为会产生消极情感，进而降低领导者的工作投入。最后，作者为这些影响提出了两个调节变量：一个是个体差异因素——移情关怀，另一个是情境因素——领导者所面临的工作要求。这项研究采用多波日记设计，在连续10个工作日内来检验这些关系。

我立即发现了考察辱虐下属对领导者自身影响的价值。尽管辱虐管理近期受到了很多关注，但这种以行动者为中心的方法为认识该现象提供了一个新的视角，有可能为领导者辱虐下属的原因提供更加深刻的解释。然而，文章也存在一些重要的问题。首先，理论框架显得过于复杂。运用两种理论来进行理论阐述的一个重要方面是将它们融合到一个总体框架中，这样就可以清楚地看出为什么两种理论对于所提出的模型都是必不可少的。对资源保存理论和情感事件

理论如何相互补充以及如何整合起来,以便回答它们单独无法支撑的理论模型等问题,作者没有进行太多的思考。事实上,正如一位评审人指出的,情感事件理论的逻辑似乎与资源理论中的一些逻辑相抵触,作者没有对这一明显的矛盾提出任何解决方案。

要求作者在提出与假说有关的论点之前提供两种理论的整合,可能会产生好的效果,但我赞成评审人提出的备选解决方案:聚焦于探讨其中一个理论有关的论据,摒弃另一个理论及相关讨论。具体来说,我同意一位评审人的观点,他指出,论文中更有趣的是与资源保存理论相关的恢复过程。得出这一结论有几个原因。首先,关于消极情感的中介作用的论据很薄弱。例如,为什么是辱虐管理行为导致消极情感,而不是反过来,这一点论文讲得不太清楚。这一问题因仅从领导者那里收集数据而变得更加复杂,使得将原因与影响分开的难度加大。其次,基于资源保存理论能够提出一个新颖的论点——领导者辱虐下属,是因为它在短期内有益于领导者。然而,情感事件理论的路径表明辱虐下属对领导者是有害的。这似乎不是一个好的想法,因为它对于解释为什么领导者可能会被激励去辱虐下属没有帮助。最后,我在那段时间内注意到刚刚被本刊接受的另一篇论文,该文的一部分采用以领导者为中心的观点对辱虐管理进行了研究,但它认为其对领导者是有害的。

正如上述所提及的,秦昕等人的论文还存在设计上的缺陷,因为所有数据都是从领导者那里收集得到的。尽管作者提供了一些好的理由解释为何如此选择,但那些与单一数据来源偏差有关的问题仍无法排除。我在信中建议,解决这两个问题的方法可能是,将整个模型集中到一个理论的论据上,并收集更多的数据对模型进行更严格的检验。

作者们回应这些意见的方式让我印象深刻。他们从模型中移除了与情感事件理论相关的路径。这不仅简化了模型,还帮助他们讲明了其基于什么原因将不同的变量纳入理论模型中。在初稿中充分证明他们如何基于整体的理论纳入模型中的每个变量,这是一个会让作者甚至是经验丰富的作者经常失败的问题。如果模型中使用了两个本身就很复杂的理论,这个问题会变得更加严重。在修改稿中,作者们指出,将工作投入作为辱虐管理行为的结果来考察是合理的,因为辱虐下属的行为可以帮助领导者恢复和维持其个人每日所持有的资源(对此类波动的分析是资源保存理论的一个核心方面);工作投入被定义为工作中的活

第13章 再出发：散作满天星，聚是一把火

力、奉献和专注，个人资源水平与工作投入的程度在逻辑上是紧密关联的。这些论据也有助于说明为什么恢复水平是这种关系的一个明显的中介变量。此外，作者们还指出，资源保存理论表明，当行动者保存资源的行为不会引起自身额外的压力以及本身资源的匮乏时，该行为对资源恢复的影响更大。他们利用这些论据来论述移情关怀和工作需求是辱虐管理行为对领导者自身影响的调节变量。

最后，正如作者们所指出的，资源保存理论表明，个人资源在工作日内会随着领导者从事的活动而增加或减少。他们用这个论点来支持采用多波日记研究设计来记录资源波动是合理的。然而，这种研究设计在评审人当中也引发了一些顾虑，即研究结果可能是由共同方法偏差所导致的。为了解决这一问题，作者们进行了另外两项实验研究，从而减轻了评审人对共同方法偏差的顾虑，并增强了评审人对其因果关系论证的信心。一个实验在中国进行，使用了学生样本；另一个实验则利用亚马逊劳务众包平台从美国获取数据。我对那些完全基于互联网的样本的论文印象不算很好，但是这些样本在重复其他研究的结果时却非常有用。在这种情况下，作者们在不同的文化中重复研究结果也给文章带来了额外的好处。总的来说，这些研究表明，领导者可能会辱虐下属，因为辱虐行为有助于恢复他们的个人资源，并有助于加大其工作投入。最有趣的是，根据一位评审人的建议进行的事后分析(post hoc analyses)表明，尽管领导者在短期内享有这些收益，但在更长的时间维度下，辱虐管理行为与资源恢复和工作投入负相关。因此，这篇论文不仅发现了领导者通过辱虐下属产生的短期利益，从而有助于解释为什么领导者可能会辱虐下属，而且将这些发现与其他研究所显示的辱虐管理对领导者和下属的长期负面结果相调和。

有时，一篇论文通过审稿过程后，要么没有改进，要么实际上变得更难读懂，因为作者试图对评审人严格而相互矛盾的要求做出回应。然而，有时，作者能够很好地整合评审人的观点和他们自己的论据，进而构建出一篇更好的文稿。这篇论文显然属于第二类。我很高兴读到这篇论文的修订稿，看到文章在理论和实证方面如何变得更清晰，从而更容易辨别出这篇论文对我们理解辱虐管理行为对领导者自身的影响所做的贡献。我相信，在这一领域从事进一步研究的学者将从这篇论文中发现很多有价值的东西。

Prithviraj Chattopadhyay，奥克兰大学管理与国际商务系教授。现任 *Academy of Management Journal* 的副主编。

第 14 章 结语：为什么是他们？

张志学　徐淑英

阅读完本书中的 12 篇随笔之后，读者或许会问这样一个问题：为什么这些年轻人可以在学术上做到卓越？大家可以看到，他们中的大多数人，并非仅仅发表了他们在随笔中所谈到的论文，而是在其他重要的国内外期刊上还有论文发表。他们所有人目前仍在从事他们觉得非常有意思且有学术潜力的工作。除了其中一位作者属于在读博士，其他人都在海内外的著名大学任教。他们都在兢兢业业地培养更年轻的学生，一丝不苟地从事着"传道，授业，解惑"的教学任务，并受到学生们的高度认可。

我们在这篇结语中，试图分析这些年轻学者为什么能够获得成功，促成他们在学术道路上走向成熟的外部条件和内部动力是什么，在此，我们将回顾光华管理学院的氛围和 IPHD 项目的重要理念。在本书中的几篇随笔之后，我们附上了作者的指导教授对其所做的点评。此外，其他教员也应邀对他们所指导的或者与其合作的学生撰写了一些评论。为了更好地认识本书中这些年轻学者成功的内在因素，我们在这篇结语中将引用这些教员的评论。当然，我们意识到，这些年轻学者只是在学术生涯中取得了初步的成绩，今后还有很长的路要走，他们在学术生涯和专业领域的发展中，还可能会遇到不少挑战和困难，甚至产生一些困惑。因此，在本章结尾，我们也想提出一些问题，留给这些年轻人思索，同时也希望引发同行们的思考和讨论。我们期待着，在若干年后能够看到更为强大的

第14章 结语：为什么是他们？

中国管理研究队伍，他们不仅以自己的学识和专长解决中国在走向更加繁荣富强进程中的相关问题，而且促使管理学成为中国社会科学研究中率先走向卓越的学科，并最终通过深入地研究波澜壮阔的中国企业的发展，形成具有中国特色的学术理论，在国际管理研究和教育社区中产生强大的学术影响力，走过一条披荆斩棘的光荣之路。

光华学者的特点与学院的氛围

与国际上很多著名的商学院相比，光华管理学院属于年轻的后来者。在过去三十多年的历史中，光华基本上是伴随中国经济和社会的发展而成长的，从最初的静园水房的一间小办公室发展为亚洲著名、在国际上享有盛誉的商学院。1985年北京大学经济学院成立经济管理系，从此北京大学开始有了一支从事管理研究的队伍。1993年北京大学工商管理学院成立，1994年北京大学与光华教育基金会签署合作协议，将工商管理学院更名为光华管理学院，并开始招收MBA学生。1999年光华管理学院在中国大学中率先创办EMBA学位项目，2002年设立IPHD项目，开始进行博士生培养的国际化探索。光华所走的每一步，都是基于对时代发展和学院面临的挑战所做出的应对。若干年后，早期进行的开创性工作结出了硕果——2010年光华管理学院通过欧洲管理发展基金会（EFMD）的EQUIS初始认证；2012年获得国际商学院促进协会的AACSB认证。由于学院在研究和教学上的迅速进步，2014年与美国西北大学凯洛格商学院联合推出中国首个中美合作的高级工商管理项目——北大光华-凯洛格国际EMBA项目；2016年创立管理学博士联合学位项目。与国际上很多商学院相比，光华管理学院的发展可谓是跨越式的。本书所回顾的IPHD项目的创办以及成果只是光华众多探索中的一个，但管中窥豹，可以从中看出学院的治学风格、整体氛围和办学理念。

我们两人在进入北京大学任教之前，几乎与北京大学没有任何关系，完全是外来人。我们2000年进入北京大学的时候，管理学科已经存在15年了，光华已经拥有本科、硕士、博士点，并兴办了MBA和EMBA项目，也有自己的博士后流动站。那时的光华已经是一个多学科、多层次办学、拥有多个研究中心的良好的教学和研究平台,在国内颇具影响力。在光华工作了一段时间后,我们就感受到学院的一些特点。

首先,学院的学术领导者具有深厚的学术积淀,同时对于中国经济和社会问题有着敏锐的学术判断及深度参与。这里我们引用2015年5月30日在光华管理学院举行的30周年院庆庆典上,厉以宁教授总结的光华所做的十件大事。每一件事都涉及中国经济发展中的重大问题。厉以宁教授总结的十件大事包括:提出中国的教育支出在国民收入中的比例应该定在4%,经过很多年的努力,现在终于超过4%;对于中国经济改革的突破口在哪里的讨论,当经济学界都提出要"放价格"时,光华的学者们却认为产权改革最为重要,这个观点推动了股份制和产权改革;参加起草的《证券法》在1998年全国人大常委会以高票通过;师生参与全国政协的研究项目,就民营企业面临的问题给中央写报告,导致"非公经济36条"和后来的"非公经济新36条"的出台,为民营企业的发展做出了重要贡献;在贵州毕节试验区从事扶贫开发;联合北京大学地理系和社会学系的教授,探讨中国经济在不平衡条件下如何发展,提出"梯队推进战略"的新思路;针对国有企业规模大的现状,提出存量不变、增量股份化的股权分置改革建议;建立了既符合中国国情又能适应世界潮流的现代工商管理的教育体系;参加集体林权制度的改革、国有林场的改革;研究中国经济的低碳化。这些工作对于中国经济改革的影响面非常深远。尽管对于每个问题如何解决都存在不同的看法,但厉以宁教授和他带领的光华团队所提出的建议,既能借鉴学术界的理论又能结合中国的现实,既有理论创新又对实践产生了有效的指导和启迪。

其次,光华具有独立而开放包容的气质。20世纪八九十年代,中国经济改革正如火如荼地向前推进,与经济管理有关的各大部委急需青年人从事政策研究、制度法规制定等工作。由于当时北京大学经济管理的老一辈教授们参与了很多重要的工作,可想而知,他们很希望北京大学经济专业的这些高材生能够留校任教,为自己分担压力。那个年代大学的待遇并不好,高校的青年教员人心浮动,很多人要么下海经商,要么进入机关。但是,在光华成立之前,一批中青年教员却选择留下来,没有像那个时代的不少青年人那样去企业热火朝天地闯荡事业,或者跳槽到人们所青睐的权力部门。他们当中的一些人,每周的教学时长达到十多个小时。这些教员很有思想和见地,却不注重名利。他们享受在校园内

第14章 结语：为什么是他们？

以自己的方式从事教学和研究，很少刻意去获取额外的名头和奖项。

2000年9月，光华大概有50多位老中青教员。正如前面所提及的，老一代教员开创了管理学院，而且研究了中国改革开放中出现的大量问题，所提出的政策建议产生了很大的影响。中青年教员中有一大批拥有较长时间的海外访问经历，还有几位从海外留学归来。他们中的大部分曾在北京大学就读，有些当年是以省高考状元或者市高考状元的身份进入北京大学学习经济或管理专业的。通过与他们的随意闲谈或者一起参加学术活动，我们发现他们对于自己的领域具有系统而全面的理解，也能够洞察出西方的知识体系在哪些方面存在不足。相比而言，有些只注重发表英文论文的海外同行，虽然很了解局部的理论和研究技巧，但对于学科的发展脉络和大的逻辑似乎把握不够。此外，这些教员具有鲜明的"北大特色"：思想非常活跃，而且有独立的见解，不人云亦云，也不在学术上追随潮流。面对北京大学各类优秀的学员，他们的教学总是深受欢迎。他们为人谦和，非常容易相处，却一点也不世故，与社会上一度盛行的世俗保持着距离。

自2000年以来，光华的开放包容吸引了大量新锐的青年教员加入。这些教员可谓来自五湖四海，无论他们毕业于哪个院校，只要达到规定的学术标准，通过前期选拔、邀请校园访问后，获得所在科系、招聘委员会和学术委员会的认可，就能加入光华管理学院任教。光华自己培养出的博士生无论多么优秀，都不能直接留在本院任教。这种独特的选拔教员的方式又强化了原有的学术独立和开放包容的传统。

再次，对于高水平的学术标准具有共识。中国的高校在20世纪70年代恢复之后，最先需要将学科建立起来，并借助已有的教员通过高强度的工作量支撑起教学体系。这是首要目标。当学科建设逐渐成熟，教员队伍配置齐全之后，开始从事学术研究。就社会科学而言，90年代之前各个学科追踪和引进主流的理论与范式，并结合中国当时的现状从事学术探索。管理学科基本上也是如此。光华的绝大部分教员都经历过海外交流，90年代后期还成批次地去西北大学凯洛格商学院学习，还有一些教员到美国、欧洲和中国香港的院校开展学术交流。到了2001年之后，当光华开始以国际标准办学时，教员大多已理解并接受开展高水平学术研究的必要性。也就是从那时候开始，光华不仅开始以特别的待遇吸引海外学者前来担任教职，而且为大量来到光华访问的海外教授提供办公室等办公条件以及一定的待遇。很多海外教员,无论是不是华裔,都非常喜欢并推崇光华的人文氛围和教授们对于学术研究的共识,结束访问之后有些学者特别写信让我们向学院领导转达他们对于学院的感谢和美誉。

最后,对于学生的成长高度关注和投入。社会上普遍认为如今的大学生已经不再像当年那样属于"天之骄子"。统计数字显示,自1977年恢复高考以来,随着大学扩招以及大学数量的增加,高考录取率也逐年攀升,由1977年的4.8%攀升至2015年的74.3%,2016年甚至达到82.1%,2017年略高于2016年。但是,北京大学的录取率仍属于万里挑一。例如,2016年,全国参加高考的人数是940万人,北京大学招收了1389人,考虑到北京市的招生率比其他省份高出了很多,再加上天津、上海、青海、西藏等地稍高些的招生比率,不难看出,就读北京大学的学生就是万里挑一。我们在北京大学这么多年,要么一直在给本科一年级的学生上课,要么以不同方式接触过很多本科生,他们的确聪明、勤奋、善于学习,并不断追求自我能力的提升。这大概是北京大学特别注重学生素质的重要原因之一。由于经济和管理专业在过去几十年都非常热门,就读光华管理学院的难度就更大了。为了让这些聪明勤奋的年轻学子能够学有所成,光华非常重视对学生的教学。一是鼓励资深教员给本科生上课,以期能够更好地促进学生的发展;二是加大数学、经济学、心理学等基础学科的训练;三是注重通识教育,鼓励学生走出管理学院,修读大学其他科系的课程;四是组织多种课外活动,让学生了解并融入社会。除针对本科生之外,对硕士和博士生以及其他各类项目,光华都非常注重以学生为导向,并且不断加大投入,改善学生的学习体验。我们在国际学术会议上经常见到目前在海外大学任教的光华的毕业生,他们在回忆读书期间光华对他们的影响以及教员对他们的训练时,都是赞誉有加。

以上就是我们加入北京大学光华管理学院之后,通过自己的经历以及与周围同事接触后的了解,对光华的教员以及学院的一些体会。这种环境很自然地孕育并支持了IPHD项目的诞生和发展。

IPHD项目对于学生的影响

2002年创办光华管理学院IPHD项目的初始目的,就是依照美国主流的管

第14章 结语：为什么是他们？

理学博士生项目的做法，训练光华的博士生。读者可以从本书的各个章节以及部分教授的点评中了解这个项目。随着国内很多商学院的进步，光华IPHD项目在学生培养上的做法已经或多或少地得到了借鉴和学习。

如果说IPHD项目至今还有什么独特的方面，我们认为至少包括以下几点：

第一，大量引进海外学者给学生授课。早期邀请海外学者授课的原因在于，光华能够以英文讲授博士生课程的教员在数量上还不够，只能诚邀诸多海外学者前来相助。到2006年左右，当光华已经拥有大量从海外归来任教的青年教员，能够满足IPHD项目的教学需求时，我们的项目仍然有大量海外教授担任教学工作，其原因在于，大部分美国大学中教授的工资是以九个月计算的，教员暑期三个月的薪水要么从研究经费中支付，要么通过暑期教学获得部分补助。近些年来，不少海外教授，特别是在海外任教的华人教授利用暑期回到国内从事教学工作。因此，光华的IPHD项目中一直有来自海外商学院或者心理学、经济学等学科的学者任教。这使得我们的博士生有更多的机会接触到不同的学者。我们有些学生本科或者硕士毕业后到海外攻读博士，比起他们留在光华攻读博士的同学，接触到的海外教授可能反而更少。

第二，IPHD项目实施委员会制而非导师制，学生每学期或学年跟随不同的指导教授，这不仅使得学生接触的专业领域更广，而且当他们撰写毕业论文时，能够找到更为合适的论文指导教授或者委员会主席。这一做法在理念上打破了传统的师徒制，学生和导师之间不再是私人关系，而是合作关系和工作关系。由于光华管理学院鼓励刚入职两年的助理教授申请独立指导博士生，使得博士生导师的供应充足，这样博士生就可以根据自己的意愿选择合适的指导老师。这与国内甚至海外的很多大学流行的学生一入学就跟定某个导师做博士毕业论文的做法有很大的区别，也改变了学生的心理状态：他们在导师和同行面前显得更为自如及自信，更敢于同导师平等地讨论甚至争论问题。本书中提到的有些导师就指出自己所指导的学生敢于指出自己想法中的问题，敢于坚持己见。还有几个学生发表的论文并不是与自己博士毕业论文的指导老师合作的，因为在我们的项目中，导师鼓励学生与本学科的其他学者或者海外的学者合作。

第三，由于IPHD项目致力于培养创造管理知识的人，因此从项目设立的标准，到选择招收什么样的学生，再到就读后的课程设计和训练模式，整个链条都是围绕着从事学术研究而来的。本书中提到的几位同学,都是在就读之后在老师主持的研讨课上,其学术兴趣被激发,从而立志要做出国际一流研究的。如果学生期待自己毕业后到好的大学的商学院任教,他们就知道自己必须发表高水平的论文,这就要求他们专心做好博士研讨课上的学期论文,以便将学期论文逐渐发展为美国管理学会年会的论文。在年会上报告、得到有助于论文改进的建议之后,再进一步修改论文并把它投稿到学术期刊上。这个过程是环环相扣的,促使学生们在博士学习阶段善于思考、发现问题。同时,他们也会选择与那些在学术研究上保持活跃的老师一起合作。所以,相比而言,就读 IPHD 项目的学生在学习和研究中更加自主和自觉。加拿大约克大学的谭劲松教授曾为 IPHD 项目讲授"战略管理"课程,他这样评价:"在光华,博士生们的素质给我留下了深刻的印象。不需要劝服他们去做应该做的,每个学生都把成为一名学者当作一生的目标。他们已经被灌输了这样一种观念:为追求学术卓越而感到荣幸。学生们得到学院的关注和支持以及足以与北美博士生培养项目相比的严谨的培训。我必须指出,光华在遴选、传授和实施这些好的方法方面做出了出色的工作。对于学院而言,只有一件事要做:训练学生并引导好他们,就像我们在北美做的那样。"

第四,要求学生们尽可能地在高水平的学术期刊上发表论文而不是追求发表的数量。李瑜和曲红燕在她们的随笔中回顾到,导师武常岐要求学生做学问要志存高远,这深深影响了她们。李瑜那篇 AMJ 论文中报告的辅助分析可能是本领域中最多的,但不少的结果只是呈现给评审人和责任编辑,并没有在论文中展现出来。有几个分析还使用了不同的因变量或者自变量,完全可以被看作不同的研究。然而,她们并没有把这些分析分拆开来投给其他的期刊,因为她们坚持论文的高质量比论文的篇数更重要。这种做法对于成熟的学者来说似乎是理所当然的,然而对于面临很大的发表压力的国内青年学者和博士生来说,实属不易。国内很多学校都要求博士生在读期间必须发表一定数量的论文才能毕业。这个政策的本意在于促进博士生积极地从事研究,但是其负面作用很容易显现出来。很多学术期刊并非同行评审,有些期刊甚至采取有偿发表的形式,以至于在网上出现了很多代写论文收取费用的广告。也有些被 SSCI 检索的国际期刊也开始在中国招徕生意。在这种情况下,一些人可以不经过严谨的研究照样发

第14章 结语：为什么是他们？

表论文，顺利通过大学的审查。我们都知道，在高水平的学术期刊上发表论文具有很长的周期，即便国内最好的期刊的评审过程往往也需要两年左右的时间。为了达到大学规定的要求，有些博士生宁愿选择本领域中比较容易发表的期刊，发表一些类似于个人评论、文献综述或者未经证实的推测模型之类的论文。光华管理学院认为，可以利用大学要求学生发表论文的政策敦促他们积极地从事研究，但不能让他们把心思都用于在低水平的期刊上发表大量论文。学院的教员对此很快达成共识，为此，我们让各个系提出本领域高水平的、同行评审的国际学术研讨会，数量限制在4—6个，博士生以第一作者的身份在这些指定的高水平国际会议上报告的论文，可以替代在核心期刊上发表的论文。这项提议最终在北京大学应用经济学学位分会上获得审议通过。高水平的同行评审的会议论文，虽然距离在高水平学术期刊上发表还有很长的距离，但是这些会议接受论文的比率往往在三分之一到二分之一左右，能够被接受表明论文受到国际同行的基本认可，具备发展为具有比较高的质量的论文的潜力。学生去报告论文，既锻炼了其在国际上呈现自己研究的能力，又多了与国际同行交流的机会，也借机了解到本领域的动态和前沿。我们举这个例子说明，光华管理学院一方面营造浓厚的学术氛围，希望学生们向高标准看齐，另一方面也深思熟虑地出台政策，以制度化的方式要求学生们树立高远的学术目标。

因此，在IPHD项目中学习的学生，大部分已经确立了从事学术研究的志向，也逐渐发展出与校园内那些有志于毕业后从事其他职业的同龄人不同的生活方式。本书的大部分作者在文章中都谈到，他们在生活和工作中感到最为高兴的就是，他们的研究想法被资深的学者认为有前景，他们的学术论文获得某个期刊修改后重新提交的机会，当然也包括他们的论文被一流或顶级学术期刊接受发表。显然，他们都具备了学者的理念，并养成了学者的生活方式。更令人欣喜的是，他们对学术研究和教学大都怀有一种使命感，认真地通过自己的知识创造和教学为社会服务，而不是仅仅将其当作一个工作。

本书作者的共同特点

光华管理学院的整体条件和氛围为立志从事管理研究的博士生们提供了成

长的良好"场域",而IPHD项目的训练不仅在研究方法和主流理论上给他们打下了牢固的基础,也使得他们能够把握本专业中的最新进展。本书的作者们则属于IPHD项目的学生中目前产出成果最突出的一批。为什么他们能够做到?这些年轻人的个人特性差别很大,除了都具有非常好的个人素质,还具备了至少以下几个共同特点(可以从几位导师的评论中看出):

首要的是强烈的学习动机。他们对于本专业的研究普遍具有浓厚的兴趣,从而使得他们进入项目之后,没有经历过很多年轻学生通常会经历的彷徨。对于光华管理学院的学生来说,就业的机会太好,相比之下,从事学术研究这个职业无论是未来的收入还是找到好机构就业的难度,其收益成本比都太小。由于博士阶段的学习非常紧张,且需要博士生及早着手开展研究,因此一旦思想上出现犹豫,就会导致学业进展缓慢。丁瑛的论文导师徐菁教授评价丁瑛是一个自我驱动的学习者,对于研究具有强烈而持续的热情,自觉地推动项目的进展,主动和导师讨论自己阅读文献后的思考。庞隽和刘海洋是本书中两位在读期间就在顶级期刊上发表论文的学生。庞隽从进入项目一开始,就非常喜欢博士研讨课上讨论时所阅读到的顶级期刊,也希望自己能够在国际A类期刊上发表一篇论文。这驱使她很快与导师开始合作,并最终发表论文。光华管理学院组织与战略系的江亭儒老师,是刘海洋在 *Journal of Applied Psychology* 上发表的论文的合作者,他受邀评价刘海洋同学的表现时写道:"绩效等于能力乘以动机。我觉得能力、聪明才智在我们的博士生中,或者其他相近学校的博士生项目中几乎不是问题,但确实很少人有坚韧不拔或者持续提升自己研究水平的强烈动机。做研究是个不断面对打击、挫折的过程,当自己辛苦投入的论文被拒绝时,要快速地调整自己。或者好不容易获得修改的机会,但是面对审稿人数十个严厉的意见,却还要鞭策自己完成修改。我们的博士生,往往从小就成绩优秀,鲜少在成绩、课业上遇到过打击,所以一旦在研究上遇到了挫折,就难以调整,或者难以积极投入论文的修改或推进其他的研究。此外,与在企业中上班或者在实验室里从事自然科学研究不同,社会科学的研究,往往没有外在环境的约束。因此要能够每天自发地从事八个小时甚至十个小时的研究,这也是对博士生们的考验。我觉得海洋之所以能够在研究上有持续的进步,发表高水平的论文,最重要的因素就是他拥有强烈的研究与学习动机,并且能把动机转化为实际的行动,在求真

第14章 结语：为什么是他们？

的科学道路上坚持，不被打倒。"

其次是专注。在某项课题上，要想对已有理论做出贡献，就要求研究者必须集中精力思考已有理论存在的不足，或者某个现象背后可能存在的概念。初步的观察和思考需要经过不断的打磨才能形成一个值得研究的问题。后面还有很多工作要做，对于一个博士生或者青年学者而言，几年下来才有可能在某一个课题上取得突破。如果不是心无旁骛地投入时间和精力，完成具有理论贡献的在顶级期刊上发表的论文的概率基本上是零。本书作者中唯一来自海外的崔成镇，攻读博士学位期间专心致志，一个韩国年轻人基于对中国问题的研究，讲出了精彩的学术故事。直到工作之后，他的一切都是围绕着学术研究，面对教学、行政等压力，想办法合理分配时间，以便聚焦于学术。无独有偶，刘海洋的论文导师、光华管理学院组织与战略系的王辉教授说海洋有三个特点：专注，对文献的掌握，以及不断地学习和提升。王辉教授认为，"第一是专注。从就读博士开始，甚至在他本科期间就已经对组织行为学研究，尤其是人格理论在组织管理中的应用非常感兴趣。对研究的专注，特别是对某一研究领域的专注，可以使海洋同学更好地投入时间和精力进行深入的研究。对于博士生来讲，对于研究的专注是起码的要求。对某一研究领域的专注，则需要在博士学习阶段尽早地形成，这样就可以在广泛涉猎组织管理文献的同时，对某一领域有更加深入和系统的了解"。王辉教授提到刘海洋的另一个特点是不断地学习和提升。他说："无论是在就读博士期间，还是到国外交流阶段，海洋同学通过各种方式不断提升自己的研究能力，丰富自己的研究经验，这是他能够在国际高水平期刊上发表论文的重要基础。我经常跟海洋和其他同学讲，做研究与卖油翁或外科手术具有同样的道理，即都是不断地练习和经验的积累。"个人在专业上的学习和不断提升也需要专注。

再次是快速行动的习惯和能力。管理研究属于社会科学，既要建构理论和假设，又要通过实证的手段检验假设。从事一项管理研究至少包括如下步骤：发现有意思的现象或问题并对其进行概念化，将概念化的想法转化为研究方案，将研究方案予以实施，对获得的数据进行整理和分析，对研究结果进行富有洞察力的解释，迅速将研究发现撰写出来并投寄出去，思考评审人的意见修改文章，必要时补充研究、重新分析数据，等等。要完成这一过程，需要研究者勤于思考、敏于行动。根据徐菁教授的评论,每次和丁瑛讨论完问题之后,丁瑛都会在第二天就发给她以及合作者一封邮件,把讨论的要点整理好并制订出下一步的实施计划。而每次完成实验之后,丁瑛两天内就会发给她详尽的实验结果。曲红燕与张燕发现女性领导力的有趣现象之后,全面回顾了女性领导力的研究,解释了女性领导力的众多理论,分析了1997—2010年中国所有A股上市公司的数据。完成如此海量和繁杂的工作,不仅需要耐心,还需要快速行动。她们的论文从开始讨论想法到最终被接受,累计大概不到四年的时间,只有快速地完成上述每一个环节的工作,论文的发表速度才能如此迅捷。张志学在与自己所指导的博士生魏昕、秦昕和姚晶晶合作时,感到几位年轻人都能够快速行动。他们经常是在讨论完一个想法和研究设计之后,很快就开展实验或收集数据,并快速完成数据分析。大家分头撰写论文时,他们都能够按照约定的时间完成任务,没有人因为拖延而导致项目滞后。做博士生时是这样,工作之后大家都特别忙,却依然如此。勤奋和快速行动已经变成他们的一种工作习惯。

最后就是善于与人合作和交流。高水平的管理学研究绝大多数来自不同学者的合作,在理论建构的过程中,不同学者从各自的角度思考问题,通过不断的沟通、争论和总结,才使得理论和推理不至于出现大的麻烦。解决了这个问题之后,还有研究的设计、数据的获取和分析、文稿的撰写、投稿后对评审人意见的回应,等等。本书中的所有作者,都在研究中扮演了非常关键的角色。他们也各自讲述了与合作者之间的互动,这里不再重复。但我们希望强调的是,与他人合作并不局限在撰写一篇论文上,而是在更广泛的意义上与同行的交流。张燕就读博士期间,几乎与每一位来访的教授进行讨论,最后与其中的几位合作发表了论文。她毕业后虽然在心理学系任教,但经常与访问光华的海外学者沟通交流。林道谧之所以能够在海归创业这个题目上取得成功,一个重要的原因就在于她善于与人交流,能够从留学人员交流会、科技园区和企业那里获得研究所需要的数据及想法。

张志学是本书作者魏昕、姚晶晶的论文导师,以及秦昕的联合导师,他没有就他们的表现单独撰写评论,这里简单介绍一下他们在这方面的特征。魏昕就读IPHD项目时只有19岁,她先后跟随香港城市大学的梁觉教授以及华盛顿大学的陈晓萍教授学习、合作开展研究,她活跃的思维和丰富的知识受到他们的高度推崇。在研究遇到问题时,她会积极与从事相关研究的海外学者取得联系(尽管此前可能毫无联系),之后借助参加管理学大会的机会与他们见面深入沟通,据此改进自己的研究。秦昕一进入光华攻读博士学位,就开始与本系或者外系的教授讨论。他与光华管理学院商务统计与经济计量系的徐敏亚老师保持了密切的合作,他们一起发表了几篇论文。他还习惯于通过电子邮件联系海外学者,获得他们对于自己研究想法或者初稿的反馈,有些人后来成了他的合作者。他在哈佛商学院访学的那一年与那里的几位教授进行了合作。而且,他还善于与同届同学以及师弟师妹交流并开启独特的合作模式,这使得他们的论文最终在 *Academy of Management Journal* 上得以发表。姚晶晶是北京大学为数不多的到海外研究型大学任教的博士毕业生。他读书期间主动与老师们探讨一些有意思的研究想法,在西北大学凯洛格商学院访学期间,与那里的教授和学生开展了很深入的学术交流,启动了一些研究项目。他与张志学、Jeanne Brett 和 Keith Murnighan 关于中国人信任的论文来自他与几位合作者频繁和深入的讨论。姚晶晶一直深度融入从事谈判研究的国际学者的社区,并与他们开展诸多的研究项目。

我们总结出来的这几点未必全面,不过与以往学者的归纳也有相似之处。例如,Smith 和 Hitt(2005)在《管理学中的伟大思想:经典理论的开发历程》(*Great Minds in Management*: *The Process of Theory Development*)一书中总结出那些有卓越贡献的研究者拥有四个特征,即激情、坚持、自律,以及聚焦大想法和研究重要问题。这些特点在本书中所提及的所有年轻学者中,都有不同程度的体现。

未来之路

本书的作者们是一批具有很好的天赋和素养、受过扎实的学术训练,并且在各自的领域中具有很高起点的青年学者。他们今后的路还很长,我们期待他们在各自的研究领域成为顶尖的专家,既推动中国管理学的进步,也更多地在国际舞台上展现中国学者对于中国管理的解读,从而在国际管理学研究社区中发出中国的声音。他们都具备达到这一目标的可能性,但是这条前行之路,可能会比他们在国际顶级期刊上发表论文,还要艰难很多。这是因为,达到这一目标已经不仅仅依赖于具体的技能、知识和理论,而且依赖于个人的选择,而选择则会受到个人价值观的驱动。我们在这里提出几个问题,供本书的作者们以及同行们思考。

中国社会在发展中先后出现过各种潮流,学者中间在过去三十多年间至少出现过以下的潮流:经商潮、编书潮、办班潮、下海潮、做官潮,直至新一轮的创业潮、网红潮、平台讲书潮、跨界潮,等等。这些潮流一波一波地扑面而来,加上当今社交媒体的传播和炒作,这些潮流形成的波澜一浪高过一浪。每一次潮流都带走了学界的一批人,而被潮流卷走的往往是那些头脑灵活、稍有名气而且开始学有所成的学者。可以想象,经历一波一波浪潮的冲击,最终留下来坚守自己专业的学者会越来越少。所以,那些在本领域中最终有所建树的人,的确经过大浪淘沙般的洗礼。

商学院无疑是大学校园中最令人羡慕的学院,因为商学院与商业和社会联系密切,不少学员来自社会精英阶层。由于管理学是一门实践学科,因此商学院的教员和学员比大学中的其他院系更加多样化。中国的商学院还很年轻,其定位仍在探索之中,而对于商学院的教员究竟该从事什么样的研究,目前存在的共识相比其他学科而言会少一些。本书中所介绍的光华管理学院的实践只是商学院理念的一种。目前选择就读主要商学院各种项目的人数众多,社会上对于经济管理知识和理论的需求非常大,企业尤其是中小企业的管理者非常渴望提升自己的运营和管理能力。这一切既给商学院的迅速发展提供了良好的土壤和大环境,也对其构成了挑战。我们在这里提出可能会影响商学院教员发展的两个因素。其一,在研究上已经取得一定成就的教员,在获得常任轨的终身教职之后,是继续在本领域从事专精的研究,还是通过横向发展扩大自己在社会上的影响力?其二,如果坚持从事学术研究,究竟应该从事什么样的学术研究?这两个问题对于学者而言非常重要,两个问题也是彼此关联的。由于这两个问题非常复杂,我们也没有特别清楚的答案,以下只是提供一些信息供本书的作者和同行们思考。

我们在北京大学这么多年,直接接触到一些卓越的科学家和学者(或间接耳闻到他们的事迹),他们极其聪明和富有智慧,也有极好的谈话技巧和演讲才华,

第14章 结语：为什么是他们？

讲话幽默,富有感染力,闲聊中显露出他们的博学,对于生命、哲学、宗教和世界具有深刻的理解与感悟。他们颇具人文色彩的谈吐,会让人误以为他们不是从事自然科学研究的。然而,这些学者在闲聊之后,回到实验室、课堂、研讨会上,却专注于自己的领域,保持前沿,并不断地培养学生。他们很少在从事自己的专业工作时讨论专业之外的情怀,因为其情怀和理想都渗透在自己的专业研究中。以他们的才干和声望,如果在网络平台上开设课程,一定会获得大量粉丝的拥戴;但如果那样,北京大学甚至全中国就少了一些高级专家。

其实,北京大学一直拥有坚守专业的卓越的教授。当王选教授了解到国际照排系统的前沿动态后,决定跳过日本流行的第二代照排系统、美国流行的第三代照排系统,选择基于数学描述方法的第四代激光照排系统。他在1976年夏天发明了高分辨率字形的高倍率信息压缩技术和高速复原方法,以创新技术引发了印刷业的三次技术革新。在很多人看来,那个年代根本无法正常工作,但他却从1970年起奋斗了十八个春秋,从没有任何节假日。大年初一还是分上午、下午、晚上三个时段工作。他1998年为北京大学学生所做的演讲,幽默、智慧、激励人心,融通了科学与商业,结尾还引用了当时鲜为人知的心理学家荣格的话。用今天的标准看,是个十足"网红"范儿的演讲。不过王选教授在演讲中说:"一个人老在电视上露面,说明这个科技工作者的科技生涯基本上快结束了。在第一线努力做贡献的,哪有时间去电视台做采访。所以1992年前电视台采访我,我基本上都拒绝了。……年轻人如果老上电视,老卖狗皮膏药,这个人我就觉得一点儿出息都没有。"王先生的话是对学者的警告。不过他做演讲的时代,露脸的主要渠道还只限于上电视,现在能够让人拥有粉丝的机会就太多了。一不小心成为"网红"的人大有人在,当受到无数粉丝的致敬和爱戴之后,不知道他们还能否静下心来从事艰苦的专业工作。

更早的时候,也就是《南渡北归》一书中提到的中国知识分子和民族精英,冒着炮火流亡西南,在西南联大培养出大批成就斐然的人才,很多人创造了专业上的新高度。浙江大学从杭州往西、经六省两千多公里到达贵州遵义,科学家和技术工程人员在战时物资设备极为简缺的情况下,取得了辉煌的教学和科研成果。他们表现出的"苟利国家生死以,岂因祸福避趋之"是民族进步不可或缺的精神。此外,这些现在和过去的专家、学者,之所以能够在本领域取得巨大的成就,是因为他们忠于专业,以自己的专长为社会和国家做出贡献。很多专家、教授终生在精细的领域中不断钻研,因为他们了解"读书破万卷"只能成为"百科全书"式的向别人传授非原创知识的教师,而自己却不能成为创造新知的学者。

正如大家从本书作者的随笔中所感受到的,一方面,在学术研究中做出创新性的成果,从而对已有理论做出贡献,其过程十分辛苦和艰难。另一方面,社会大众对于流行的管理知识的需求仍然巨大,致力于推广商业和管理知识也可以成为获得大量受众喜欢的平台明星或"网红",或者成为备受业界欢迎的咨询顾问或智囊成员。两种路径都能够产生影响,而且在当今中国著名的商学院中,对于有才华的学者而言,两条路可能都走得通。最理想的状态是二者兼顾,例如,在自己的学术发现的基础上,给领导者和企业提供一些思考问题的视角,促使他们找到解决问题的可能方案,帮助他们依据所处的条件选择最可能的问题解决方案。如果能够做到这些,往往也会成为所在学院颇受 MBA、EMBA 或者高级经理人欢迎的任课教师。如果教学深受高级经理人的欢迎,他们也会为教员提供从事研究的机会。因此,如果能做到一只脚踏在学术上、另一只脚踏入实践中,当然是最理想的。不过在现实中要将两方面都做到很好,就会出现鱼和熊掌不可兼得的情形。例如,既要成为"网红"或"走红"式专家,又要在国际一流学术期刊上发表论文,对于同一个人而言非常困难。因为每一条道路都需要个人耗费太多的精力甚至需要殚精竭虑。尤其对于学术研究而言,需要说服本领域最专精、最挑剔的同行,真的很不容易。这就意味着,选择两条道路中的哪一条,对个人的要求存在巨大的差别,包括时间分配、工作方式、生活节奏等,这些都涉及个人的价值偏好。我们无意评判孰好孰坏,但提醒本书的作者们,由于他们大多在著名的商学院任教,也展示出了很高的素质和才能,既具有实现更多理论突破的能力,也拥有巨大的市场需求,那么,究竟该如何继续前行?

本书的多数作者发展得非常全面,他们比同龄人更早地在本领域取得了突破,其中的重要原因就在于他们对于学术研究有自己的价值偏好。在本书中,李瑜、林道谧和曲红燕都分享了她们对于学术的理解以及学者生活方式的认识。曲红燕特别就自己对于是否选择学术之路、研究方向的选择以及如何发表高水平的论文表明了看法。当我们邀请她的论文导师对她进行评论时,武常岐教授这样写道:"当曲红燕同学加入光华的 IPHD 项目时,她开朗大方和活跃的个性

第14章 结语：为什么是他们？

非常引人注目，同时会使人猜想其未来事业发展的方向。学术研究的道路是漫长的，需要长期的积累和深刻的思考。红燕能静下心来做研究吗？其实科学研究特别需要活跃的思想和对于新事物的敏感。而红燕在这方面有她自己的特长，她知识面广，对于战略管理理论的前沿理论有很好的感觉。作为导师，我鼓励她探索新的研究方向和研究问题，即使这些领域并不是我最专长的。要让年轻学者展翅高飞，探索新的研究方向。红燕敢闯敢干，也成就了她的事业。她在美国访学过程中，对于公司治理结构和高管团队有很好的感觉，着手从新的理论视角探讨高管团队对于公司的影响，和美国莱斯大学的张燕教授合作的论文，最终发表在顶级管理学期刊上。我感到非常欣慰，我自己也从红燕的研究中学到新的知识。我们对于快速发展的企业的环境和企业本身的认识要不断深化，需要新的理论框架和分析方法，而正是在这些方面有着良好学术训练的年轻学者更有可能产生新的学术成果。"从曲红燕的随笔和她的导师的评论可以看出，专长和学术的成就源于个人的偏好和选择。我们鼓励本书的作者们和有志于学术研究的青年学者，尽量聚焦与企业运营和管理有关的某个问题，成为认识和解决这方面问题的顶级专家。如果在专业领域中兴趣太广泛，过于迎合大众喜好或者追逐热门话题，可能累积的知识广度还不错，看起来显得博学，但很难成为领域专家。只有专注的投入、聚焦的研究和潜心的积累才能形成专长、成为专家。

我们提出的第二个值得思考的方面，是对于在商学院开展学术研究的争论。1881年，宾夕法尼亚大学设立了一个与商科相关的本科项目，目的在于应用科学的方法，即严密的权衡、数据的收集、战略性的分析等，对策略制定和管理控制提供帮助。1901年，达特茅斯学院的塔克商学院首次颁发了管理学硕士文凭。1908年，哈佛大学设立了工商管理学院，同年招收普通学生学习特定课程的特别学员，1910年首次颁发管理学硕士学位。哈佛商学院采纳案例教学法后获得成功。不过直到20世纪三四十年代，商学院的学术质量都没有得到提高。卡耐基梅隆大学（当时名为卡耐基技术学院）建立工业管理学院（GSIA），推动致力于理解商业的组织、从实践中获得解决方案的系统研究，认为学术研究应该扎根于诸如经济学、心理学和数学等基础学科，将这些课程作为金融学、营销学和会计学等商业职能课的基础。通过基于行为研究或管理科学的课堂教学，为学生掌握解决问题的分析技能打下基础，并培养注重研究的博士生，鼓励他们到其他商学院去任教。工业管理学院的教授们围绕多学科和计算机技术开展综合研究,把商学院中的诸多学科联系起来,成为20世纪50年代商学院的学术中心,所培养的博士生最终也在其他大学产生了巨大的影响。可以说,正是以诺贝尔经济学奖得主赫伯特·西蒙(Herbert Simon)教授为代表的一批卓越学者的改革,将商业教育从"职业教育的荒漠"改造为"基于科学的专业化教育"。50年代末期,两项对商学院的调查报告批评商学院只是一堆商贸学校的大杂烩,缺乏扎实的科学基础。该报告关注了GSIA模式,呼吁商学院使用基础学科的研究方法解决商业问题,并注重"软性技巧"和跨学科的综合。自此,商学院从过去的传授商贸技能走向了学术研究。

商学院在关注并推动学术研究之后,又遇到了新的问题。其中令人诟病的是学术研究脱离实际,导致其教学并不能促进学生的职业发展。研究也发现商业实践影响了商学院的学术研究,而反过来的情况却很少存在。商学院的教授只关注自己的研究和教学,缺乏对商业实践的了解。因此,咨询公司和一些职业服务公司开始提供商业课程及管理教育。尽管如此,面对来自外界的竞争,正如Pfeffer和Fong(2002)所说的,商学院的研究能力、严谨的思考和理论基础依然是独特的竞争优势,商学院没有理由做不好工商管理教育。

尽管商学院都了解目前面临的批评,但主流商学院都不敢在学术研究上有丝毫放松,原因在于学术研究的质量会影响商学院的声望。在国内商学院中有两类学者,一类学者能够准确把握中国社会情境下的问题,与企业、政府等建立广泛而深入的联系,并通过学术研究对它们产生影响。另一类学者则掌握了规范的方法和主流的理论,并通过具体的实证研究发表高水平的论文。两类学者分别强调了知识创造中的关联性(relevance)和严谨性(rigor)。由于两类学者接受的训练和学术习惯不同,导致二者往往有所对立,甚至因此将现实关联性与学术严谨性截然对立起来。在我们看来,如果在学术研究中无法清楚地将问题概念化,而只是满足于评论式的分析,即便进入很多企业现场,也难以真正揭示现象背后的规律,最终只能就事论事,无法获得经得起考验和值得推广的知识。在商学院,学生可能对于教师讲述的情境和事例听得津津有味,但经历丰富的MBA学员却常常以自己的经验与教授进行对抗。教授在与学员争论时又以自己了解的另一个企业的事例去反驳,结果还是无法让学员满意和信服。一些人

第14章 结语:为什么是他们?

在描述了他们所遇到的企业现象之后,却无法对现象进行去粗存精,无法精确地找到值得研究、可能具有理论贡献和实践意义的问题。这样的研究也很难产生现实关联性。此外,受过良好训练的学者,掌握了规范的研究方法、主流的理论,发表的论文也能够让国际同行看懂,但由于脱离现实,只能从国际文献中找问题,导致其所研究的问题在中国根本不是一个真正的或者重要的问题。这样的研究即便比较严谨,但与现实的关联度不高,也很难引起同行的共鸣。

在我们看来,商学院的教员要想促进学生掌握分析问题和解决问题的逻辑与方法,就需要从事兼具严谨性和关联性的研究。商学院不能像咨询公司和企业的政策研究室那样单纯追求关联性,也不能像数量经济学、实验心理学或理论社会学这样的学科那样只关心严谨性。培养学生分析问题和解决问题能力的途径有两个:案例导向的教学(如哈佛商学院)和概念导向的教学(如凯洛格商学院中的某些科系)。两种教学导向的本质是一样的,即通过众多的案例或模拟引发学生思考,在他们的头脑中实现知识的再生。在这种情况下,没有理论功底和缺乏对企业案例的把握,都不可能达到让学生再生知识的效果。为此,管理学教授要善于将管理实践或现象概念化成理论,再用科学的方法进一步验证和推广,从而达到举一反三的功效。为此,他们需要深入了解中国社会的现实问题,思考自己的研究结果对商界或管理界的实践者有何意义。优秀的商学院一定是管理知识的发源地,而非将已有知识加工后传授给学生。

正如张志学在第一章中回顾自己在凯洛格商学院MBA课堂上的经历时所说的,那些最受欢迎的商学院教授大多也是研究上最高产的。原因在于,他们选择的研究问题来自实践而非文献,最终产生的成果会引起学员的共鸣,引发的讨论往往产生了下一个研究问题。这就实现了研究与教学之间的闭环和协同。而我们所在的光华管理学院,那些在教学上最受各类学员欢迎的教员,往往也在学术研究上表现得非常出众。他们基于对中国的经济或管理现象开展研究,将研究发现及其背后的逻辑带到课堂上与学员们交流,学员们从课堂讨论中找到了困扰他们的问题的答案,或从教授的研究发现中获得启迪,从而加深了对问题的理解。在管理领域,学术的严谨性和研究与现实的关联性不仅不是对立的,反而是相互促进的。倾向于学术研究的学者要接触实践,以便找到现实中的重要问题;而更喜欢实践的学者则需要在学术研究上保持活跃。正如心理学家科特·

勒温(Kurt Lewin)所说,没有什么比一个好的理论更实际的了。好的理论来源于学者对于现实中重要问题的关注和洞察,并系统地加以探索、验证和总结,所得到的研究发现既严谨又具有现实意义。如果学者只是为获得终生教职或者提高薪水而从事学术研究,就会投机取巧地选择一些容易发表论文的题目,而等他们达到这些目标后,支撑他们当初克服困难和烦躁从事研究的动力就消失了,最终会使自己放弃学术研究。一旦新的潮流来袭,很容易就被追赶上甚至被大浪卷走。

我们为本书中提及的这些出色的年轻学者感到骄傲,也很高兴能够陪伴他们走向高水平的学术之路。我们有充分的理由相信并期望,他们会继续在学术领域引入重要概念,解决许多其他人因缺乏信心或担心失败而回避的棘手问题。他们都确立了从事学术研究的志向,并且已经养成了学者的生活方式和价值观。我们希望他们在这个美好的时代,坚持自己的目标,不忘初心,继续坚持在顶级期刊上发表第一篇论文过程中的坚毅的心态和不屈不挠的精神,并从享受学术研究中获得能量,从生机勃勃的中国企业实践和现象中汲取营养,筚路蓝缕,玉汝于成,永攀新高。我们衷心祝愿他们永远追求真理与美好,为创造更加美好的世界做出贡献,持续不断并带领和带动其他人向世界讲述精彩的中国故事!

 后 记

  这本书起源于我们两人在 2017 年 7 月下旬的电话讨论,我们分别在中国和美国——中国的深夜和美国的一大早。那段时间,张志学在重读 Peter J. Frost 和 Ralph E. Stablein 1992 年出版的 *Doing Exemplary Research* 一书。这本书收录了被同行提名的组织研究中的典范性论文作者对于创作过程的回顾。受到这本书的启发,我们提出这样一个想法:光华管理学院的博士生近年来在国际学术期刊上发表了大量论文,其中还有一批论文发表在国际顶级期刊上。这些论文的作者基本上都在从 2003 年开始授课的 IPHD 项目中接受过训练。我们可以考虑出版一本书,邀请这些在顶级期刊上发表过论文的学生,撰写他们创作论文的过程和博士阶段学习的心得,给国内同行尤其是年轻的研究者和博士生们一些启发。我们两人迅速就这个想法达成了共识。9 月上旬我们通过北京大学出版社的贾米娜编辑向出版社提交了这本书的选题计划,很快得到北京大学出版社的支持。9 月底我们开始着手准备这本书的详细计划,选定论文的作者,找到每篇论文的责任编辑,仅仅是书的大纲和目录前后就经历了近十个版本的修改和更新。之后我们两人分头行动,一人负责联系发表论文的学生,给他们逐个写邮件或打电话,说明本书的意图,以及请他们撰写的文章的大致内容。另一人则联系各个责任编辑,邀请他们对于自己当年接受的论文撰写评论。所有被邀

博雅光华:在国际顶级期刊上讲述中国故事

请的同学的教学和研究任务都特别紧张,但他们都积极响应,而12位责任编辑中有7位表示支持,不过又由于他们极为忙碌,最终只收到其中的6篇。对于责任编辑无法撰写评论的,我们决定邀请论文作者读博时的学术导师,就其学术表现和学习情况进行评论。

我们在这里首先感谢光华管理学院的领导们对于IPHD项目的大力支持,包括时任院长厉以宁教授、副院长张维迎教授和朱善利教授。他们在IPHD项目创办过程中给予了非常具体的指导和大力的支持。IPHD项目的三个方向分别是组织管理、战略管理和市场营销。我们感谢这三个系的同事以及在项目中承担教学工作的其他同事所给予的支持,特别感谢组织管理系(原来的组织与人力资源管理系)的主任梁钧平教授、市场营销系的主任涂平教授以及战略管理系的主任武常岐教授给予项目的认可和支持。其中,涂平和武常岐两位教授还参与了IPHD项目的很多工作。

接受邀请撰写文章的11位同学在极为繁忙的情况下,能够抽时间专门为本书撰稿,我们对他们表示特别的感谢。按照论文被接受发表的先后顺序,他们分别是:庞隽、李瑜、崔成镇、张燕、秦昕、魏昕、林道谧、曲红燕、丁瑛、刘海洋、姚晶晶(其中秦昕撰写了两篇)。这些同学学识广博、专业精通、才华横溢,他们在学习、工作和生活中表现出的渊博雅正,体现了北京大学的精神,也在国际学术舞台上讲述了精彩的中国故事。为了展示他们的杰出表现,我们决定将本书的题目定为"博雅光华:在国际顶级期刊上讲述中国故事"。

非常感谢为本书撰写评论的国际期刊的责任编辑们,他们分别是:美国得克萨斯农工大学的Deidra J. Schleicher教授、美国克莱蒙-麦肯纳学院的David Day教授、美国得克萨斯农工大学的Laszlo Tihanyi教授、西澳大利亚大学的Mark Griffin教授、美国罗格斯大学的陈昭全教授、新西兰奥克兰大学的Prithviraj Chattopadhyay教授。

我们也要感谢本书作者们的指导教授或合作教授,感谢他们专门拨冗撰写他们对于学生的评论。以他们所指导的学生发表论文的先后顺序,他们分别是:郭贤达、武常岐、路江涌、任润、徐菁、王辉、江亭儒。我们两人也对自己各自所指导的学生要么单独撰写了评论,要么在结语中穿插了对学生的评论。

后记

特别感谢北京大学光华管理学院名誉院长厉以宁教授专门为本书撰写推荐语。感谢犹他大学埃克尔斯商学院首席教授Jay B. Barney,西北大学凯洛格商学院讲席教授Jeanne M. Brett,以及芝加哥大学布斯商学院终身教授、美国判断决策学会主席奚恺元(Christopher K. Hsee)为本书撰写推荐语。感谢光华管理学院院长刘俏教授为本书作序。

最后,我们还要感谢北京大学出版社对于我们工作的支持。特别感谢贾米娜编辑非常精细和专业的工作。在准备书稿的过程中,我们的反复修改给她带来了烦扰,但她不厌其烦而且快速及时地对每一篇文稿进行了编辑加工。我们高效的工作一直在持续,到农历大年三十终于完成了所有稿件的初审和问题核对工作。多年来,我们与米娜已经合作完成了多本著作,她一如既往的专业精神令我们感动。

张志学、徐淑英
2018年3月